# 多孔功能材料的表面修饰及其复合纤维制备研究

林 卿 林锦培 何 云 著

中国纺织出版社有限公司

## 内 容 提 要

本书内容全面新颖，主要介绍多孔功能材料的表面修饰、复合纤维制备及其在吸附研究中的应用，并详细分析多孔材料的结构和性能。本书汇集了很多有关多孔材料研究的成果与相关技术，也是物理学、化学、材料科学等学科基础理论研究与应用技术的集成。

本书可供从事多孔功能材料合成与制备研究的科技人员参考，也可作为材料科学、穆斯堡尔谱学、材料物理与化学、凝聚态物理等研究方向研究生的参考用书。

**图书在版编目（CIP）数据**

多孔功能材料的表面修饰及其复合纤维制备研究 / 林卿，林锦培，何云著 . -- 北京：中国纺织出版社有限公司，2023.5
ISBN 978-7-5229-0599-0

Ⅰ. ①多… Ⅱ. ①林… ②林… ③何… Ⅲ. ①多孔性材料—复合纤维—研究 Ⅳ. ①TB383

中国国家版本馆 CIP 数据核字（2023）第 087580 号

责任编辑：段子君　责任校对：高　涵　责任印制：储志伟

中国纺织出版社有限公司出版发行
地址：北京市朝阳区百子湾东里 A407 号楼　邮政编码：100124
销售电话：010—67004322　传真：010—87155801
http://www.c-textilep.com
中国纺织出版社天猫旗舰店
官方微博 http://weibo.com/2119887771
天津千鹤文化传播有限公司印刷　各地新华书店经销
2023 年 5 月第 1 版第 1 次印刷
开本：710×1000　1/16　印张：17.75
字数：310 千字　定价：99.00 元

凡购本书，如有缺页、倒页、脱页，由本社图书营销中心调换

# 序　言

当前多孔功能材料的设计与合成已成为当今物理学界和化学界的热门前沿课题之一，并涉及化学、物理、材料、生命科学等诸多学科的新兴交叉研究领域。分子筛是指具有网状结构的天然或人工合成的硅酸盐或者硅铝酸盐化合物。它的结构中存在均匀的孔道，可以把比孔径小的分子吸入孔道内，并根据不同种类分子的吸附能力不同，可以选择性地吸收特种类型的分子，即具有"筛分"分子的作用，故称分子筛。目前我国分子筛材料制备技术水平已仅次于美国，位居世界第二。近年来，我国在分子筛介孔材料研究领域取得了国际前沿的重要研究成果。

金属有机骨架化合物（metal organic frameworks，MOFs）的出现可以追溯到 18 世纪初，第一次记载是染料工坊中意外合成的一种铁配合物，称为普鲁士蓝配位化合物。MOFs 多孔材料是由过渡金属离子或金属离子簇与多齿有机配体通过一定条件形成的一类具有多维网状结构的晶体材料，可以选择适当的刚性有机配体与金属离子构筑微孔材料。它不仅具有类似沸石分子筛规则孔道的晶态结构，同时具有比传统多孔材料更高的比表面积，由于有机成分的存在使其兼具可设计性。

由于生产及生活污染，在人类居住和生存环境中苯系物被广泛检出。苯系物对人体的血液、神经、生殖系统具有较强危害。发达国家一般已把大气中苯系物的浓度作为大气环境常规监测的内容之一，并规定了严格的室内外空气质量标准。在所有处理苯系物污染的方法中，物理吸附较为理想。金属有机骨架化合物 MOF-5 因其具有高比表面积、高孔隙率等特点，在苯系物吸附方面具有一定优势，故其在气体吸附分离、气体储存等方面得到了不断发展。多孔材料具有独特的孔道结构以及较高的比表面积，展现出优异的挥发性有机气体（VOCs）吸附性能，是环境污染治理及预防领域较为广泛使用的材料之一。与传统的多孔材料（如活性炭和沸石）相比，MOFs 具有多种优越的结构特征，如高孔隙率、高比表面积、可调的孔径和几何构型，以及可功能化的孔隙表面，使其非常适合储存一些重要气体。

本书主要关注多孔功能材料的性能研究，在本书的出版之际，笔者衷心感谢国家自然科学基金项目（No.12164006）对本书中研究工作的资助。特别是本书也得到了国际穆斯堡尔数据中心秘书长王军虎研究员的大力支持和指导，在此表示深深的谢意。在多孔功能材料的合成研究方面，南京航天航空大学戴耀东教授、中国科学院上海应用物理研究所林俊研究员也提出了宝贵的指导意见，借本书的出版之际对众多专家学者表示深深的谢意。

由于多孔功能材料涉及凝聚态物理、物理化学、材料化学等多门学科，在此希望本书能起到抛砖引玉的效果。在此希望本书的出版将进一步促进当前国内多孔功能材料领域研究的发展，对有志涉足国内多孔功能材料领域研究的青年学者给予启迪。

何 云
第十四届全国穆斯堡尔谱学会议组委会主席
中国核物理学会穆斯堡尔谱学专业委员会委员
广西师范大学研究生院院长、教授（二级）、博士生导师
2023年于广西桂林

# 前　言

新型功能性介孔吸附材料研究是近年来蓬勃发展的跨学科前沿研究领域之一，其中以多孔氧化硅为代表的多孔分子筛无机材料（分子筛，又称合成沸石），它们具有多孔结构和巨大的比表面积，是一类优秀的吸附剂、催化剂、载体、分离剂、离子交换剂和微反应器。近年来，新型功能性介孔吸附材料研究在国际上正受到越来越广泛的重视，美、英、德、法、日等国均将此研究列入各自的高技术发展规划。介孔复合吸附材料的合成与制备同样受到我国的高度重视，先后获得国家自然科学基金重大项目、国家攀登计划与国家重大基础科学项目等的立项支持，并取得了一系列重大科技成果。尤其是在新型分子筛合成、介孔吸附材料研究等领域，我国科研团队均处于国际前沿，在国际学术界取得了一定的地位。我国著名分子筛与多孔材料课题组有吉林大学徐如人院士、冯守华院士、于吉红院士、复旦大学赵东元院士、中科院大连化学物理研究所包信和院士、李灿院士、刘中民院士、中国石化石油化工研究院闵恩泽院士、何鸣元院士、舒兴田院士、中山大学陈小明院士、中科院高能物理研究所柴之芳院士、南京大学陈懿院士、中国科技大学钱逸泰院士等，都在分子筛领域做了许多开创性的研究工作，并得到国家自然科学基金的重点资助，促进了我国分子筛制备技术的发展。

金属有机骨架（MOFs）材料主要由金属离子和有机配体进行自组装得到，它不仅具有类似沸石分子筛规则孔道的晶态结构，同时具有比传统多孔材料更高的比表面积，由于有机成分的存在又使其兼具可设计性、可剪裁性、孔道尺寸可调节性、孔道表面易功能化等特点。近二十年来，MOFs材料作为新兴的功能材料，受到了学术界和工业领域的广泛关注。在处理苯系物污染的方法中，MOFs物理吸附较为理想。MOFs多孔材料的比表面积、孔结构和表面官能团的种类数量对VOCs的吸附能力起着关键作用。

本书共包含七篇内容，其中第一篇为"绪论"，第二篇介绍"分子筛MCM-48复合材料的制备及其吸附性能研究"，第三篇介绍"分子筛SBA-16复合材料的制备及其吸附性能研究"，第四篇介绍"Al-MIL-53多孔材料的制备及其对苯系物吸附性能的研究",第五篇介绍"多孔材料/聚合物复合纤维制备及其在苯吸附中的应用研究",第六篇介绍"金属有机骨架化合物 MOF-5 及其对苯系物的吸附性能分析",第七篇介绍"多孔功能材料研究的总结分析"。

全书由何云教授与林卿教授负责全书的统稿工作,具体分工如下:何云教授负责序言、第五篇的编撰工作,林卿教授负责前言、第一篇、第三篇、第四篇、第六篇的编撰工作,林锦培副研究员、杨虎助理研究员负责第二篇、第七篇的编撰工作,郭泽平讲师、苏凯敏助理研究员负责附录图表的整理工作。全书定稿工作由何云教授负责完成。

鉴于"多孔功能材料"是新兴学科,在此希望本书能对国内多孔功能材料研究尽一份绵薄之力,同时期望读者在阅读相关内容时从中体会到多孔功能材料研究本身的科学性、趣味性。

林 卿
第十四届全国穆斯堡尔谱学会议组委会副秘书长
海南医学院物理教研室主任、教授(三级)
广西师范大学硕士生导师(物理学)
2023 年于海南博鳌

# 目 录

## 第一篇 绪 论

### 第1章 介孔材料基础理论 ………………………………………… 3
1.1 有序介孔材料的定义 ……………………………………… 3
1.2 有序介孔材料的研究历程 ………………………………… 5
1.3 有序介孔材料的研究进展 ………………………………… 7

### 第2章 磁性有序介孔复合材料 …………………………………… 12
2.1 磁性纳米材料概述 ………………………………………… 12
2.2 磁性有序介孔复合材料的合成 …………………………… 14
2.3 磁性有序介孔复合材料的研究进展 ……………………… 17

### 第3章 金属有机框架材料及其纤维膜制备 ……………………… 21
3.1 金属有机框架材料简介 …………………………………… 21
3.2 多孔材料的合成方法 ……………………………………… 24
3.3 Al–MIL–53 及其纤维膜制备 ……………………………… 26
3.4 NaY 分子筛简介 …………………………………………… 29
3.5 ZIF 系列简介 ……………………………………………… 29
3.6 MOF–5 材料的晶体结构及其在吸附方面的应用 ………… 30
3.7 静电纺丝技术简介 ………………………………………… 33

# 第二篇　分子筛 MCM-48 复合材料的制备及其吸附性能研究

**第1章　溶胶凝胶法制备 MCM-48 型分子筛** ················ 43
    1.1　引言 ······················································· 43
    1.2　样品制备 ··················································· 44
    1.3　实验结果与讨论 ············································ 45
    1.4　本章小结 ··················································· 61

**第2章　溶胶凝胶法合成磁性有序介孔复合材料 $CoFe_2O_4$@MCM-48** ··· 63
    2.1　引言 ······················································· 63
    2.2　样品制备 ··················································· 63
    2.3　实验结果与讨论 ············································ 65
    2.4　本章小结 ··················································· 80

# 第三篇　分子筛 SBA-16 复合材料的制备及其吸附性能研究

**第1章　双模板剂制备 SBA-16 型分子筛** ···················· 87
    1.1　样品制备 ··················································· 87
    1.2　样品的表征和结果 ·········································· 88
    1.3　本章小结 ··················································· 101

**第2章　模板剂加助剂正丁醇制备 SBA-16 型分子筛** ·········· 104
    2.1　样品制备 ··················································· 104
    2.2　样品的表征和结果 ·········································· 105
    2.3　本章小结 ··················································· 123

## 第3章 纳米 $Fe_3O_4$@SBA-16 磁性复合材料制备 ………… 125
### 3.1 样品制备 ………… 125
### 3.2 不同 $Fe_3O_4$ 用量的样品表征及结果 ………… 127
### 3.3 本章小结 ………… 134

# 第四篇 Al-MIL-53 多孔材料的制备及其对苯系物吸附性能的研究

## 第1章 五种有机配体制备 Al-MIL-53 ………… 139
### 1.1 引言 ………… 139
### 1.2 五种配体制备 Al-MIL-53 粉末 ………… 139
### 1.3 XRD 表征 ………… 141
### 1.4 $N_2$ 吸附性能测试 ………… 143
### 1.5 本章小结 ………… 144

## 第2章 以 $Al_2(SO_4)_3 \cdot 18H_2O$ 为铝源制备 Al-MIL-53（—H、—$NO_2$） ………… 146
### 2.1 引言 ………… 146
### 2.2 实验制备 ………… 146
### 2.3 结构表征及分析 ………… 148
### 2.4 比表面积及孔径分析 ………… 151
### 2.5 影响产量的因素分析 ………… 155
### 2.6 苯系物吸附性能研究 ………… 156
### 2.7 本章小结 ………… 159

## 第3章 Al-MIL-53 纤维膜的静电纺丝制备 ………… 162
### 3.1 引言 ………… 162
### 3.2 实验制备 ………… 163
### 3.3 $\gamma$-$Al_2O_3$ 纤维的表征及分析 ………… 164

  3.4 Al-MIL-53 纤维膜的表征及分析 …………………………… 167

  3.5 本章小结 …………………………………………………… 174

# 第五篇 多孔材料／聚合物复合纤维制备及其在苯吸附中的应用研究

第1章 静电纺丝合成 NaY 嵌入多孔 PVP 复合纤维及其性能研究 …… 179

  1.1 引言 ………………………………………………………… 179

  1.2 NaY 分子筛，NaY/PVP 复合纤维制备 …………………… 180

  1.3 NaY 分子筛，NaY/PVP 复合纤维测试结果与分析 ……… 182

  1.4 本章小结 …………………………………………………… 189

第2章 氮掺杂分级多孔碳纤维制备及其在苯吸附中的应用研究 …… 193

  2.1 引言 ………………………………………………………… 193

  2.2 ZIF-8 纳米颗粒、PAN 纤维、ZIF-8/PAN 纤维制备 ……… 194

  2.3 ZIF-8 纳米颗粒、PAN 纤维、ZIF-8/PAN 纤维测试结果与分析 ……………………………………………………… 196

  2.4 本章小结 …………………………………………………… 202

# 第六篇 金属有机骨架化合物 MOF-5 及其对苯系物的吸附性能分析

第1章 六水合硝酸锌为锌源制备 MOF-5 ……………………………… 207

  1.1 引言 ………………………………………………………… 207

  1.2 MOF-5 实验制备 …………………………………………… 208

  1.3 MOF-5 结果及分析 ………………………………………… 209

  1.4 本章小结 …………………………………………………… 222

## 第2章 六水合硝酸锌和二水合乙酸锌为混合锌源制备MOF-5 …… 227
- 2.1 引言 …… 227
- 2.2 MOF-5 实验制备 …… 228
- 2.3 MOF-5 实验结果及分析 …… 229
- 2.4 本章小结 …… 241

## 第3章 MOF-5对苯系物的吸附性能研究 …… 246
- 3.1 引言 …… 246
- 3.2 不同晶化时间对苯系物吸附性能的影响 …… 247
- 3.3 本章小结 …… 248

# 第七篇 多孔功能材料研究的总结分析

- 7.1 分子筛MCM-48复合材料的总结分析 …… 253
- 7.2 分子筛SBA-16复合材料的总结分析 …… 254
- 7.3 Al-MIL-53多孔材料的总结分析 …… 255
- 7.4 NaY/PVP与ZIF-8/PAN多孔复合材料的总结分析 …… 256
- 7.5 金属有机骨架化合物MOF-5的总结分析 …… 256

附 录 …… 258

# 第一篇

# 绪 论

材料是人类社会发展的基础和先导，随着现代科技的飞速发展，人们对于高性能、多功能材料的需求越来越强烈。近百年来，新型材料的研究一直推动着社会各行各业的发展，甚至可能给这些行业带来革命性的影响，给人类的生存环境带来巨大的改变。在过去的几十年间，材料科学一直是科学界的热门领域，人们一直在努力制备具有各种性能的材料。而在20世纪90年代兴起的一种有序介孔材料是多孔无机材料的代表[1]，它的结构和性能介于无定形硅铝酸盐和沸石分子筛之间，自诞生起就受到了国际物理学、化学与材料学界的高度重视，并迅速发展成为跨学科的研究热点之一。它的诱人之处可归结为以下几点：①高比表面积，高孔隙率；②基于微观尺寸上的孔道结构高度有序；③孔径宽度均匀，且可以在较宽范围内调控；④可以针对性地修饰孔道增加功能；⑤应用前景广泛，如催化、吸附、分离、医药等方面。

# 第1章 介孔材料基础理论

介孔材料具有规则有序的孔道结构、连续可调的孔径大小、狭窄的孔径分布、非常高的比表面积等特点，能够在很多微孔分子筛不能完成的催化、大分子吸附和分离等领域中发挥重要作用。而且介孔材料的介孔孔道可以作为"微型反应器"，在其中组装具有纳米尺度的均匀稳定的"客体"材料后成为"主客体材料"，由于其主、客体间的主客体效应以及客体材料可能具有的小尺寸效应、量子尺寸效应等，将使之有望在化学传感器、非线性光学材料、微电子技术、电极材料、光电器件等领域得到广泛应用。因此，介孔材料从诞生开始就吸引了国际上材料、物理、生物、化学及信息等多学科研究领域的广泛关注，目前已成为国际上跨多学科的热点前沿领域之一。

## 1.1 有序介孔材料的定义

根据国际纯粹化学与应用化学联合会（IUPAC）的定义，孔径在2~50nm范围的多孔材料称为介孔材料。按照化学组成分类，介孔材料一般可分为硅基（silica-based）和非硅组成（non-silicated composition）介孔材料两大类。硅基介孔材料包括硅酸盐和硅铝酸盐等，非硅基介孔材料包括碳材料、金属、金属氧化物、磷酸盐和硫酸盐等。如果按照孔道的空间分布情况划分，介孔材料也可以分为无序介孔材料和有序介孔材料。无序介孔材料的孔道形状很复杂、不规则且互相连通，孔道空间分布不规则。有序介孔材料的孔道结构规则，孔径大小可调。有序介孔材料孔型可分为三类：层状孔（一维），柱状孔（二维），多面体孔（三维相互连通）。一些主要的介孔材料类型、孔道结构特征、晶系、合成路径见表1-1-1和表1-1-2。

表1-1-1 硅基介孔材料

| 介孔材料 | 常用硅源 | 模板剂 | 孔道结构特征 | 晶系 | 空间群 |
| --- | --- | --- | --- | --- | --- |
| MCM-41 | $Na_2SiO_3$, TEOS, TPOS TMOS | $C_{8-18}N^+(CH_3)_3$ | 二维（直孔道） | 六方 | *P6mm* |

续表

| 介孔材料 | 常用硅源 | 模板剂 | 孔道结构特征 | 晶系 | 空间群 |
|---|---|---|---|---|---|
| MCM-48 | $SiO_2$，TEOS | $C_{16}N^+(CH_3)_3$，$C_{n-s-n}$ | 三维交叉孔道 | 立方 | $Ia3d$ |
| MCM-50 | TEOS | $C_{16}N^+(CH_3)_3$ | 一维层状 | 接近六方 | $P2, La$ |
| FSM-16 | TEOS | $C_{16}N^+(CH_3)_3$ | 二维（直孔道） | 六方 | $P6m$ |
| HMS | TEOS | $C_{16}NH_2$ | 有序度低，多为一维 | 接近六方 | 无 |
| SBA-1 | TEOS | $C_{10-16}N^+CH_3(CH_2CH_3)_2$ | 三维（笼形孔道、孔穴） | 立方 | $Pm3n$ |
| SBA-2 | TEOS | $C_{16}N^+(CH_3)_3$ | 三维（笼形孔道、孔穴） | 立方六方共生 | $Fm3m$ |
| SBA-3 | TEOS | $C_{16}N^+(CH_3)_3$ | 二维（直孔道） | 六方 | $P6mm$ |
| SBA-15 | $Na_2SiO_3$ TEOS | PEO-PPO-PEO | 二维（直孔道） | 六方 | $P6mm$ |
| SBA-16 | TEOS | PEO-PPO-PEO | 三维（笼形孔道、孔穴） | 立方 | $Im3m$ |
| MUS-n | TEOS | $C_{12-15}H_{25-31}O(CH_2CH_2O)_9H$ $NH_2(CH_2)_{12-22}NH_2$ $C_nH_{2n+1}NH(CH_2)_2H_2$PEO-PPO-PEO $C_{16}N^+(CH_3)_3$ | 有序度低，多为一维 | 接近六方 | 无 |
| HOM-1 | TMOS | Brij56($C_{16}EO_{10}$) | 三维交叉孔道 | 立方 | $Im3m$ |
| HOM-2 | TEOS | PEO-PPO-PEO | 二维（直孔道） | 六方 | $P6mm$ |
| HOM-3 | TMOS | Brij56($C_{16}EO_{10}$) | 三维（笼形孔道、孔穴） | 六方 | $P63/mmc$ |
| HOM-4 | TMOS | Brij56($C_{16}EO_{10}$) | 三维（笼形孔道、孔穴） | 立方 | $Pm3m$ |
| HOM-5 | TEOS | PEO-PPO-PEO+TMB | 三维交叉孔道 | 立方 | $Ia3d$ |
| HOM-7 | TMOS | Brij56($C_{16}EO_{10}$) | 三维（笼形孔道、孔穴） | 立方 | $Pn3m$ |
| HOM-9 | TMOS | Brij56($C_{16}EO_{10}$) | 三维（笼形孔道、孔穴） | 立方 | $Pm3m$ |
| HOM-10 | TMOS | Brij56($C_{16}EO_{10}$) | 三维（笼形孔道、孔穴） | 立方 | $Fm3m$ |

表 1-1-2 非硅基介孔材料

| 类别 | 介孔材料 | 模板或模板剂 | 无机源 | 合成路径 |
|---|---|---|---|---|
| 碳材 | CMK-1 | MCM-48 | 蔗糖、糠醇等 | 纳米浇注 |
| | CMK-2 | SBA-1 | 蔗糖 | 纳米浇注 |
| | CMK-3 | SBA-15 | 蔗糖、糠醇等 | 纳米浇注 |
| | CMK-4 | MCM-48 | 蔗糖、糠醇等 | 纳米浇注 |
| | CMK-5 | Al-SBA-15 | 糠醇 | 纳米浇注 |
| | SUN-2 | HMS | 糠醇 | 纳米浇注 |
| 金属 | Pt | MCM-48 | $Pt(NH_3)_4(NO_3)_2$ | 纳米浇注 |
| | Au | SBA-15 | $HAuCl_4 \cdot 4H_2O$ | 纳米浇注 |
| 金属氧化物 | $SnO_2$ | CTAB, AOT | $SnCl_4$, $[Sn(OH)_6]^{2-}$ | $S^+X^-I^+$, $S^-I^+$ |
| | $Fe_2O_3$ | $C_{16}H_{33}SO_3Na^+$ (SHS) | $FeCl_3 \cdot 6H_2O$ | $S^-I^+$ |
| | $Ga_2O_3$ | $C_{12}H_{25}SO_3Na^+$ (SDS) | $GaO_4Al_{12}(H_2O)_{12}^{7+}$ | $S^-I^+$ |
| | $V_2O_5$ | CTAB | $VOHPO_4 \cdot 0.5H_2O$ | $S^-I^+$ |
| | $Nb_2O_5$ | CTAB | $Nb(OC_3H_7)_5$ | $S^-I^+$ |
| | $TiO_2$ | PEO-PPO-PEO | $TiCl_4$ | $N^0I^0$ |
| | $ZrO_2$ | PEO-PPO-PEO, CTAB | $Zr(OPr)_4$ | $N^0I^0$, $S^-I^+$ |
| | 氧化铝 | 聚环氧乙烷, SDS | $Al_{13}$, $Al_2(SO_4)_3$ | $N^0I^0$, $S^-I^+$ |
| 其他 | 磷酸盐 | $Cn$ ($n=16, 22$) TMSCI | $H_3PO_4$, $Al(OC_3H_7)_3$ | $S^+I^-$ |
| | CdS | $C_{18}EO_{10}$ | $H_2S$ | $N^0I^0$ |

## 1.2 有序介孔材料的研究历程

材料科学在现代科学中扮演着重要的角色。1971 年由美国授权的一份专利开启了有序介孔材料的研究[2, 3]，20 世纪 80 年代出现了一种无序的介孔材料，该材料是用溶胶凝胶法制备的，颗粒与颗粒之间相互堆积形成了孔道，孔径尺寸不均一，孔道形状复杂且实验合成结果不稳定。日本科学家对介孔材料的研究开始于1990年Kazuyuki Kuroda[4]教授的一篇报道。1992年，Mobil公司[5, 6]制备出了一种孔道均匀、孔径可调的分子筛，就是我们熟知的M41S系列分子筛（图1-1-1）。M41S系列分子筛克服了介孔材料制备结果难以控制的缺点，其发明成为介孔材料发展史上的一个里程碑。

MCM-41　　　MCM-48（孔道）　　　MCM-48（孔壁）　　　MCM-50

图1-1-1　M41S系列介孔材料结构简图

1993年FSM-16[7]（Folded Sheet Material）介孔氧化硅材料被发现，它是使用长链烷基季胺作为模板剂制备的。1994年以后California大学合成了SBA[8-11]（Santa Barbara USA）系列，包括立方相的SBA-1、SBA-12，空间群为$P63/mmc$。1995年Corma[12]等将NiO和$MoO_3$负载在MCM-41上，使MCM-41具有催化性能，从此MCM-41被正式应用于催化领域。随后Blasco[13]等对Ti-MCM-41合成及催化活性进行了研究。Zhao[14, 15]等在1998年以嵌段共聚物作为模板，以TEOS为硅源合成了一系列介孔氧化硅材料，该材料长程有序，孔径可调，他们使用$C_{16}EO_{10}$作为模板剂制备得到立方结构的SBA-11（$Pm3m$）；使用$C_{18}EO_{10}$作为模板剂制备得到三维六方结构的SBA-12（$P63mm$）；在三嵌段共聚物P123（$PEO_{20}PPO_{70}PEO_{20}$）模板剂作用下得到六方结构的SBA-15（$P6mm$）；在F127（$PEO_{106}PPO_{70}PEO_{106}$）模板剂作用下得到笼状立方结构的SBA-16（$m3m$）。2003年EI-Safty[16]等以非离子表面活性剂Brij56（$C_{16}EO_{10}$）为模板剂，通过调节TEOS的质量比和反应温度快速合成了HOM（Highly Ordered Mesoporous silica）系列高度有序介孔材料，包括HOM-1（cubic，$Im3m$）、HOM-2（hexagonal，$P6mm$）、HOM-3（hexagonal，$P63/mmc$）、HOM-5（cubic，$Ia3d$）以及HOM-6（lamellar，$L$）和HOM-7（cubic，$Pn3m$）。这种方法简单快速，合成的介孔材料结构完整规则且具有笼状孔道结构。此后，他们持续研究HOM型介孔材料，不断改善HOM型介孔材料的结构及性能，制备出了一系列孔径大、孔壁厚、水热稳定性好的介孔材料[17-19]。另外，已经发现的低有序介孔氧化硅材料有HMA[20, 21]（Hexagonal Mesoporous Silica）、MUS-n[22]（Michigan state University）等系列。其中，MCM-48型分子筛由于具有双螺旋立方相结构，可以用于物质传递，因此备受催化和分离领域的关注，其 XRD 图见图 1-1-2。

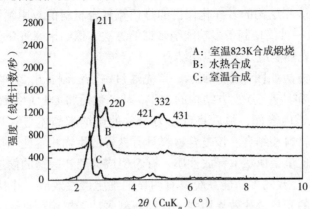

图 1-1-2　MCM-48 分子筛的 XRD 图

## 1.3　有序介孔材料的研究进展

自从 1971 年首篇关于介孔材料的文章问世以来，国内外学者对于介孔材料的研究就没有停止过。21 世纪以前国外学者们的精力主要集中在如何制备比表面积、孔径孔容等性能更加优异的介孔分子筛和寻找具有新型骨架的分子筛。例如 K Schumacher 等[23]发明了一种新型的制备 MCM-48 分子筛的方法，该合成方法制备的样品比表面积、孔容、孔径分别为 900~1600m$^2$/g、0.5~0.9cm$^3$/g 和 2~3nm。由图 1-1-2 和图 1-1-3 可以看出，使用新型方法制备的分子筛，不管是在物相上还是形貌上，都远远优于传统水热法制备的分子筛。

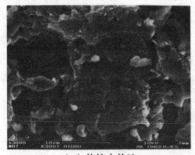 

（a）传统水热法　　　　　　　　　（b）新型方法

图 1-1-3　MCM-48 分子筛扫描电镜图[23]

21 世纪以后出现的大量文章是关于以介孔分子筛为载体进行金属或官能团结构修饰从而增加介孔分子筛的催化和吸附性能的。近几年国外学者们把目光集中在制备多功能复合材料上，将介孔分子筛与各种材料复合从而实现功能和结构的多样化，目的是拓宽复合材料的应用领域。Na Niu 等[24]报道了一种简便制备多功能纳米球的方法，该纳米球将介孔孔道、上转换发光和光热响应几个优点相结合。

该制备方法如图 1-1-4 所示，首先通过一步法制备出 2D 六边形结构的 MCM-41 和具有 3D 立方结构的 MCM-48，然后将 $Gd_2O_3$：Yb, Er 装载在分子筛孔道内表面，最后将直径为 5nm 的金纳米晶体与氨基官能化后的纳米复合材料相结合。该复合材料具有良好的生物相容性和持续的抗癌药物（多柔比星，DOX）释放性质，有希望成为药物递送的候选药物，该材料中 DOX 装载的多功能系统具有明显的细胞毒性效应，并且对 SKOV3 卵巢癌细胞的光热杀死效果增强。这种新型多功能抗癌药物输送系统在肿瘤治疗中具有较高的应用潜力，临床上可将高热法与化疗药物结合在一起使用。

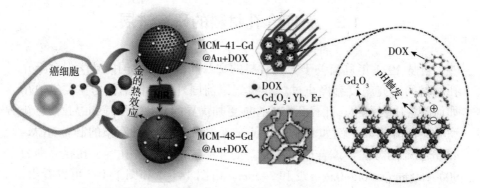

图 1-1-4 装载了 DOX 的 MCM-41-Gd @ Au 和 MCM-48-Gd @ Au 的结构[24]

目前国内对于介孔材料的研究相对还比较少，而且制备的样品质量也略逊于国外，但是国内对分子筛的研究也取得了很多进展，其中以吉林大学[25]、南京大学[26]和大连物化所[27, 28]为代表，取得了很多介孔分子筛方面的成果，其中大多数是以 MCM-41 为载体进行金属或官能团结构修饰，或者作为载体固定酶，而且发明了如 HSM、MSU-X、SBA-n 等系列分子筛和一些新骨架的分子筛。这些分子筛的种类、比表面积、孔容孔径、稳定性等各不相同，在一定程度上推动了分子筛研究的进展。

李亚男等[29]通过在制备 MCM-48 分子筛过程中加入硅源这一步之前加入硝酸钴溶液制备得到 Co-MCM-48 分子筛，用同样的方法制备得到 Co-MCM-41 分子筛。考察了两种分子筛催化剂对临 $CO_2$ 乙烷脱氢反应的催化性能，并最终得出结论：钴的掺杂量为 3% 时 Co-MCM-41 分子筛对临 $CO_2$ 乙烷脱氢反应具有较好的催化性能。

魏峰等[30]以十六烷甲基溴化铵（CTAB）、硅胶、乙烯基三乙氧基硅烷（VTES）为原料制备了一种具有较好骨架结构的 MCM-48 型分子筛。他们首先将 $SiO_2$ 和 NaOH 溶解于水中，然后将 CTAB 溶液加入上述混合溶液中，再将 VTES 加入该混合溶液中，加入 HCl 调节溶液 pH，30℃下搅拌 6h 后转入聚四氟乙烯反应釜中，在 130℃下晶化 72h，再经过滤、洗涤、干燥，最终得到 MCM-48 分子筛。

**参考文献**

[1] Zi Z, Sum Y, Zhu X, et al. Synthesis and magnetic properties of $CoFe_2O_4$ ferrite nanoparticles[J]. Journal of Magnetism Magnetic Materials, 2009, 321（9）: 1251-1255.

[2] Renzo F D, Cambon H, Dutartre R. A 28-year-old synthesis of micelle-templated mesoporous silica[J]. Microporous Materials, 1997, 10（4）: 283-286.

[3] Vincent, Chiola. "Process for producing low-bulk density silica." [P]. U.S. Patent No. 3, 556, 725. 19 Jan. 1971.

[4] Yanagisawa T, Shimizu T, Kuroda K, et al. Yanagisawa, T. Shimizu, T. Kuroda, K. & Kato, C. The preparation of alkyltrimethylammonium-kanemite complexes and their conversion to microporous materials[J]. Bulletin of the Chemical Society of Japan, 1990, 63（4）: 988-992.

[5] Beck J S, Vartuli J C. Roth W J, et al. A new family of mesoporous molecular sieves prepared with liquid crystal templates[J]. Journal of the American Chemical Society. 1992, 114（27）: 10834-10843.

[6] Krege C T, Leonowicz M E, Roth W J. Ordered mesoporous molecular sieves synthesized by a liquid-crystal templates mechanism[J]. Nature, 359: 710-712.

[7] Inagaki S, Fukushima Y, Kuroda K. Synthesis of highly Ordered mesoporous materials from a layered polysilicate[J]. Journal of the American Chemical Society, 1993, 238: 680-682.

[8] Huo Q S Margolese D I, Ciesla U, et al. Generalized synthesis of periodic surfactant/inorganic composite material[J]. Nature, 1994, 368: 317-321.

[9] 赵杉林, 瞿玉春. MCM-41 沸石分子筛的微波合成与表征[J]. 石油化工, 1999, 28（3）: 22-28.

[10] Steel A, Carr S W, Anderson M W. NNMR study of surfactant mesophases in the synthesis of mesoporous silicate[J]. Chem. Commun, 1994: 1571-1572.

[11] Hoffmann F, Cornelius M, Morell J, et al. Silica-Based mesoporous orgnic-inorganic hybrid materials[J]. Angew. Chen. Int. Ed, 2006, 45（20）: 3216-3251.

[12] Corma A, Martinez A, Martinezsoria V, et al. Hydrocracking of vacuum gasoil on the novel mesoporous MCM-41 aluminosilicate catalyst[J]. Journal of Catalysis, 1995, 153(1): 25-31.

[13] Blasco T, Corma A, Navarro M T, et al. Synthesis, characterization, and catalytic activity of Ti-MCM-41 structures[J]. Journal of Catalysis, 1995, 156(1): 65-74.

[14] Zhao D Y, Feng J L, Huo Q S, et al. Triblock copolymer syntheses of mesoporous silica with periodic 50 to 300 angstrom Pores[J]. Science, 1998, 279(23): 548-551.

[15] Zhao D Y, Yang P D, Melosh N, et al. Continuous mesoporous silica films with highly ordered large pore structures[J]. Adv. Mater, 1998, 10(16): 1380-1385.

[16] El-Safty S A, Hanaoka T. Monolithic nanostructured slilicate family templated by lyotropic liquid-crystalline nonionic surfactant mesophases[J]. Chem. Mater, 2003, 15(15): 2892-2902.

[17] El-Safty S A, Hanaoka T. Monolithic nanostructured silicate family templated by lyotropic liquid-crystalline nonionic surfactant mesophases[J]. Chem. Mater, 2004, 16(3): 384-400.

[18] El-Safty S A, Mizukami F, Hanaoka T. General and simple approach for control cage and cylindrical mesopores, and thermal/hydrothermal stable frameworks[J]. J. Phys. Chem. B, 2005, 109: 9255-9264.

[19] El-Safty S A, Mizukami F, Hanaoka T. Design of highly stable, ordered cage mesostructured monoliths with controllable pore geometries and sizes[J]. Chem. Mater, 2005, 17: 3137-3145.

[20] Tanev P T, Chibwe M, Pinnavaia T J. Titanium-containing mesoporous molecular-sieves for catalytic-oxidation of aromatic-compounds[J]. Nature, 1994, 364: 321-323.

[21] Tanev P T, Pinnavaia T J. A neutral templating route to mesoporous molecular-sieves[J]. Sicence, 1995. 267: 865-867.

[22] Chen C Y, Li H X, Davis M E. Studies on mesoporous material. I. Synethesis and characterization of MCM-41[J]. Microporous. Mater, 1993, 2: 17-26.

[23] Schumacher K, Grün M, Unger K K. Novel synthesis of spherical MCM-48[J]. Microporous & Mesoporous Materials, 1999, 27(2-3): 201-206.

[24] Na N, Fei H, Ma P, et al. Up-Conversion Nanoparticle Assembled Mesoporous Silica Composites: Synthesis, Plasmon-Enhanced Luminescence, and Near-Infrared Light Triggered Drug Release[J]. Acs Applied Materials & Interfaces, 2014, 6(5): 3250.

[25] 袁忠勇, 刘述全. 含钛 MCM-41 分子筛的合成与表征[J]. 离子交换与吸附, 1995(4): 354-359.

[26] 孙研, 林文勇, 庞文琴, 等. 中孔分子筛 MCM-41 的合成与表征[J]. 高等学校化

学学报，1995（9）：1334-1338.
[27] 赵修松，王清遐，徐龙伢，等.一种新型中孔3.8nm沸石MCM-41的合成[J].科学通报，1995，40（16）：1476-1479.
[28] 赵修松，王清遐，徐龙伢，等.中孔沸石新材料MCM-41的合成、酸性及稳定性[J].催化学报，1995（5）：415-419.
[29] 李亚男，郭晓红，周广栋，等.Co-MCM-41和Co-MCM-48分子筛的合成与表征及其对临$CO_2$乙烷脱氢反应的催化性能[J].催化学报，2005，26（7）：591-596.
[30] 魏峰，杨菁，古芳娜，等.立方相MCM-48的低成本新途径合成[C].全国分子筛大会，2009.

# 第 2 章 磁性有序介孔复合材料

现代社会科技发展速度飞快，各行各业对于材料的要求也变得非常苛刻，因此，材料科学的发展很大程度上影响着社会的进程，人们对于多功能材料的需求变得越发强烈。不同种类的材料相互结合可以实现复合材料的功能多样化、结构多样化。介孔材料由于具有比表面积大、孔容大、孔道内部易修饰等特点，在催化、吸附、分离、药物载体等方面具有广泛的应用。而铁氧体材料具有饱和磁化强度高、矫顽力高、制备工艺简单及耐腐蚀耐磨损等一系列优点，在光学、磁学、电学等各领域有着普遍的应用。如果将介孔材料与磁性材料相结合制备出磁性有序介孔复合材料，可以实现两种材料的性能互补，拓宽材料的应用领域，因此吸引了许多学者的目光。

"纳米催化"[1]这个概念一经提出就吸引了许多国家的关注，尤其是一些发达国家，它们相继投入了大量的人力财力，而且取得了很多成果。纳米催化剂的优点是可以在液相催化反应体系中保持催化性能的高反应活性和高选择性，缺点是难以从液体中分离回收。针对这个问题，磁性纳米复合材料被各国学者相继推出。给具有高反应活性和高选择性的催化剂增加磁性，可以有效地将催化剂从液相中磁性回收，重复使用，节能环保，开辟了纳米材料应用的新领域。

## 2.1 磁性纳米材料概述

磁性纳米材料是指物理尺寸为 1~100nm 的磁性材料。物质内部产生的电子磁矩决定了该物质的基本属性，通过在其外加磁场材料表现出来的磁性能，可以将材料分为反铁磁性纳米材料、亚铁磁性纳米材料、铁磁性纳米材料等。磁性纳米材料具有小尺寸效应、表面效应、量子尺寸效应等特点[1-2]。

尖晶石类铁酸钴磁性纳米材料由于具有矫顽力高、饱和磁化强度适中、化学稳定性好等特性，而被应用在电子器件、信息储存、生物医药等领域，是重要的多功能材料[3-5]。目前制备铁酸钴磁性纳米材料的主要方法有：水热法、溶胶凝胶法、共沉淀法、微乳液法等。通过改变上述方法的实验条件，可以实现对铁酸钴磁性纳米材料的形貌调控，这就为铁酸钴磁性纳米材料与其他材料相互复合提供了条件。

（1）水热法：F Zhang等[5]通过简单的水热法，使用NaOH溶液作为矿化剂，在200℃下晶化4h制备出了铁酸钴磁性纳米颗粒。并且发现，随着NaOH浓度的增加，铁酸钴磁性纳米颗粒的粒径先减小后增加。当NaOH的浓度为4mol/L时，制备出的铁酸钴纳米颗粒粒径最小，在10~20nm。这说明NaOH的浓度可以调控样品的粒径大小，室温下测量样品的饱和磁化强度为48emu/g。C Suwanchawalit等[6]通过简单的水热法制备出$CoFe_2O_4$-石墨烯纳米复合材料，电镜分析后发现$CoFe_2O_4$纳米颗粒的大小约为15nm铺展在石墨烯上（图1-2-1）。磁性研究表明，通过在$CoFe_2O_4$-石墨烯纳米复合材料外部增加磁场，可以容易地将它与溶液分离，与纯相$CoFe_2O_4$相比，$CoFe_2O_4$-石墨烯纳米复合材料的光催化性能也有所改进。

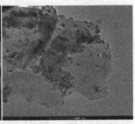

$CoFe_2O_4$（SEM）　　　$CoFe_2O_4$-石墨烯（SEM）　　　$CoFe_2O_4$-石墨烯（SEM）

图1-2-1　$CoFe_2O_4$与$CoFe_2O_4$-石墨烯纳米复合材料的SEM和TEM照片[6]

（2）溶胶凝胶法：肖丽等[7]采用溶胶凝胶法，以$CoCl_2·6H_2O$和$FeCl_3·4H_2O$为原料制备出$CoFe_2O_4$尖晶石。该样品外观为球形，分散性较好，矫顽力为78kA/m，饱和磁化强度为72kA/kg。高朋召等[8]以金属硝酸盐和柠檬酸为原料制备出具有高饱和磁化强度、高比表面积的$CoFe_2O_4$纳米材料，他们首先将硝酸盐按照一定比例溶胶在乙醇中，加入盐酸调节pH为2，然后将溶液浓缩成溶胶，再使用医用脱脂棉吸附溶胶并干燥，最后采用特别工艺对吸附有干凝胶的脱脂棉进行热处理，最终得到$CoFe_2O_4$磁性纳米材料。

（3）共沉淀法：刘红艳等[9]使用化学共沉淀法，在磁场诱导的条件下制备出$CoFe_2O_4$颗粒，该样品的退火温度为800℃。XRD和EDS谱图表明：$CoFe_2O_4$颗粒结晶度变好。微波吸收性能测试结果显示，样品磁导率有所增加，这将更有利于实现阻抗匹配，提高吸波性能。

（4）微乳液法：肖旭贤等[10]以正戊醇/环己烷/TX-10+AE09/水为微乳体系，使用微乳液法制备了$CoFe_2O_4$纳米颗粒。通过XRD、SEM等手段对样品进行表征，结果显示，$CoFe_2O_4$纳米颗粒分布均匀，粒径分布在

20~50nm，并最终确定了最佳工艺。由图 1-2-2 不同表面活性剂与助表面活性剂质量比与不同浓度的 $Fe^{3+}$ 和 $Co^{2+}$ 溶液体系微乳液相图可知，助表面活性剂与表面活性剂（TX-10+AE09）的最佳质量比为 1：2，盐溶液中 $m$（$Co^{2+}$）和 $m$（$Fe^{3+}$）的最佳比值为 1：2，最佳回流温度为 100℃，回流时间为 2h。

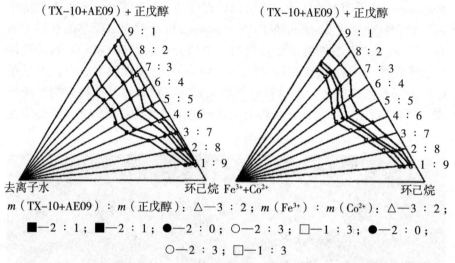

图 1-2-2　$m$（TX-10+AE09）：$m$（正戊醇）与 $m$（$Fe^{3+}$）：$m$（$Co^{2+}$）体系微乳液相图

## 2.2　磁性有序介孔复合材料的合成

### 2.2.1　制备途径

磁性有序介孔复合材料的制备方法一般分为一步法和两步法，一步法是把模板剂、铁源、铝源、硅源混合在一起，在特定的条件下经过一系列的反应制备出复合材料；两步法是先制备出介孔材料或磁性纳米材料，然后将它们作为原料制备出复合材料。

（1）一步法：Zhao 等[11]使用溶胶凝胶法，合成了磁性有序介孔氧化硅。他首先将 F127 溶解在盐酸溶液中，然后在上述混合溶液中加入 $(NH_4)_2Fe(SO_4)_2 \cdot 6H_2O$。快速搅拌 10min 后加入正硅酸乙酯，持续搅拌 8h 后将混合溶液加入高压反应釜中在 100℃下加热 24h，然后将离心得到的固体加入 NaOH 水溶液中。再加入过氧化氢，目的是将 $Fe^{2+}$ 氧化成 $Fe_3O_4$，最后把它放在 60℃的水浴中处理 1h，再经过洗涤、干燥和焙烧得到磁性有序介孔氧化硅材料。

Wang 等[12]使用一步法合成了磁性纳米复合材料（$\gamma$-$Fe_2O_3$/$SiO_2$）。他们首先将硝酸铁、环氧乙烷的加聚物、聚丙二醇和乙醇等化学药品混合，搅拌一段时间后加入四乙氧基硅烷，再搅拌一段时间后将溶液加入培养皿中，蒸发成凝胶，最后放入干燥箱中干燥以去除残留的乙醇，再在 550℃下煅烧以去除表面活性剂，最后得到磁性纳米复合材料（$\gamma$-$Fe_2O_3$/$SiO_2$）。

（2）两步法：Wang[13]等首先制备出 $Fe_2O_3$ 磁性纳米颗粒，制备 $Fe_2O_3$ 过程中使用了十六烷甲基溴化铵、$FeCl_2$ 和 $FeCl_3$，然后将 $Fe_2O_3$ 磁性纳米颗粒分散到含有十六烷基三甲基溴化铵的氨水中搅拌 5min，再加入正硅酸乙酯，全程通氮气保护搅拌，再持续搅拌 24h，通过抽提去除模板剂，然后真空干燥，得到磁性有序介孔纳米复合材料，该材料的比表面积为 668$m^2$/g，孔体积为 0.525$cm^3$/g，饱和磁化强度为 8.96emu/g。

Deng 等[14]首先制备出了 $Fe_3O_4$ 磁性纳米颗粒。使用的方法是热溶剂法，使用的溶剂为乙二醇，该方法制备的 $Fe_3O_4$ 磁性纳米颗粒呈球形，大小均匀。先取一定量的 $Fe_3O_4$ 磁性纳米颗粒溶于盐酸中，再将其包覆一层氧化硅，得到 $Fe_3O_4$@$n$$SiO_2$ 纳米微球。然后将 $Fe_3O_4$@$n$$SiO_2$ 纳米微球分散到含有模板剂、氨水、乙醇和去离子水的混合溶液中，在剧烈机械搅拌下加入硅源 TEOS，再回流提纯去除模板剂，最后得到 $Fe_3O_4$@$n$$SiO_2$@$m$$SiO_2$ 微球。图 1-2-3 为 $Fe_3O_4$@$n$$SiO_2$ 纳米微球的 TEM 和 SEM 照片，由图中可以清楚地看到 $Fe_3O_4$@$n$$SiO_2$@$m$$SiO_2$ 有三层结构，内层厚度为 20nm，外层厚度为 70nm，且孔道清晰。

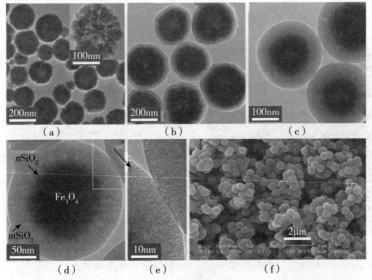

图 1-2-3　$Fe_3O_4$@$n$$SiO_2$ 纳米微球的 TEM 和 SEM 照片[14]

## 2.2.2 不同结构的介孔材料制备

根据制备的磁性有序介孔复合材料的结构特点,可以将磁性介孔复合材料分为三类:

(1)镶嵌式:镶嵌式是指将磁性纳米颗粒嵌入介孔材料的孔道内部,这种结构的磁性有序介孔复合材料容易发生孔道内部的孔道堵塞,降低样品的比表面积和孔容,并且会破坏孔道内部结构,同时磁性材料存在于孔道内部会降低磁性纳米颗粒的附着力,导致制备材料的磁性较低[15]。

(2)嫁接式:嫁接式是指将磁性纳米颗粒嫁接在介孔材料外表面,例如 Lu 等[16]把钴纳米球嫁接在 SBA-15 介孔材料外表面合成了磁性介孔复合材料。该材料的饱和磁化强度为 15.8emu/g,比表面积和孔体积分别为 515$m^2$/g 和 0.75$cm^3$/g。该方法的优点是可以避免孔道的堵塞,得到的复合材料也具备良好的磁性能,但是其形状和尺寸不均一。

(3)核–壳式:核–壳式是指以磁性纳米颗粒为核将介孔材料包覆在磁性纳米颗粒表面,这种结构的优点是复合材料的形貌尺寸可控,而且复合材料磁性较强,磁性纳米颗粒不会影响介孔材料的比表面积、孔容孔径,有利于吸附和分离,近年来国内外学者对于制备核–壳式磁性纳米复合材料的研究在不断增加。Xu Li 等[17]合成了一种具有 $Fe_3O_4$ 内核和介孔二氧化硅外壳的介孔二氧化硅纳米球,图 1-2-4 为这种二氧化硅纳米球(表示为 M-MSN),其为我们提供了一个方便的操作平台来操纵 DNA 吸附脱附过程,因为它可以通过施加磁场容易地与溶液分离。

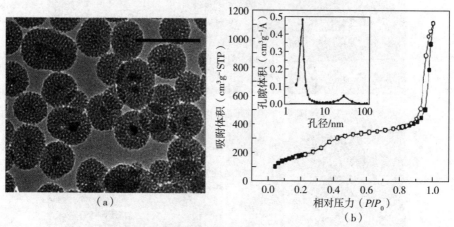

图 1-2-4 M-MSN 的扫描电镜图(a)和氮吸附等温线及孔径分布(b)[17]

## 2.3 磁性有序介孔复合材料的研究进展

由于磁性介孔复合材料兼具介孔材料的大比表面积、大孔容、孔道内部易修饰等结构特点和磁性材料的高饱和磁化强度、高矫顽力等磁性能，所以在吸附、分离、催化、生物医药等方面都有广泛的应用，而且通过对磁性介孔复合材料进行孔道修饰，可以使其应用于更广的领域，因此吸引了大量国内外学者的目光。

例如 Xinqing Wang 等[18]通过水热法和浸渍法制备了 $CoFe_2O_4/Fe_2O_3$-SBA–15 新型磁性介孔纳米复合材料。图 1-2-5 为 $CoFe_2O_4/Fe_2O_3$-SBA–15 高倍透射电镜图，从图中可以看出样品孔径清晰、有序度高，较暗的通道表明 $CoFe_2O_4$ 纳米颗粒被包封在中孔通道内。在 SBA–15 通道内形成 $CoFe_2O_4$ 和 $\alpha$-$Fe_2O_3$ 后，SBA–15 高度有序的介孔结构保持不变。

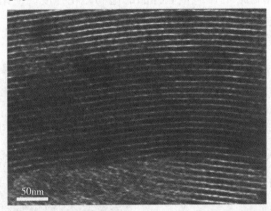

图 1-2-5　$CoFe_2O_4/Fe_2O_3$-SBA–15 的高倍透射电镜图[18]

Shanshan Huang 等[19]通过溶胶凝胶法制备出了磁性功能化的介孔材料 $Fe_xO_y$@SBA–5，这种材料形貌呈现块状和米粒状。经过 X 射线衍射（XRD）、氮气吸附/脱附和透射电镜（TEM）表征后发现，$Fe_xO_y$ 在 SBA–5 外表面和孔径内表面形成后，复合材料 $Fe_xO_y$@SBA–5 保持有序介孔结构。由 XRD 和 XPS 证实二氧化硅主体中产生的 $Fe_xO_y$ 主要由 $\gamma$-$Fe_2O_3$ 组成，磁性能测量显示，这些复合材料在 300K 下具有超顺磁性能。这些复合材料的饱和磁化强度随着 $\gamma$-$Fe_2O_3$ 负载量的增加而增加。这些复合材料具有高表面积和高孔体积，在外部磁场的作用下足以用于药物靶向的反应（图 1-2-6），这些复合材料显示了以布洛芬为模型的药物释放特性。形貌为米粒状的复合材料比形貌为聚集块状的样品显示出更高的释放率。

图 1-2-6 复合材料 $Fe_xO_y$@SBA-5 在磁场中的照片 [19]

Limin Guo[20] 等介绍了一种称为真空纳米铸造路线（VNR）的简单方法，用于制造具有磁芯的介孔微球。通过改变合成过程中硝酸铁的浓度，可以容易地调节磁芯的负载量和样品的饱和磁化强度。使用 1,4- 丙烷四硫化物改性后，该复合材料可以用作 $Hg^{2+}$ 的高选择吸收剂，并且施加外部磁场可以方便分离，样品形貌如图 1-2-7 所示。

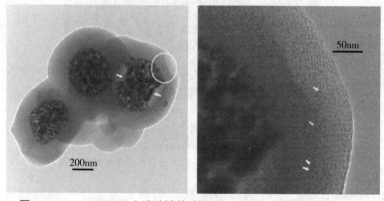

图 1-2-7 HMASMC（硝酸铁的浓度为 1.0mol/L）的透射电镜图 [20]

**参考文献**

[1] Polshettiwar V, Varma R S. Green chemistry by nano-catalysis[J]. Green Chemistry, 2010, 12（5）: 743-754.

[2] Zhu Y H, Stubbs L P, Ho F, et al. Magnetic nanocomposites : a new perspective in catalysis[J]. ChemCatChem, 2010, 2 : 365-374.

[3] 国秋菊, 郑少华, 苏登成. 纳米 $CoFe_2O_4$ 颗粒制备及性能研究 [J]. 中国粉体技术, 2007, 13（1）: 16-19.

[4] 吴娟, 霍德璇, 金尧, 等. 反应条件对 $CoFe_2O_4$ 颗粒形貌、粒径大小和磁性的影响[J]. 纳米科技, 2008, 5（4）: 50-54.

[5] Zhang F, Su R L, Shi L Z, et al. Hydrothermal Synthesis of $CoFe_2O_4$ Nanoparticles and their Magnetic Properties[J]. Advanced Materials Research, 2013, 821-822（10）: 1358-1361.

[6] Suwanchawalit C, Somjit V. Hydrothermal synthesis of magnetic $CoFe_2O_4$–graphene nanocomposite with enhanced photocatalytic performance[J]. Digest Journal of Nanomaterials & Biostructures, 2015, 10（3）: 769-777.

[7] 肖利, 方正, 李元高, 等. 溶胶–凝胶法制备纳米级 $CoFe_2O_4$ 尖晶石[J]. 材料导报, 2004, 18（s1）: 147-149.

[8] 高朋召, 李冬云, 王玲, 等. 模板辅助 sol-gel 法制备的高比表面积、高磁性能纳米 $CoFe_2O_4$ 材料[C]. 全国工程陶瓷学术年会, 2013.

[9] 刘红艳, 李玉山, 王磊. 磁场诱导制备 $CoFe_2O_4$ 颗粒的微波吸收性能[J]. 低温物理学报, 2016（1）: 31-34.

[10] 肖旭贤, 黄可龙, 卢凌彬, 等. 微乳液法制备纳米 $CoFe_2O_4$[J]. 中南大学学报（自然科学版）, 2005, 36（1）: 65-68.

[11] Zhao J, Wang Y, Luo G, et al. In situ synthesis of magnetic mesoporous silica via sol-gel process coupled with precipitation and oxidation[J]. 颗粒学报（PARTICUOLOGY）, 2011, 9（1）: 56-62.

[12] Wang Y, Ren J, Liu X, et al. Facile synthesis of ordered magnetic mesoporous gamma-$Fe_2O_3/SiO_2$ nanocomposites with diverse mesostructures[J]. Journal of Colloid & Interface Science, 2008, 326（1）: 158.

[13] Wang J H, Zheng S R, Liu J L, et al. Tannic acid adsorption on amino-functionalized magnetic mesoporous silica[J]. Chemical Engineering Journal, 2010, 165（1）: 10-16.

[14] Qi D, Deng Y, Liu Y, et al. Development of Core-shell Magnetic Mesoporous $SiO_2$ Microspheres for the Immobilization of Trypsin for Fast Protein Digestion[J]. Journal of Proteomics & Bioinformatics, 2008, 1（7）: 346-358.

[15] Gross A F, Diehl M R, Beverly K C, et al. Controlling Magnetic Coupling between Cobalt Nanoparticles through Nanoscale Confinement in Hexagonal Mesoporous Silica[J]. Journal of Physical Chemistry B, 2003, 107（23）: 5475-5482.

[16] Lu A H, Li W C, Kiefer A, et al. Fabrication of Magnetically Separable Mesostructured Silica with an Open Pore System[J]. Journal of the American Chemical Society, 2004, 35（40）: 8616-8617.

[17] Li X, Zhang J, Gu H. Adsorption and desorption behaviors of DNA with magnetic

mesoporous silica nanoparticles[J]. Langmuir the Acs Journal of Surfaces & Colloids, 2011, 27 (10): 6099-6106.

[18] Wang X, Chen M, Li L, et al. Magnetic properties of SBA-15 mesoporous nanocomposites with $CoFe_2O_4$, nanoparticles[J]. Materials Letters, 2010, 64 (6): 708-710.

[19] Huang S, Yang P, Cheng Z, et al. Synthesis and Characterization of Magnetic $Fe_xO_y$@SBA-15 Composites with Different Morphologies for Controlled Drug Release and Targeting[J]. Journal of Physical Chemistry C, 2008, 112 (18): 7130-7137.

[20] Guo L, Li J, Zhang L, et al. A facile route to synthesize magnetic particles within hollow mesoporous spheres and their performance as separable $Hg^{2+}$ adsorbents[J]. Journal of Materials Chemistry, 2008, 18 (23): 2733-2738.

# 第3章 金属有机框架材料及其纤维膜制备

## 3.1 金属有机框架材料简介

近年来,多孔材料的研究发展迅速,作为材料新宠,多孔材料在能源、环境、化工等领域广泛应用。根据孔径大小,国际纯粹与应用化学联合会(International union of pure and applied chemistry, IUPAC)将孔分为微孔(<2nm)、介孔(2~50nm)及大孔(>50nm);根据最新定义,微孔又分为超微孔(<0.7nm)和极微孔(0.7~2nm),将孔径小于100nm的孔统称为纳米孔。按照材质又分为金属多孔材料和非金属多孔材料,其显著特点是具有优异的机械性能、传播性能、光电性能、渗透性、吸附性以及化学性能。多孔材料在大分子催化、太空材料、吸附与分离、光电器件、纳米材料组装及生物医药等众多领域具有广阔的应用前景。

### 3.1.1 分子筛的概述与发展

分子筛是一种常见的材料。天然的分子筛"stilbite"最早是由瑞典的矿物学家 Cronsted 在 1756 年发现的,分子筛的含义是"沸腾的石头",因为其在灼烧时会产生非常多的气泡。在其之后,越来越多的天然分子筛被陆续发现,但是在当时没有人能够解释这些奇特的石头为什么会在灼烧时产生如此奇怪的现象,直到 170 年后,这些天然分子筛的微孔性质被发现,人们才能解释这一奇怪的现象。图 1-3-1 是分子筛材料的发现及发展历程[1]。

20 世纪 40 年代,科学家们提出"分子筛"的概念,可以从混合的气体中分离出只有一种组分的气体,这个发现推动了工业界对分子筛的进一步研究。分子筛由于具有丰富孔道结构、可调的酸性位点以及高比表面积等独特的性质,在催化、吸附、分离及离子交换等工业化应用领域有了长足的进步[1]。20 世纪 50 年代开始,随着分子筛在环境污染治理等领域发挥越来越重要的作用,天然的分子筛已经不能够满足工业生产的需求[2]。

因此，科学家们开始尝试利用模板法合成分子筛，人工合成的分子筛具有形貌均匀、纯相以及较大比表面积等特点，并且可以根据工业需求合成出天然分子筛所不具备的多样结构的分子筛。因此，人工合成的分子筛成为近年来的研究热点。

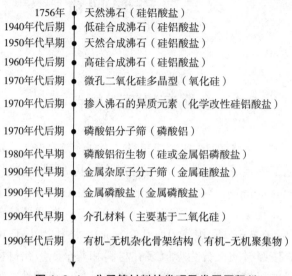

图 1-3-1　分子筛材料的发现及发展历程 [1]

20 世纪 40 年代，Richard M. Barrer 教授发现使用高温水热的合成方法可以合成分子筛。利用氯化钡（barium chloride）水溶液与粉末分子筛（leucite）和方分子筛（analcime）的混合物，在 180~270℃下晶化 2~6 天，合成出了菱沸石（chabazite）分子筛。20 世纪 50 年代末我国学者成功合成了 Y 型分子筛，并且迅速开始了工业生产，Y 型分子筛具有非常好的裂化性能，可以作为原油催化裂化生产汽油的催化剂。目前，大部分分子筛均采用无机溶剂合成，主要针对分子筛合成过程中碱及碱土金属对其性能的影响开展研究。20 世纪 60 年代，Barrer 教授开始利用有机阳离子来代替碱土阳离子合成分子筛，推动了分子筛的人工合成。美孚（Mobil）石油公司利用有机阳离子来合成分子筛，成功地合成了 β 分子筛和 ZSM-5 分子筛，这些有机阳离子被称为模板及或者结构导向剂。在之后的 20 年里，美孚公司利用模板剂法合成了大量具有新型结构的分子筛，如 ZSM-5、ZSM-12、ZSM-22、ZSM-23、ZSM-48、ZSM-57、EU-1 及 NU-87 等。20 世纪末，Davis 等成功合成了第一个具有十八元环结构的磷酸铝 VIP-5 分子筛[3]。随着越来越多的人工分子筛被合成，到 2017 年年底，已有 237 种有规则结构的分子筛骨架类型被国际分子筛协会（International Zeolite Association，IZA）收录，如图 1-3-2 所示。

| | | | | | | | | | | | | | | | |
|---|---|---|---|---|---|---|---|---|---|---|---|---|---|---|---|
| ABW | ACO | AEI | AEL | AEN | AET | AFG | AFI | AFN | AFO | AFR | AFS | AFT | AFV | AFX | *BEA |
| AFY | AHT | ANA | APC | APD | AST | ASV | ATN | ATO | ATS | ATT | ATV | AVE | AVL | AWO | *CTH |
| AWW | BCT | BEC | BIK | BOF | BOG | BOZ | BPH | BRE | BSV | CAN | CAS | CDO | CFI | CGF | *-EWT |
| CGS | CHA | -CHI | -CLO | CON | CSV | CZP | DAC | DDR | DFO | DFT | DOH | DON | EAB | EDI | *-ITN |
| EEI | EMT | EON | EPI | ERI | ESV | ETL | ETR | EUO | EWS | EZT | FAR | FAU | FER | FRA | *MRE |
| GIS | GIU | GME | GON | GOO | HEU | IFO | IFR | -IFT | -IFU | IFW | IFY | IHW | IMF | IRN | *PCS |
| IRR | -IRY | ISV | ITE | ITG | ITH | ITR | ITT | -ITV | ITW | IWR | IWS | IWV | IWW | JBW | *SFV |
| JNT | JOZ | JRY | JSN | JSR | JST | JSW | KFI | LAU | LEV | LIO | -LIT | LOS | LOV | LTA | *-SSO |
| LTF | LTJ | LTL | LTN | MAR | MAZ | MEI | MEL | MEP | MER | MFI | MFS | MON | MOR | MOZ | *STO |
| MRT | MSE | MSO | MTF | MTN | MTT | MTW | MVY | MWF | MWW | NAB | NAT | NES | NON | NPO | *-SVY |
| NPT | NSI | OBW | OFF | OKO | OSI | OSO | OWE | -PAR | PAU | PCR | PHI | PON | POR | POS | *UOE |
| PSI | PUN | PWN | PWO | PWW | RHO | -RON | RRO | RSN | RTE | RTH | RUT | RWR | RWY | SAF | |
| SAO | SAS | SAT | SAV | SBE | SBN | SBS | SBT | SEW | SFE | SFF | SFG | SFH | SFN | SFO | |
| SFS | SFW | SGT | SIV | SOD | SOF | SOR | SOS | SOV | SSF | SSY | STF | STI | STT | STW | |
| -SVR | SVV | SWY | SZR | TER | THO | TOL | TON | TSC | TUN | UEI | UFI | UOS | UOV | UOZ | |
| USI | UTL | UWY | VET | VFI | VNI | VSV | WEI | -WEN | YFI | YUG | ZON | | | | |

图 1-3-2　237 种分子筛骨架结构简称（IZA）

### 3.1.2　金属有机框架材料的概述与发展

金属有机框架化合物（MOFs）最早是由 Yaghi 等人定义的，由金属离子和有机配体通过共价键构成。通俗地讲，共价网络是一个共价化合物通过重复共价键方式的一种拓展。从结构上说，MOFs 主要由金属离子（金属团簇）和有机分子两个基元构成。通常，有机单元是单齿、双齿或者三齿配体，金属和配体的选择能很好地调控 MOFs 的结构，从而决定其性质。配体和金属的多样性选择，为制备合成出各式各样的 MOFs 材料提供了可能，到目前为止，研究人员已经制备出超过 20000 种不同的 MOFs 材料。

MOFs 材料的一个潜在应用是用于气体的储存，尤其是氢气的储存。在不压缩的情况下，氢气的储能密度很低，如果能实现高密度的氢气储存具有很大的应用价值。由于 MOFs 具有很大的比表面积和可调的化学结构，在氢气储存方面具有重要作用。相比于空的氢气储气瓶，填充 MOFs 之后，由于材料表面能吸附氢分子，因此能够储存更多的氢气。而且由于其开放的结构，MOFs 材料不存在死体积；又由于其气体的吸附动力源于物理吸附，具有很好的脱、吸附可逆性。除了用作气体的吸附和分离，MOFs 在多相催化方面也具有潜在应用。前面提到，分子筛已经被广泛使用到石油化工工业领域。但是，对于分子筛来说，由于获得孔道大于 1nm 的结构比较困难，因此分子筛大部分用于一些小分子催化（反应物分子一般比二甲苯小）。与此同时，分子筛的合成条件相对 MOFs 比较苛刻（高温煅烧以除去模板剂），而 MOFs 的合成条件相对温和，更加方便功能化以满足催化反应的要求。MOFs 具有稳定开放的框架结构，较大的比表面积和孔容，其在气体储存（氢气和二氧化碳）、气体分离、催化、吸附、传感器和电化学电容器方面都有很好的应用[5-16]。

## 3.2 多孔材料的合成方法

最初，多孔分子筛均采用无机溶剂合成，随着对分子筛的研究越来越多，科学家们采用有机阳离子作为模板剂成功合成了多孔分子筛，到目前为止，发现新的结构导向剂仍然是合成新型多孔结构分子筛的主要方法之一。最近几年，采用氟化物作为矿化剂、低水硅比和新溶剂系统对合成多孔分子筛的影响做了许多研究，通过这些技术合成了大量的新型结构材料。MOFs 材料的合成是由分子筛材料合成研究发展而来的。二者都是通过水热或者溶剂热的方法来合成的。不同于分子筛的合成，MOFs 在合成中不需要加入模板剂。到目前为止，多孔材料的合成方法有模板剂合成法、晶种合成法、有机添加剂合成法、微波合成法、无导向剂合成法、水热法及溶剂热法等[5-16]。

### 3.2.1 模板剂合成法

20 世纪 60 年代，美孚石油公司分别利用四乙基铵和四丙基铵合成了 $\beta$ 分子筛和 ZSM-5 分子筛，有机铵模板剂的引入使分子筛的合成取得了较大的进步。模板剂合成法可以显著地减小晶粒尺寸。Mintova 等分别以四甲基氢氧化铵为有机模板剂成功合成纳米尺度的 NaY 分子筛[17-22]。Holmberg 等在以四甲基氢氧化铵为模板剂的基础上引入四甲基溴化铵，并通过改变两种模板剂的摩尔比制备出了粒径在 30~120nm 的 NaY 分子筛[44]。Patricia 等以四甲基氢氧化铵作为模板剂并以丙三醇为溶剂，也获得了纳米尺寸的 NaY 分子筛[45]。David 等以四甲基氢氧化铵、四乙基氢氧化铵、四丙基氢氧化铵、四丁基氢氧化铵及其盐和冠醚作为模板剂合成出了高硅铝比 FAU 型分子筛[23-24]。采用模板剂的协同作用的想法已经存在一段时间了，即使用两个结构导向剂，每一个模板剂在合成目标分子筛中也存在不同的次级结构单元（SUB），采用双模板剂不但可以合成出多笼的分子筛骨架，而且可以提高合成分子筛的经济性。

### 3.2.2 晶种合成法

晶种因含有分子筛及金属有机框架材料生长所需晶核，可以缩短晶化所需要的时间并提高对于目标多孔材料的选择性，避免产生杂相。添加晶种或者导向剂是目前工业上普遍应用的方法。杨小明等利用滞后加入导向剂的方法合成了小晶粒 NaY 分子筛[25-26]。马跃龙等向导向剂中加入乙醇成功合成了晶粒尺寸约为 200nm 的 NaY 分子筛[27-28]。许明灿等通过引入导向剂在高岭土微球基础上长出了 300nm 小晶粒 NaY 分子筛[29]。江海龙等通过反复详细的研究实验发现，通过预先合成少量的纯相 MOF 作为种子，预先加入反应体系中，可以成功诱导合成纯的相应物相的 MOF。Wang 等研究了导向剂的老化时间、温度等对合成 NaY 分子筛的影响[30]。Schirmer 等发现导向剂中晶核的数量对分子筛的粒径大小有较大的影响[31-32]。

### 3.2.3 有机添加剂合成法

在合成体系中加入有机添加剂可以有效减小多孔材料的晶粒尺寸。赵文江等利用合成 NaY 原料中的氢氧化钠能够与吐温系列（吐温 20，吐温 40，吐温 60）表面活性剂发生皂化反应来降低表面能，从而减小了 NaY 分子筛纳米颗粒的尺寸[33]。Ambs 等利用葡萄糖等作为有机添加剂，成功合成了晶粒尺寸在 33~69nm 的 NaY 分子筛[34]。吴杰等在合成体系中加入柠檬酸钠，用水热法合成了纳米 NaY 分子筛[35]。这种方法在合成过程中需要添加有机试剂，所以需要通过高温焙烧去除添加的有机试剂，从而增加了能耗，而且容易导致纳米颗粒产生团聚现象。

### 3.2.4 微波合成法

微波合成法可以提高合成速率和产物品质，但是对其作用机理和微波场的影响却知之甚少。Geoffrey 等人分别采用微波场和传统的自催化方法生长金属纳米颗粒，并研究了微波在纳米颗粒形核、生长中的作用，显示其仍然遵循经典的 Finke-Watzky 模型，建立了生长速率与微波功率之间的联系[38]。Arafat 等用微波合成法在 10min 内就得到了晶粒尺寸在 500nm 左右的 NaY 分子筛[36]。程志林等发现了常压回流微波加热反应器可以有效降低分子筛的粒径，并在 60min 内成功合成出了晶粒尺寸为 40nm 的 NaY 分子筛[37]。微波合成法虽然可以大大缩短多孔材料合成所需晶化时间，从而提高生产效率，但合成的多孔材料粒径偏大且分布不均。

### 3.2.5 无导向剂合成法

目前国内外部分研究人员采用无导向剂法合成多孔材料,但很少有相关报道[39]。桑石云等采用两步法合成了小晶粒的 NaY 分子筛[40]。胡彦林通过调控合成原料中水硅比以及凝胶的配比等,成功合成出了粒径在 300~350nm 的小晶粒 NaY 分子筛[41]。Huang 等采用三步变温法合成了粒径在 190~600nm 含介孔的小粒径 NaY 分子筛[42]。郎万中等采用直接晶化法在无导向剂条件下制备了 NaY 型分子筛[43]。无导向剂合成法简化了工艺流程,更加容易合成小晶粒多孔材料,但要注意调控反应条件,尤其是反应原料中的碱度,碱度过大会导致晶粒分布不均匀、生成杂晶、团聚以及形貌难以控制等现象。

### 3.2.6 其他合成法

改善合成的工艺条件,有利于合成较小尺寸的多孔材料。例如改变加料顺序以及改变原料之间的比例等,都可以有效减小多孔材料的晶粒尺寸[44-45]。冷冻干燥技术已广泛用于制备具有开孔结构的多孔陶瓷,其又称为冰模板技术或冷冻铸造技术。真空冷冻干燥技术的原理是利用冰的真空升华现象,即通过降温将水冻结成固体(发生相变),然后在真空条件下使水分子升华,得到多孔材料。Chen 等采用冷冻干燥技术制备了多孔的 Nb 支架[34]。Ma 等采用冷冻干燥技术制备了多孔 $SnO_2$/rGO 干凝胶[47]。Li 采用类凝胶/冷冻干燥策略,构建了层级结构的多孔金属氧酸盐的金属有机催化剂[48]。3D 打印(3DP)属于快速成型技术,它是一种以数字模型文件为基础,运用粉末状金属或塑料等可黏合材料,通过逐层打印的方式来构造物体的技术。Zhao 等采用计算机辅助设计方法结合激光熔化技术构建仿生骨组织工程支架,采用参数化建模方法设计了新型多孔结构[49]。Brown 采用 3D 打印技术结合冷冻干燥技术,制备了 $MoS_2$- 石墨烯凝胶[50]。Alison 等利用负载了纳米和微米尺度的牺牲孔填充油墨,采用三维打印技术,制备出了分级多孔材料[51]。王雪静等利用偏高岭土采用超声陈化法合成了 NaY 分子筛[52]。

## 3.3 Al–MIL–53 及其纤维膜制备

MOFs 多孔材料拥有高度规则的孔道结构,是它被制备成材料膜候选的重要原因。分子筛膜一直被广泛研究,但成功用于工业上的却只有少数几种,因为它在大规模应用上面临很多困难,不仅是材料本身,还有膜制备技术方面。比如,多数分子筛要获得可以进行吸附的孔道,需要使用高温将有机分子模板剂烧掉,然而高温却容易使膜产生裂痕,降低使用性能。MOFs多孔材料在比表面积、孔径等方面比分子筛要有优势,且大多数合成条件较为温和,虽然有时也使用模板剂,但都很容易去除。再加上MOFs多孔材料在分子水平上设计孔道功能更加容易,因此,MOFs多孔材料膜具有十分广阔的应用前景。

### 3.3.1 Al-MIL-53粉末状样品制备

使用溶剂热法制备MOFs多孔材料Al-MIL-53的工艺流程如图1-3-3所示,参考文献[6]制备方法,以九水合硝酸铝[Al(NO$_3$)$_3$·9H$_2$O]作为铝源,对苯二甲酸(BDC)为有机配体,结合实验室条件,其具体步骤描述如下:

(1) 称取适量的Al(NO$_3$)$_3$·9H$_2$O并将其倒入含去离子水的反应釜内衬中,使用集热式恒温磁力搅拌器匀速搅拌,使药剂充分溶解,该溶液记为溶液A。

(2) 在溶液A中加入相应质量的BDC,剧烈搅拌,以使有机配体在溶液中扩散均匀,记为溶液B。

(3) 将反应釜内衬(内含溶液B)套入不锈钢釜体中密封,并置于干燥箱中,高温加热,使其进行晶化反应。

(4) 待加热时间结束,使其自然冷却至室温,此时的晶化产物C是固液混合物,需要利用循环水真空泵抽滤,固液分离后,可得到固体粗产物D。

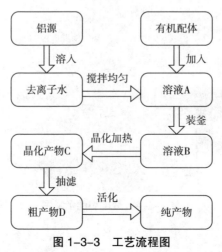

图1-3-3 工艺流程图

（5）粗产物 D 的孔道被大量未参与反应的有机配体所占据，严重影响其吸附性能，所以活化的目的在于去除存在于孔道中的有机配体。不同有机配体的去除方式可以不同。如何有效快速地去除有机配体，也是一些科研工作者研究的主要内容。

（6）活化结束后即可得到纯净的产物，即 Al–MIL–53。

### 3.3.2 静电纺丝制备纤维膜

利用静电纺丝技术制备聚合物纤维膜（图 1-3-4），其装置主要由三部分组成：高压电源（HV）、注射器（Syringe）和接收器（Receiver）。其中，高压电源提供电场，注射器中的聚合物溶液在强电场的作用下喷射丝线。接收器为平板，喷射下来的纤维丝线在它上面纵横交错堆叠在一起，可形成一层薄薄的纤维膜。需要注意的是，注射器针头与接收器之间的距离为接收距离，这一距离越大，形成的纤维膜面积越小。注射器还需要助推器推动来辅助喷丝，其推注速度与聚合物溶液的浓度、电压大小需要相互配合。另外，仪器纺丝腔体里的温度、湿度都会对纺丝产生影响。具体步骤简述如下：

（1）打开除湿机，使仪器纺丝腔体达到目标湿度。

（2）配制纺丝液。首先制备出目标前驱体溶液，然后加入一定量的高分子聚合物作为助纺剂，增加可纺性。

（3）使用注射器吸取纺丝液，选用合适的针头，并置入静电纺丝仪中。

（4）设置参数（包含电压、推注速度、接收距离等），开始纺丝。

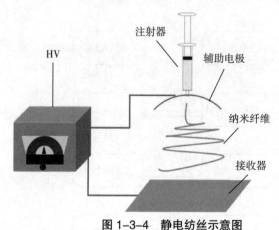

图 1-3-4 静电纺丝示意图

## 3.4 NaY 分子筛简介

20 世纪 50 年代末,Milton 等成功地以铝酸钠和硅溶胶为原料合成出 NaY 分子筛,并作为裂化催化剂用于石油炼制中,NaY 分子筛的合成研究一直持续不断[4]。目前工业生产主要采用溶胶凝胶法,也就是采用硅溶胶或水玻璃作原料来进行合成,合成出来的分子筛粒径一般在 3~6μm。

NaY 分子筛具有八面沸石的骨架结构,属于 FAU 型分子筛。FAU 型分子筛有两种:NaX 分子筛和 NaY 分子筛。NaX 分子筛的晶胞组成为 $Na_{56}(Al_{56}Si_{136}O_{384}) \cdot 264H_2O$,NaY 分子筛的晶胞组成则为 $Na_{86}(Al_{86}Si_{106}O_{384}) \cdot 264H_2O$。Y 分子筛的骨架结构是以 $\beta$ 笼为基本结构单元组成的六方晶系结构,$\beta$ 笼层以…ABCABC…的方式做面心立方最密堆积。NaY 分子筛的结构与金钢石类似,$\beta$ 笼的排列与金刚石中的 C 原子类似,相邻的两个 $\beta$ 笼之间以六方柱相连,形成一个 12 元环的超笼结构(FAU 笼)和三维孔道体系。NaY 分子筛中的阳离子 $Na^+$ 在立方晶胞的对角线上。NaY 分子筛的结构如图 1-3-5 所示(IZA)。正因为如此,NaY 分子筛在催化、分离及吸附等许多领域得到了应用[19, 34-35]。

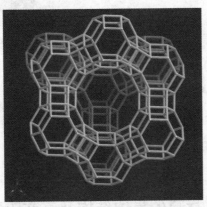

图 1-3-5 NaY 分子筛的结构图(IZA)

## 3.5 ZIF 系列简介

ZIF(Zeolitic Imidazolate Frameworks)系列由 Yaghi 课题组发现并命名[53],由 $Zn^{2+}$、$Co^{2+}$ 等具有四面体配位能力的金属离子与咪唑基团中的 N 原子配位形成。沸石咪唑酸盐骨架(ZIF)与铝硅酸盐分子筛具有相同的拓扑结构。图1-3-6为ZIF-8及ZIF-11的结构示意图[12]。就分子筛而言,骨架是由四面体硅或由氧原子桥接的铝构建的。而在ZIF中,四面体Si或Al和桥接O分别被过渡金属(例如Zn或Co)和咪唑化物连接基取代。与分子筛相似,ZIF的框架包含规则的孔和通道,这些孔和通道允许来宾分子进入并可以在分子水平上区分物种。由于ZIF比分子筛具有优势,因此可以预期杂化骨架结构在表面改性方面具有更大的灵活性,有时甚至可以合理设计表面性能[55-56]。与其他类型的金属有机骨架材料相比,ZIF通常表现出更好的热、水热和化学稳定性[54-55, 56]。因此,ZIF在许多应用中引起了越来越多的关注,例如气体存储[58-60]、分离[61-64]、催化[65-66]、化学传感器[67-68]和吸附挥发性有机化合物[69-70]。

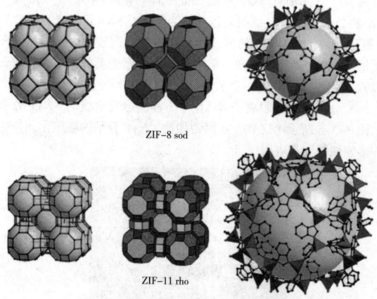

图1-3-6 ZIF-8及ZIF-11结构示意图[12]

## 3.6 MOF-5材料的晶体结构及其在吸附方面的应用

### 3.6.1 MOF-5材料的晶体结构

MOF-5的化学式为$Zn_4O(BDC)_3$,是立体八面网状结构,其结构是金属有机骨架化合物中最典型的结构,以一个O原子为中心,四个$Zn^{2+}$构成一个$Zn_4O$的四面体结构的无机基团$[Zn_4O]^{6+}$,再与6个羧基相连形成$[Zn_4O(COO)_6]$基团,用球体表示原子或者离子,棍棒表示化学键,则

[Zn₄O（COO）₆]基团结构模型如图 1-3-7 所示，四面体表示 $Zn^{2+}$，中心位置球体表示 O，六边环的球体表示 C。即在 [Zn₄O（COO）₆] 基团的中心位置是四个 Zn 连接一个 O，而两个 Zn 与 Zn 之间是通过有机配体中的羧基相连，形成 Zn—O—C 键。Zn—O—C 键中的 C 与有机配体中的苯环相连，从而将单个的 [Zn₄O（COO）₆] 基团连接，构成了 MOF-5 的骨架结构，MOF-5 结构的立体图如图 1-3-8 所示，图中四面体表示 Zn，四面体的小球表示 O，六边环的小球表示 C，巨大的四面球体表示一个直径为 18.5Å 的腔体[1]，即直径为框架的范德华面之间的分离距离，其中氢原子被省略了。

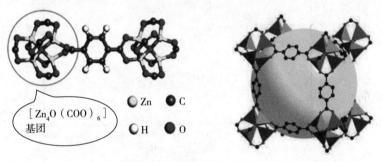

图 1-3-7  [Zn₄O（COO）₆]基团结构模型图[64]　图 1-3-8  MOF-5 结构的立体图[18]

### 3.6.2　MOF-5 材料在吸附方面的应用

目前，MOF-5 在气体储存、气体吸附和分离、催化等多方面得到广泛应用。MOF-5 作为 MOFs 最具代表性的材料之一，具有较大的比表面积，所以在气体储存、吸附和分离方面具有较大的优势。

Saha D 等[71]考察了不同合成条件对 MOF-5 材料晶体结构、孔结构性质和氢吸附性能的影响，在 $Zn(NO_3)_2 \cdot 6H_2O$ 和 $H_2BDC$ 溶于 DMF 后，分别滴加三乙胺、过氧化氢、三乙胺和过氧化氢。实验结果表明，MOF-5 材料的结晶度越高，吸附剂性能越好；晶体尺寸越大，比表面积越高，孔径分布越均匀，吸附氢的能力越强，氢在 MOF-5 吸附剂中的扩散速度越快。3 个样品的吸氢等温线如图 1-3-9 所示，其中滴加三乙胺和过氧化氢制备的样品吸附性能最好，比表面积为 $1157m^2/g$，在 77K 和 800mmHg 时，可吸附 0.5%（质量分数）的氢气。

Kaye S S 等[72]探究了不同合成条件、不同处理方式对 MOF-5 材料储氢性能的影响。结果表明，①与 DEF 相比，DMF 成本较低，但得到的材料的表面积通常小一些。②样品在大气中的暴露时间会影响样品的吸附能力，暴露时间越久，水解程度越严重，样品吸附能力越差，完全水解会导致没有吸附能力。值得注意的是，MOF-5 样品在空气中暴露不同时间的

XRD 图，如图 1-3-10 所示。当 MOF-5 暴露在空气 10min 时，出现新的高峰：$2\theta=8.9°$。进一步接触空气，这个峰的相对强度增加。24h 后，样品转换成了另外一种结构 $Zn_3(OH)_2(BDC)_2 \cdot 2DEF$。若将样品暴露于干燥的氧气或无水的有机溶剂中（如甲醇、DMF 或 DMSO），未观察到任何反应。这说明是大气中的水导致 MOF-5 分解。

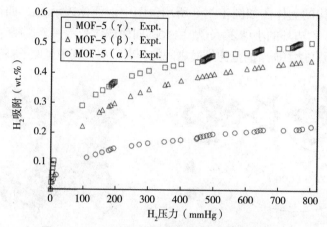

图 1-3-9　不同合成条件对 MOF-5 的氢吸附[71]

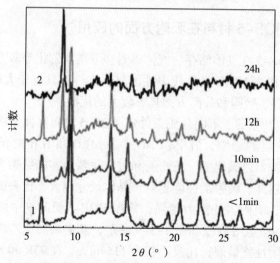

图 1-3-10　暴露不同时间的 XRD 图[72]

MOF-5 材料是 MOFs 材料中吸附性能突出的材料之一，目前，人们的研究方向主要集中在以下三个方面：

（1）官能团修饰改性。合成 MOF-5 的有机配位体为对苯二甲酸，这种原料为官能团修饰改性提供了一定的便利性。若需用氨基、硝基、甲基等基团来修饰 MOF-5，直接采用含有对应基团的对苯二甲酸即可。张毅等[41]分别采用2-氨基对苯二甲酸、2-硝基对苯二甲酸为有机配体制备MOF-5，得到氨基、硝基修饰的MOF-5材料。对于金属离子的修饰，多用该金属离子对应的硝酸盐。例如，周奎等[73]利用硝酸锂、硝酸钾、硝酸镁与硝酸锌混合制备MOF-5材料，从而得到碱金属修饰的MOF-5。用不同官能团修饰MOF-5，会改变样品结构中吸附位点的活性，达到提高吸附性能的目的。

（2）MOF-5结构的水解问题。MOF-5材料容易被水解，即使空气中的水分也能将其分解，根据文献[72]，MOF-5材料暴露在空气中10min，样品逐渐开始分解；样品在空气中暴露超过24h，样品将被完全水解，完全水解的样品为无孔材料。而Biserčić等[74]的研究表明，合成MOF-5纯相的最佳配水量为：1mol锌配0.25~0.5mol水。两种研究的差别在于使用的金属硝酸盐不同。

（3）不同合成条件对吸附性能的影响。不同合成条件可以调控MOF-5材料的物相结构、吸附性能等。例如，Zheng-Ping等[75]探究了不同溶剂（DMF、NMP）对合成MOF-5吸附性能的影响，分析表明，NMP合成的MOF-5改善了材料对气体的吸附性能。

综合以上分析可知，MOF-5材料在吸附方面具有较大的应用潜力，制备MOF-5材料最好的方法是溶剂热法，平均吸附性能较低，主要存在的问题是MOF-5材料易水解，从而降低材料的吸附性能。

## 3.7 静电纺丝技术简介

设计各种分级纳米结构是材料科学家的长期目标，并且已经广泛研究了各种"自上而下"和"自下而上"的方法来构造这些纳米结构。静电纺丝是最简单的自上而下的方法之一，它可以轻松地从多种材料中产生纳米纤维，尤其是聚合物，这些聚合物已被证明可用于许多应用，例如过滤或控制药物释放[76-77]。静电纺丝技术是一种利用静电拉伸制备直径为几纳米到几微米之间的超细纤维的技术。通过调控静电纺丝过程中的实验参数，如溶液性质、静电纺丝电压、喷速以及环境条件等，可以制备出具有多种结构的纤维，实现外部形貌和内部形貌的调控。

静电纺丝装置主要由纺丝喷头、接收器及高压电源组成。在高压电场的作用下，纺丝喷头和接收器之间形成电位差，使高分子溶液或者熔体在喷头处形成液滴，电场强度的增强使液滴变成锥状（Taylor锥），继续增大电场强度，达到临界值时，液滴克服自身表面张力形成喷射流，经过鞭动过程并伴随溶剂挥发，在接收器上形成直径在纳米到微米之间的超细纤维。

当前石油化工或相关行业产生的挥发性有机化合物（VOCs）具有毒性、危险性和致癌性，逐渐恶化了我们的生活环境[78-81]。另外，挥发性有机化合物可以间接作为气体前体，通过光化学反应促进有害的二次有机气溶胶的形成[82-83]。在这些挥发性有机化合物中，苯在化学工业中作为原料或溶剂的普遍利用受到了特别的关注[84-85]。但是，已经证明，空气中极低浓度的苯会对环境产生严重的负面影响，甚至有致癌的危险[86]。因此，人们付出了很多努力，通过使用有效的吸附剂从污染的空气中除去苯。我们利用静电纺丝和化学气相沉积法制备了复合纤维，并将其应用于苯吸附，分析了苯吸附能力增强机制。

**参考文献**

[1] 徐如人，庞文琴，霍启升，等. 分子筛与多孔材料化学[M]. 北京：科学出版社，2004：1-14.

[2] Auerbach S M Carrado K A, Dutta P K. Handbook of zeolite science and technology[M]. CRC press，2003.

[3] Davis M E, Saldarriaga C, Montes C, et al. A molecular sieve with eighteen-membered rings[J]. Nature, 1988, 331（6158）：698-699.

[4] Loewenstein W. The distribution of aluminum in the tetrahedra of silicates and aluminates[J]. Am. Miner, 1954, 39（1-2）：92-96.

[5] Tranchemontagne D J, Park K S, Furukawa H, et al. Hydrogen storage in new metal-organic frameworks[J]. J. Phys. Chem. C, 2012, 116（24）：13143-13151.

[6] Millward A R, Yaghi O M. Metal-organic frameworks with exceptionally high capacity for storage of carbon dioxide at room temperature[J]. J. Am. Chem. Soc, 2005, 127（51）：17998-17999.

[7] Haque E, Jun J, Jhung S. Adsorptive removal of methyl orange and methylene blue from aqueous solution with a metal-organic framework material, iron terephthalate（MOF-235）[J]. J. Hazard. Mater, 2011, 185（1）：507-511.

[8] Cychosz K A, Wong-Foy A G, Matzger A J. Liquid phase adsorption by microporous coordination polymers：removal of organosulfur compounds[J]. J. Am. Chem. Soc, 2008, 130（22）：6938-6939.

[9] Cui X, Gu Z, Jiang D, et al. In situ hydrothermal growth of metal-organic framework 199 films on stainless steel fibers for solid-phase microextraction of gaseous benzene homologues[J]. Anal. Chem, 2009, 81（23）：9771-9777.

[10] Chughtai A H, Ahmad N, Younus H A, et al. Metal-organic frameworks: versatile heterogeneous catalysts for efficient catalytic organic transformations[J]. Chem. Soc. Rev, 2015, 44 (19): 6804-6849.

[11] Yang L, Xu C, Ye W, et al. An electrochemical sensor for $H_2O_2$ based on a new Co-metal-organic framework modified electrode[J]. Sensors and Actuators B: Chemical, 2015, 215: 489-496.

[12] Cravillon J, Münzer S, Lohmeier S J, et al. Rapid room-temperature synthesis and characterization of nanocrystals of a prototypical zeolitic imidazolate framework[J]. Chemistry of Materials, 2009, 21 (8): 1410-1412.

[13] Jiang M, Cao X, Zhu D, et al. Hierarchically porous N-doped carbon derived from ZIF-8 nanocomposites for electrochemical applications[J]. Electrochim. Acta, 2016, 196: 699-707.

[14] Liu K, Zhou J M, Li H M, et al. A Series of CuII-LnIII Metal-Organic Frameworks Based on 2, 2′-Bipyridine-3, 3′-dicarboxylic Acid: Syntheses, Structures, and Magnetic Properties[J]. Cryst. Growth Des, 2014, 14 (12): 6409-6420.

[15] Della Rocca J, Liu D, Lin W. Nanoscale metal-organic frameworks for biomedical imaging and drug delivery[J]. Accounts of chemical research, 2011, 44 (10): 957-968.

[16] Gándara F, Furukawa H, Lee S, et al. High methane storage capacity in aluminum metal-organic frameworks[J]. Journal of the American Chemical Society, 2014, 136 (14): 5271-5274.

[17] Wang L, Han Y, Feng X, et al. Metal-organic frameworks for energy storage: Batteries and supercapacitors[J]. Coord. Chem. Rev, 2016, 307: 361-381.

[18] Liu Q, Low Z X, Li L, et al. ZIF-8/$Zn_2GeO_4$ nanorods with an enhanced $CO_2$ adsorption property in an aqueous medium for photocatalytic synthesis of liquid fuel[J]. J. Mater. Chem. A, 2013, 1 (38): 11563-11569.

[19] Baerlocher C, McCusker L B, Olson D H. Atlas of zeolite framework types[M]. Elsevier, 2007.

[20] Weitkamp J. Zeolites and catalysis[J]. Solid State Ion, 2000, 131 (1-2): 175-188.

[21] Smith J V. Tetrahedral Frameworks of Zeolites, Clathrates and Related Materials: Vol. 14A [M]. Springer, 2000.

[22] Van Koningsveld H. Compendium of zeolite framework types: building schemes and type characteristics [M]. Elsevier, 2007.

[23] Pedrolo D R S, de Menezes Quines L K, de Souza G, et al. Synthesis of zeolites from Brazilian coal ash and its application in $SO_2$ adsorption[J]. J. Environ. Chem. Eng, 2017,

5(5): 4788-4794.

[24] Lima C G S, Moreira N M, Paixao M W, et al. Heterogenous green catalysis: Application of zeolites on multicomponent reactions [J]. Current Opinion in Green and Sustainable Chemistry, 2019, 15: 7-12.

[25] 张馨月, 申宝剑. 杂原子 AlPO-n 分子筛的制备及应用研究进展 [J]. 工业催化, 2018, 26(5): 1-11.

[26] Martínez C, Corma A. Inorganic molecular sieves: Preparation, modification and industrial application in catalytic processes [J]. Coord. Chem. Rev, 2011, 255(13-14): 1558-1580.

[27] Vermeiren W, Gilson J P. Impact of zeolites on the petroleum and petrochemical industry [J]. Top. Catal, 2009, 52(9): 1131-1161.

[28] Valtchev V, Majano G, Mintova S, et al. Tailored crystalline microporous materials by post-synthesis modification [J]. Chem. Soc. Rev, 2013, 42(1): 263-290.

[29] Corma A, Martínez C, Sauvanaud L. New materials as FCC active matrix components for maximizing diesel (light cycle oil, LCO) and minimizing its aromatic content [J]. Catal. Today, 2007, 127(1-4): 3-16.

[30] Navarro U, Trujillo C A, Oviedo A, et al. Impact of deactivation conditions on the acidity of Y zeolites used in the formulation of FCC catalysts, studied by FTIR of adsorbed CO[J]. J. Catal, 2002, 211(1): 64-74.

[31] Xu H Q, Wang K, Ding M, et al. Seed-mediated synthesis of metal-organic frameworks [J]. J. Am. Chem. Soc, 2016, 138(16): 5316-5320.

[32] Salahudeen N, Ahmed A S, Ala'a H, et al. Synthesis of RE Y zeolite for formulation of FCC catalyst and the catalytic performance in cracking of n-hexadecane [J]. Res. Chem. Intermed, 2017, 43(1): 467-479.

[33] 靳玲玲, 李秀奇, 王洪国, 等. 影响 CeY 分子筛吸附脱硫性能因素的研究 [J]. 工业催化, 2008(10): 71-74.

[34] 赵文江, 刘靖, 朱金红, 等. 纳米 NaY 分子筛的合成 [J]. 工业催化, 2004, 12(4): 50-53.

[35] 常晋豫, 廖俊杰, 张艳军, 等. 铈离子改性 Y 型分子筛吸附剂对苯中噻吩动态吸附及其主要影响因素的研究 [J]. 燃料化学学报, 2013, 41(9): 1092-1096.

[36] 薛全民, 张永春, 宋伟杰. 钴离子改性的 Y 型分子筛对低浓度 NO 吸附性能的研究 [J]. 离子交换与吸附, 2004(3): 254-259.

[37] Sun H Y, Sun L P, Li F, et al. Adsorption of benzothiophene from fuels on modified NaY zeolites [J]. Fuel Process. Technol, 2015, 134: 284-289.

[38] Breck D W. Crystalline zeolite Y: U.S. Patent 3, 130, 007[P]. 1964-4-21.

[39] Ashley B, Vakil P N, Lynch B B, et al. Microwave enhancement of autocatalytic growth of nanometals[J]. ACS nano, 2017, 11 (10): 9957-9967.

[40] Mintova S, Olson N H, Bein T. Electron microscopy reveals the nucleation mechanism of zeolite Y from precursor colloids[J]. Angew. Chem.-Int. Edit, 1999, 38 (21): 3201-3204.

[41] Castagnola N B, Dutta P K. Spectroscopic Studies of Colloidal Solutions of Nanocrystalline Ru(bpy)32+-Zeolite Y[J]. J. Phys. Chem. B, 2001, 105 (8): 1537-1542.

[42] Li Q, Creaser D, Sterte J. An investigation of the nucleation/crystallization kinetics of nanosized colloidal faujasite zeolites[J]. Chem. Mat, 2002, 14 (3): 1319-1324.

[43] Song W, Li G, Grassian V H, et al. Development of improved materials for environmental applications: nanocrystalline NaY zeolites[J]. Environ. Sci. Technol, 2005, 39 (5): 1214-1220.

[44] Taufiqurrahmi N, Mohamed A R, Bhatia S. Nanocrystalline zeolite Y: synthesis and characterization[C]. IOP Conference Series: Materials Science and Engineering. IOP Publishing, 2011, 17 (1): 012030.

[45] Holmberg B A, Wang H, Norbeck J M, et al. Controlling size and yield of zeolite Y nanocrystals using tetramethylammonium bromide[J]. Microporous Mesoporous Mat, 2003, 59 (1): 13-28.

[46] Pérez-Romo P, Armendáriz-Herrera H, Valente J S, et al. Crystallization of faujasite Y from seeds dispersed on mesoporous materials[J]. Microporous Mesoporous Mat, 2010, 132 (3): 363-374.

[47] Chen H, Ma Y, Lin X, et al. Preparation of aligned porous niobium scaffold and the optimal control of freeze-drying process[J]. Ceram. Int, 2018, 44 (14): 17174-17179.

[48] Ma C, Jiang J, Xu T, et al. Freeze-Drying-Assisted Synthesis of Porous $SnO_2$/rGO Xerogels as Anode Materials for Highly Reversible Lithium/Sodium Storage[J]. ChemElectroChem, 2018, 5 (17): 2387-2394.

[49] Li X, Liu Y, Liu S, et al. A gel-like/freeze-drying strategy to construct hierarchically porous polyoxometalate-based metal-organic framework catalysts[J]. J. Mater. Chem. A, 2018, 6 (11): 4678-4685.

[50] Zhao L, Pei X, Jiang L, et al. Bionic design and 3D printing of porous titanium alloy scaffolds for bone tissue repair[J]. Compos. Pt. B-Eng, 2019, 162: 154-161.

[51] Brown E, Yan P, Tekik H, et al. 3D printing of hybrid $MoS_2$-graphene aerogels as highly porous electrode materials for sodium ion battery anodes[J]. Mater. Des, 2019, 170: 107689.

[52] Alison L, Menasce S, Bouville F, et al. 3D printing of sacrificial templates into hierarchical porous materials[J]. Sci Rep, 2019, 9(1): 1-9.

[53] 陈涌英, 马跃龙, 高荫本, 等. 一种小颗粒 NaY 分子筛的合成方法 [P]. 中国专利, 96112642, 1998-03-25.

[54] Cravillon J, Münzer S, Lohmeier S J, et al. Rapid Room-Temperature synthesis and characterization of nanocrystals of a prototypical zeolitic Imidazolate Framework[J]. Chem. Mater. 2009, 21(8): 1410-1412.

[55] Phan A, Doonan C J, Uribe-Romo F J, et al. Synthesis, Structure, and Carbon Dioxide Capture properties of zeditic Imidazolate Framework[J]. Acc. Chem. Res, 2010, 43(1): 58-67.

[56] Banerjee R, Phan A, Wang B, et al. High-throughput synthesis of zeolitic imidazolate frameworks and application to $CO_2$ capture[J]. Science, 2008, 319(5865): 939-943.

[57] Rieter W J, Taylor K M L, Lin W. Surface modification and functionalization of nanoscale metal-organic frameworks for controlled release and luminescence sensing[J]. J. Am. Chem. Soc, 2007, 129(32): 9852-9853.

[58] Park K S, Ni Z, Côté A P, et al. Exceptional chemical and thermal stability of zeolitic imidazolate frameworks[J]. Proceedings of the National Academy of Sciences, 2006, 103(27): 10186-10191.

[59] Wu H, Zhou W, Yildirim T. Hydrogen storage in a prototypical zeolitic imidazolate framework-8[J]. J. Am. Chem. Soc, 2007, 129(17): 5314-5315.

[60] Hayashi H, Cote A P, Furukawa H, et al. Zeolite a imidazolate frameworks[J]. Nat. Mater, 2007, 6: 501.

[61] Banerjee R, Furukawa H, Britt D, et al. Control of pore size and functionality in isoreticular zeolitic imidazolate frameworks and their carbon dioxide selective capture properties[J]. J. Am. Chem. Soc, 2009, 131(11): 3875-3877.

[62] Li K, Olson D H, Seidel J, et al. Zeolitic imidazolate frameworks for kinetic separation of propane and propene[J]. J. Am. Chem. Soc, 2009, 131(30): 10368-10369.

[63] Bux H, Liang F, Li Y, et al. Zeolitic imidazolate framework membrane with molecular sieving properties by microwave-assisted solvothermal synthesis[J]. J. Am. Chem. Soc, 2009, 131(44): 16000-16001.

[64] Liu Y, Hu E, Khan E A, et al. Synthesis and characterization of ZIF-69 membranes and separation for $CO_2$/CO mixture[J]. J. Membr. Sci, 2010, 353(1-2): 36-40.

[65] Li Y, Liang F, Bux H, et al. Inside cover: Molecular sieve membrane: Supported metal-organic framework with high hydrogen selectivity [J]. Angew. Chem.-Int. Edit, 2010, 49(3): 464-464.

[66] Jiang H, Liu B, Akita T, et al. Au@ ZIF-8: CO oxidation over gold nanoparticles deposited to metal-organic framework[J]. J. Am. Chem. Soc, 2009, 131(32): 11302-11303.

[67] Chizallet C, Lazare S, Bazer-Bachi D, et al. Catalysis of transesterification by a nonfunctionalized metal-organic framework: acido-basicity at the external surface of ZIF-8 probed by FTIR and ab initio calculations[J]. J. Am. Chem. Soc, 2010, 132(35): 12365-12377.

[68] Lu G, Hupp J T. Metal-organic frameworks as sensors: a ZIF-8 based Fabry-Pérot device as a selective sensor for chemical vapors and gases[J]. J. Am. Chem. Soc, 2010, 132(23): 7832-7833.,

[69] Qiu S, Zhu G. Molecular engineering for synthesizing novel structures of metal-organic frameworks with multifunctional properties[J]. Coord. Chem. Rev, 2009, 253(23-24): 2891-2911.

[70] Wu C, Xiong Z, Li C, et al. Zeolitic imidazolate metal organic framework ZIF-8 with ultra-high adsorption capacity bound tetracycline in aqueous solution[J]. RSC Advances, 2015, 5(100): 82127-82137.

[71] Liu C, Yu L, Zhao Y, et al. Recent advances in metal-organic frameworks for adsorption of common aromatic pollutants[J]. Microchim. Acta, 2018, 185(7): 342.

[72] Saha D, Deng S, Yang Z. Hydrogen adsorption on metal-organic framework (MOF-5) synthesized by DMF approach [J]. Journal of Porous Materials, 2009, 16(2): 141-149.

[73] Kaye S S, Dailly A, Yaghi O M, et al. Impact of Preparation and Handling on the Hydrogen Storage Properties of $Zn_4O$(1, 4-benzenedicarboxylate)$_3$(MOF-5)[J]. Journal of the American Chemical Society, 2007, 129(46): 14176-14177.

[74] 周奎, 姚宸, 罗志雄. 碱性金属修饰金属有机骨架材料MOF-5吸附位点及其常态下分离二氧化碳/甲烷的应用[J].应用化学, 2015, 32(5): 552-556.

[75] Biserčić M S, Marjanović B, Vasiljević B N, et al. The quest for optimal water quantity in the synthesis of metal-organic framework MOF-5 [J]. Microporous and Mesoporous Materials, 2019, 278(23): 9.

[76] Zheng-Ping W U, Wang M X, Zhou L J, et al. Framework-solvent interactional mechanism and effect of NMP/DMF on solvothermal synthesis of $[Zn_4O(BDC)_3]_8$ [J]. Transactions of Nonferrous Metals Society of China, 2014, 24(11): 3722-3731.

[77] Ueda T, Yamatani T, Okumura M. Dynamic Gate Opening of ZIF-8 for Bulky Molecule Adsorption as Studied by Vapor Adsorption Measurements and Computational Approach[J]. J. Phys. Chem. C, 2019, 123(45): 27542-27553.

[78] Li D, Xia Y. Electrospinning of nanofibers: reinventing the wheel?[J]. Adv. Mater,

2004, 16 (14): 1151-1170.

[79] Greiner A, Wendorff J H. Electrospinning: a fascinating method for the preparation of ultrathin fibers[J]. Angew. Chem.-Int. Edit, 2007, 46 (30): 5670-5703.

[80] Kamal M S, Razzak S A, Hossain M M. Catalytic oxidation of volatile organic compounds (VOCs) -A review[J]. Atmos. Environ, 2016, 140: 117-134.

[81] Cheng Y, He H, Yang C, et al. Challenges and solutions for biofiltration of hydrophobic volatile organic compounds[J]. Biotechnol. Adv, 2016, 34 (6): 1091-1102.

[82] Zhao Q, Li Y, Chai X, et al. Interaction of inhalable volatile organic compounds and pulmonary surfactant: Potential hazards of VOCs exposure to lung[J]. J. Hazard. Mater, 2019, 369: 512-520.

[83] Zhang G, Liu Y, Zheng S, et al. Adsorption of volatile organic compounds onto natural porous minerals[J]. J. Hazard. Mater, 2019, 364: 317-324.

[84] Saini V K, Pires J. Development of metal organic framework-199 immobilized zeolite foam for adsorption of common indoor VOCs[J]. J. Environ. Sci, 2017, 55: 321-330.

[85] Dang S, Zhao L, Yang Q, et al. Competitive adsorption mechanism of thiophene with benzene in FAU zeolite: The role of displacement[J]. Chem. Eng. J, 2017, 328: 172-185.

[86] Talibov M, Sormunen J, Hansen J, et al. Benzene exposure at workplace and risk of colorectal cancer in four Nordic countries[J]. Cancer Epidemiol, 2018, 55: 156-161.

[87] Lee K X, Tsilomelekis G, Valla J A. Removal of benzothiophene and dibenzothiophene from hydrocarbon fuels using CuCe mesoporous Y zeolites in the presence of aromatics[J]. Appl. Catal. B-Environ, 2018, 234: 130-142.

[88] Tran Y T, Lee J, Kumar P, et al. Natural zeolite and its application in concrete composite production[J]. Composites Part B: Engineering, 2019, 165: 354-364.

# 第二篇

## 分子筛 MCM-48 复合材料的制备及其吸附性能研究

MCM-48 介孔分子筛材料由于具有比表面积大、孔容大、孔道内部易修饰等特点，并可作为主体材料来合成新型的碳纤维、电子迁移光敏剂、非线性光学材料、半导体材料以及量子团簇等，故而在催化、吸附、分离、医药等方面都具有很广的应用前景。磁性纳米材料具有饱和磁化强度高、矫顽力高、制备工艺简单及耐腐蚀耐磨损等一系列优点，因而活跃于半导体材料、电子跃迁光敏剂、碳纤维、非线性光学等主体材料领域。将二者结合可以实现功能互补，使复合材料既具有磁性又具有介孔材料特性。

# 第1章 溶胶凝胶法制备MCM-48型分子筛

## 1.1 引言

介孔材料MCM-48型分子筛具有独特的结构特点[1-10]，如比表面积大、孔径均一、三维螺旋面孔道结构、良好的长程周期性和稳定的骨架结构等，因而活跃于吸附分离、催化反应、药物释控和半导体材料、电子跃迁光敏剂、碳纤维、非线性光学等主体材料领域，然而水热稳定性较差这一问题一直是研究MCM-48型介孔分子筛的难题。不同的模板剂，不同的pH值，不同TEOS/CTAB的摩尔比，不同的煅烧温度，都会导致MCM-48型分子筛的水热稳定性发生变化[11-20]。

目前，MCM-48分子筛领域研究较多的是用不同金属离子对分子筛骨架的掺杂[1-3]，而对MCM-48分子筛的纯相性能的研究较少，但是也有很多关于MCM-48分子筛性能的研究。如孔令东等[4]利用混合阳离子-非离子表面活性剂为模板剂合成了具有高热和水热稳定性的介孔材料MCM-48分子筛，该材料具有高的比表面积和高度有序的孔道系统。陈艳红等[5]考察了模板剂用量、晶化时间、晶化温度以及辅助模板剂TX-100用量等因素对分子筛合成的影响，结果表明，混合模板剂合成的MCM-48分子筛缩短了晶化时间，减少了模板剂的用量，提高了结晶度和稳定性。赵伟等[6]系统考察了MCM-48分子筛、水热及酸碱稳定性，结果显示，他制备的分子筛在高温及酸性条件下具有较好的热稳定性，但是在高温及碱性条件下稳定性较差。张慧波等[7]利用水热晶化法，比较了不同碱源对合成MCM-48分子筛的影响，得出NaOH为最佳碱源。刘春艳等[8]在不同$n(F)/n(SiO_2)$（摩尔比为0~0.2）下合成介孔分子筛MCM-48，在反应物中加入F，有利于制备出有序性好、骨架聚合度高、热稳定性和水热稳定性好的MCM-48介孔分子筛材料。分析XRD图谱发现：$n(F)/n(SiO_2)$在0.0~0.1时均能生成MCM-48分子筛，且随着$n(F)/n(SiO_2)$比率的增大所得到的样品的结晶度增强，有序度增加；当$n(F)/n(SiO_2)$增大到0.2

时，样品的结晶度减弱，有序度降低。

## 1.2 样品制备

样品制备的具体步骤如下：

第一步：将模板剂溶解在去离子水中，完全溶解后加入乙二醇，搅拌均匀后形成乳白色的混合溶液 A。

第二步：混合溶液 A 搅拌 10min 后加入无水乙醇和氨水，形成混合溶液 B。

第三步：混合溶液 B 继续搅拌 5min，调节搅拌器转速，在剧烈搅拌溶液的条件下加入正硅酸乙酯（TEOS），硅源加入后溶液开始澄清，然后慢慢形成乳白色溶液 C。

第四步：对溶液 C 搅拌 12h 后进行抽滤，形成混合溶液 D。

第五步：将混合溶液 D 放入真空干燥箱，在 60℃下干燥 12h，形成白色固体。

第六步：将白色固体研磨后分别置于不同坩埚中，在马弗炉中按所需的温度和时间分别煅烧。

纯相 MCM-48 分子筛制备工艺流程如图 2-1-1 所示。

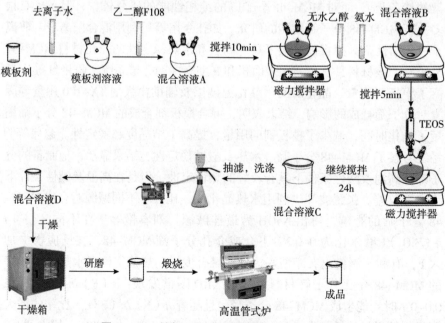

图 2-1-1　纯相 MCM-48 分子筛制备工艺流程

## 1.3 实验结果与讨论

### 1.3.1 不同模板剂对结果的影响

为了探究不同模板剂对 MCM-48 分子筛制备的影响，我们制备了表 2-1-1 所示的四个样品。

表 2-1-1 不同模板剂种类制备样品的参数

| 样品 | 模板剂 | TEOS/CTAB | pH | 煅烧温度/℃ |
|---|---|---|---|---|
| MCM-48-CTAB | CTAB | 5 | 11 | 550 |
| MCM-48-TBAB | TBAB | 5 | 11 | 550 |
| MCM-48-P123 | P123 | 5 | 11 | 550 |
| MCM-48-F127 | F127 | 5 | 11 | 550 |

图 2-1-2 为使用不同模板剂制备的样品 XRD 图谱，从图中可以看出，当使用 CTAB 为模板剂时，制备的样品 XRD 图谱能够清晰地看到四个衍射峰。根据布拉格定律，它们分别属于（211）、（220）、（420）和（322）晶面的衍射。对比文献，这与 HI Meléndez-Ortiz[4] 等人使用 CTAB 为模板剂制备的 MCM-48 分子筛的 XRD 图谱相符，且图中样品的衍射峰很高，这表明样品结晶度和有序性很高，由此可以得出结论：使用 CTAB 为模板剂可以成功制备出 MCM-48 型分子筛，且制备的 MCM-48 分子筛具有较高的结晶度和有序性，而使用 F127、P123 和 TBAB 为模板剂制备的样品 XRD 图谱没有出现 MCM-48 分子筛应该有的特征峰，说明不能制备出 MCM-48 型孔道的分子筛。故后续研究中我们选择的模板剂均为 CTAB。

图 2-1-3 为使用不同模板剂制备的样品红外光谱图，出现在 $3428cm^{-1}$ 处的吸收峰是各种表面 Si—OH 的伸缩振动峰，此处的峰十分宽，这是因为羟基的极性很强，非常容易形成氢键；在 $1630cm^{-1}$ 处出现的吸收峰是由—OH 弯曲振动引起的[10-11]；在 $1086cm^{-1}$ 与 $809cm^{-1}$ 处出现的两个吸收峰是 Si—O—Si 的对称与反对称伸缩振动峰，这与 M. Chatterjee 等[12] 的研究结果一致；$471cm^{-1}$ 处的吸收峰归属于硅氧四面体弯曲振动峰[49]；在 $1225cm^{-1}$ 处出现的吸收峰是 Si—C 键引起的；$957cm^{-1}$ 处出现的吸收峰是 C—C 键的伸缩振动，以上红外光谱属于无定型二氧化硅[14, 16]，说明有 MCM-48 型分子筛应该具备的吸收峰存在。

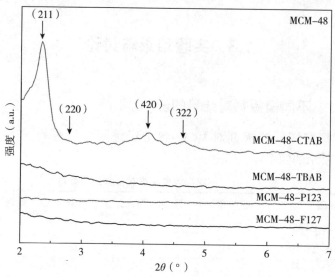

图 2-1-2 不同模板剂制备的样品 XRD 图谱

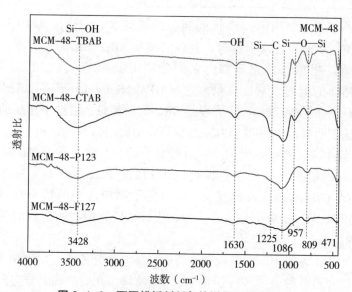

图 2-1-3 不同模板剂制备的样品红外光谱图

图 2-1-4 为不同模板剂制备的样品 SEM 图及颗粒统计直方图，由此可以发现，样品颗粒呈现不规则块状，粒径分布很大，也出现团聚现象，推测可能是由于晶体之间的化学应力增大，从而导致晶体收缩，引起团聚[18]。

为了得到样品的颗粒分布情况，本实验根据得到的扫描电镜图片，通过统计软件对颗粒进行统计。从图 2-1-4 可以了解到：两个样品中的粒子直径主要集中在 2~3μm、13.4~14.2μm 范围内，经统计，颗粒的平均颗粒尺寸分别是 4.51μm、10.43μm。

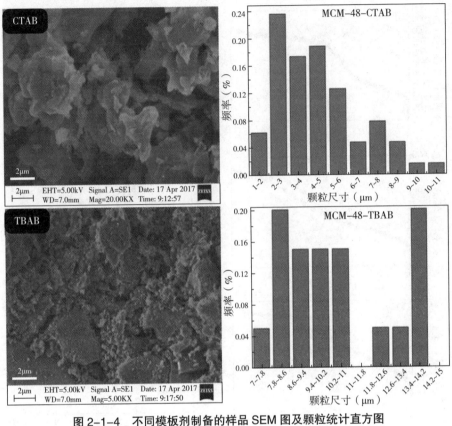

图 2-1-4　不同模板剂制备的样品 SEM 图及颗粒统计直方图

图 2-1-5 为不同模板剂制备的样品等温线及孔径分布图。由图可知，三个样品吸附量随相对压强（$P/P_0$）有以下几个变化阶段：在超低压段，$N_2$ 吸附量迅速增加，这是由于 $N_2$ 分子在样品微孔中发生毛细凝聚现象；在低压段，由于介孔孔道表面缓慢吸附一层 $N_2$ 分子导致吸附曲线趋于平缓上升；在中分压段，由于介孔孔道内毛细管凝聚导致 $N_2$ 吸附量迅速增加[19, 20]；在高分压段，由于 $N_2$ 分子的吸附达到逐渐饱和态，所以 $N_2$ 吸附量缓慢递增[31]，根据等温吸附曲线可以判断样品中既有微孔又有介孔。

图 2-1-5 中各个样品等温线都有一定的突跃，发生突跃的相对压强越大，表明样品的孔径越大。另外，突跃陡峭程度可以用来衡量样品孔径是否均匀，变化幅度大，则显示孔径大小均一，即孔径分布窄，中孔体积大[32]，由等温线可知，使用 CTAB 为模板剂的样品孔径比使用 TBAB 和 F127 为模板剂的样品孔径小且均一。由表 2-1-2 和孔径分布图可知，各样品孔径

较为均一，最可几孔径大小集中在 3~4nm，也可以验证 MCM-48 分子筛为中孔物质，其中，以 CTAB 为模板剂制备的分子筛孔径分布最均匀。

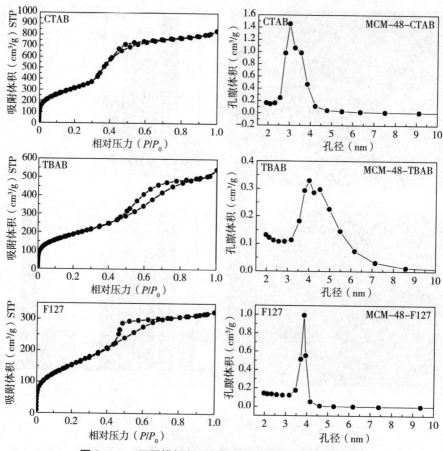

图 2-1-5　不同模板剂制备的样品等温线及孔径分布图

表 2-1-2　不同模板剂制备的样品结构参数

| 样品 | $S_{BET}$/（m²/g） | $V_{BJH}$/（cm³/g） | $D_{BJH}$/nm |
| --- | --- | --- | --- |
| MCM-48-CTAB | 1198.69 | 1.31 | 2.91 |
| MCM-48-TBAB | 688.96 | 0.84 | 3.83 |
| MCM-48-F127 | 574.47 | 0.50 | 3.80 |

### 1.3.2　不同 TEOS/CTAB 摩尔比对结果的影响

为了探究不同模板剂与硅源的摩尔比对 MCM-48 分子筛制备的影响，我们制备了表 2-1-3 所示的三个样品。

表 2-1-3　不同 TEOS/CTAB 摩尔比制备样品的参数

| 样品 | 模板剂 | TEOS/CTAB | pH | 煅烧温度/℃ |
|---|---|---|---|---|
| MCM-48-tc-5 | CTAB | 5 | 11 | 550 |
| MCM-48-tc-2.5 | CTAB | 2.5 | 11 | 550 |
| MCM-48-tc-1.25 | CTAB | 1.25 | 11 | 550 |

图 2-1-6 为使用不同 TEOS/CTAB 摩尔比制备的样品 XRD 图谱，从图中可以看出，当 TEOS/CTAB 的摩尔比为 5 时，制备的样品 XRD 图谱能够清晰地看到四个衍射峰，根据布拉格定律，它们分别属于（211）、（220）、（420）和（322）晶面的衍射。对比文献，这与 Wei Zhao 等[33]制备的具有 Ia3d 结构的 MCM-48 分子筛的标准 XRD 图谱相符，且图中样品的主衍射峰很高，表明样品的结晶度和有序性较高。当 TEOS/CTAB 的摩尔比为 1.25 或 2.5 时，制备的样品 XRD 图谱衍射峰较宽，结晶度不高，孔道结构有序度较低。我们可以得出结论：当 TEOS/CTAB 的摩尔比为 5 时可以成功制备出 MCM-48 型分子筛，且随着 TEOS/CTAB 摩尔比增加，样品的结晶度和有序性变高。

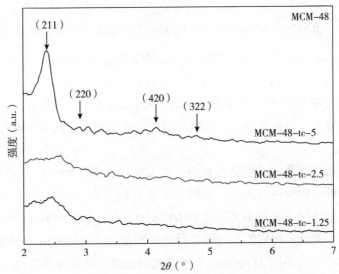

图 2-1-6　不同 TEOS/CTAB 摩尔比制备的样品 XRD 图谱

图 2-1-7 为使用不同 TEOS/CTAB 摩尔比制备的样品红外光谱图，出现在 3428cm$^{-1}$ 处的吸收峰是各种表面 Si—OH 的伸缩振动峰，此处的峰十分宽，这是因为羟基的极性很强，非常容易形成氢键；在 1630cm$^{-1}$ 处出现

的吸收峰是由—OH 弯曲振动引起的[11]；在 1086cm⁻¹ 与 809cm⁻¹ 处出现的两个吸收峰是 Si—O—Si 的对称与反对称伸缩振动峰；471cm⁻¹ 处出现的吸收峰归属于硅氧四面体弯曲振动吸收峰；在 1225cm⁻¹ 处出现的吸收峰是 Si—C 键引起的，以上红外光谱属于无定型二氧化硅，说明有 MCM-48 型分子筛应该具备的吸收峰存在[49, 14]。

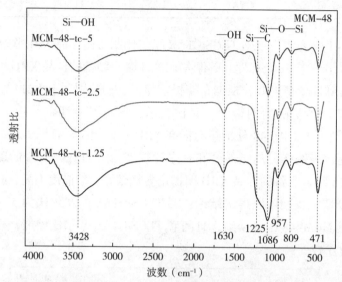

图 2-1-7  不同 TEOS/CTAB 摩尔比制备的样品红外光谱图

图 2-1-8 为不同 TEOS/CTAB 摩尔比制备的样品扫描电子显微镜图片及颗粒统计直方图，由图可以发现，样品颗粒呈现不规则球状，粒径分布很大，而且随着 TEOS/CTAB 摩尔比值的不断升高，颗粒的粒径分布变广，也出现团聚现象，可能是由于晶体之间的化学应力增大，从而导致晶体收缩，引起团聚。

为了得到样品的颗粒分布情况，本实验根据得到的扫描电镜图片，通过统计软件对颗粒进行统计，如图 2-1-8 右侧所示。从直方图可以了解到：三个样品中的粒子直径主要集中在 697.4~800nm、300~500nm、400~450nm 范围内，经统计，颗粒的平均颗粒尺寸分别是 704nm、651nm、488nm。

图 2-1-9 为不同 TEOS/CTAB 摩尔比制备的样品等温线及孔径分布图，由图可知，样品吸附量随相对压强（$P/P_0$）有以下几个变化阶段：在 0.1 以下的超低压段，$N_2$ 吸附量迅速增加，这是由于 $N_2$ 分子在样品微孔中发生毛细凝聚现象；在 0.1~0.4 的低分压段，由于介孔孔道表面缓慢吸附一层 $N_2$ 分子，导致吸附曲线趋于平缓上升；在 0.4~0.5 中分压段，由于介孔

孔道内毛细管凝聚，导致 $N_2$ 吸附量迅速增加[19, 20]；在大于 0.5 的高分压段，由于 $N_2$ 分子的吸附达到逐渐饱和态，所以 $N_2$ 吸附量缓慢递增[31]。根据等温吸附曲线可以判断样品中既有微孔又有介孔。如图 2-1-9 所示，各个样品等温线都有一定的突跃，发生突跃的相对压强越大，表明样品的孔径越大。另外，突跃陡峭程度可以用来衡量样品孔径是否均匀，变化幅度大，则表明孔径大小均一，即孔径分布窄，中孔体积大[32]。

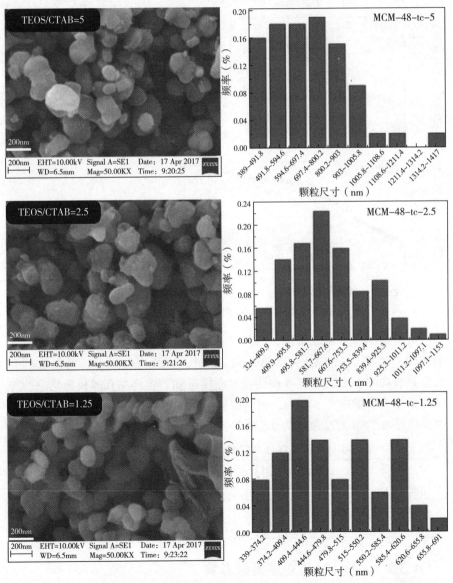

图 2-1-8  不同 TEOS/CTAB 摩尔比制备的样品 SEM 图及颗粒统计直方图

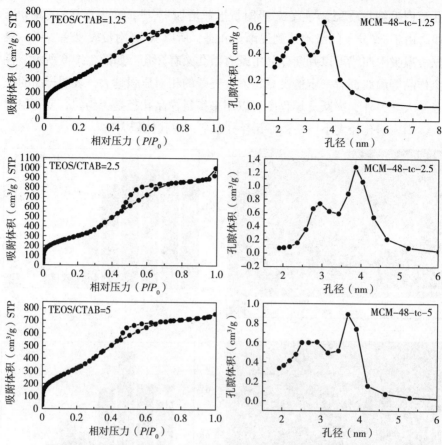

图 2-1-9　不同 TEOS/CTAB 摩尔比制备的样品等温线及孔径分布图

从图 2-1-9 中可以看出，三种样品的突跃位置大致相同，说明孔径大小相同，当 TEOS/CTAB 的摩尔比为 2.5 时，突跃程度最大，所以它的孔道分布最均匀。由表 2-1-4 和孔径分布图可知，各样品孔径较为均一，最可几孔径大小集中在 3~4nm，也可以验证 MCM-48 分子筛为中孔物质，其中，TEOS/CTAB 的摩尔比为 2.5 时制备的分子筛孔径分布最均匀。

表 2-1-4　不同 TEOS/CTAB 摩尔比制备的样品结构参数

| 样品 | $S_{BET}$/(m²/g) | $V_{BJH}$/(cm³/g) | $D_{BJH}$/nm |
|---|---|---|---|
| MCM-48-tc-1.25 | 1216.65 | 1.12 | 3.56 |
| MCM-48-tc-2.5 | 1133.90 | 1.54 | 3.79 |
| MCM-48-tc-5 | 1229.79 | 1.17 | 3.56 |

### 1.3.3　不同 pH 值对结果的影响

为了探究不同 pH 值对 MCM-48 分子筛制备的影响，在保证其他条件不变的情况下，通过调节氨水的浓度，制备了表 2-1-5 所示三个样品。

表 2-1-5　不同 pH 值制备样品的参数

| 样品 | 模板剂 | TEOS/CTAB | pH | 煅烧温度 / ℃ |
|---|---|---|---|---|
| MCM-48-ph-9 | CTAB | 5 | 9 | 550 |
| MCM-48-ph-10 | CTAB | 5 | 10 | 550 |
| MCM-48-ph-11 | CTAB | 5 | 11 | 550 |

图 2-1-10 为使用不同 pH 值制备的样品 XRD 图谱，从图中可以看出，当 pH=11 时，制备的样品 XRD 图谱能够清晰地看到四个衍射峰，根据布拉格定律，它们分别属于（211）、（220）、（420）和（322）晶面的衍射。对比文献，这与刘加乐等[10]制备的具有 Ia3d 结构的 MCM-48 分子筛的 XRD 图谱相符，且图中样品的衍射峰很高，表明样品的结晶度和有序性较高。则我们可以得出结论：当 pH=11 时可以成功制备出 MCM-48 型分子筛，且制备的 MCM-48 分子筛具有较高的结晶度和有序性。

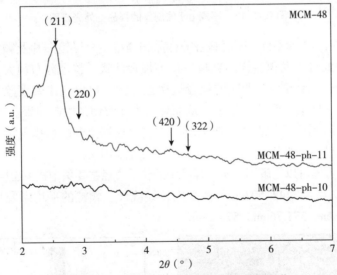

图 2-1-10　不同 pH 值制备的样品 XRD 图谱

图 2-1-11 为使用不同 pH 值制备的样品红外光谱图，出现在 3428cm$^{-1}$ 处的吸收峰是各种表面 Si—OH 的伸缩振动峰，此处的峰十分宽，这是因为羟基的极性很强，非常容易形成氢键；在 1630cm$^{-1}$ 处出现的吸收峰是由—OH 弯曲振动引起的[11]；在 1086cm$^{-1}$ 与 809cm$^{-1}$ 处出现的两个吸收峰是 Si—O—Si 的对称与反对称伸缩振动峰；471cm$^{-1}$ 处出现的吸收峰归属于硅氧四面体弯曲振动吸收峰；在 1225cm$^{-1}$ 处出现的吸收峰是 Si—C 键引

起的，以上红外光谱属于无定型二氧化硅[49, 14]，说明有 MCM-48 型分子筛应该具备的吸收峰存在。

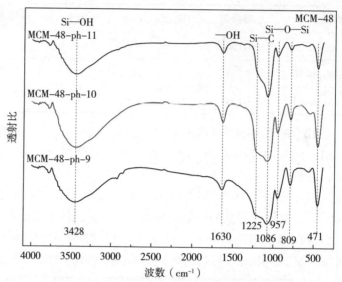

图 2-1-11　不同 pH 值制备的样品红外光谱图

图 2-1-12 为不同 pH 值制备的样品扫描电子显微镜图片及颗粒统计直方图，由此可以发现，样品颗粒呈现不规则球状，粒径分布很大，而且随着 pH 值的不断升高，颗粒的粒径规律性变大，也出现团聚现象，可能是由于晶体之间的化学应力增大，从而导致晶体收缩，引起团聚。

为了得到样品的颗粒分布情况，本实验根据得到的扫描电镜图片，使用统计软件对颗粒进行统计，如图 2-1-12 右侧所示。

从直方图可以了解到：两个样品中的粒子直径主要集中在 163.4~177.5nm、349.8~407.4nm、442~502.5nm 范围内，经统计，颗粒的平均颗粒尺寸分别为 184.37nm、371.76nm、578.25nm。

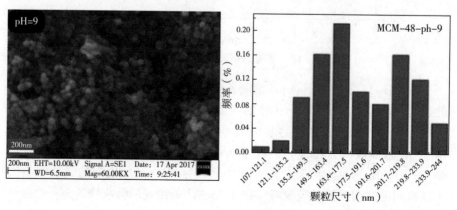

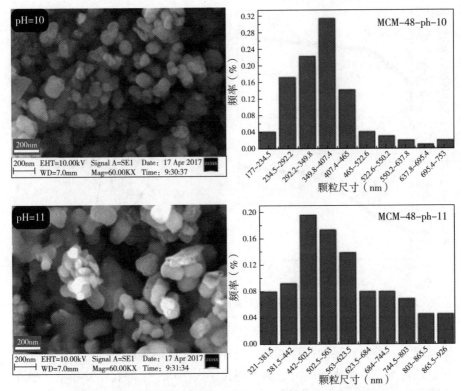

图 2-1-12  不同 pH 值制备的样品 SEM 图及颗粒统计直方图

图 2-1-13 为不同 pH 值制备的样品等温线及孔径分布图。由此可知，三个样品吸附量随相对压强（$P/P_0$）有以下几个变化阶段：在超低压段，$N_2$ 吸附量迅速增加，这是由于 $N_2$ 分子在样品微孔中发生毛细凝聚现象；在低压段，由于介孔孔道表面缓慢吸附一层 $N_2$ 分子，导致吸附曲线趋于平缓上升；在中分压段，由于介孔孔道内毛细管凝聚，导致 $N_2$ 吸附量迅速增加[19, 20]；在高分压段，由于 $N_2$ 分子的吸附达到逐渐饱和态，所以 $N_2$ 吸附量缓慢递增[31]。根据等温吸附曲线可以判断样品中既有微孔又有介孔。

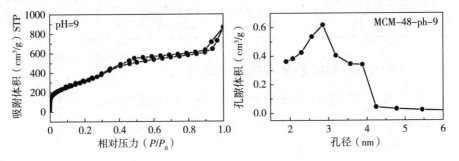

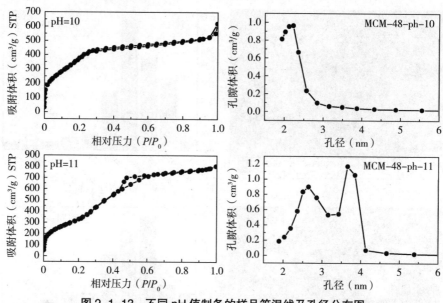

图 2-1-13 不同 pH 值制备的样品等温线及孔径分布图

如图 2-1-13 所示各个样品等温线都有一定的突跃，发生突跃的相对压强越大，表明样品的孔径越大。另外，突跃陡峭程度可以用来衡量样品孔径是否均匀，变化幅度大，则表明孔径大小均一，即孔径分布窄，中孔体积大[32]。图中 pH=10 时的拐点最低，所以它的孔径最小，pH=11 时的突跃程度最大，所以它的孔径分布最均匀。由表 2-1-6 和孔径分布图可知，样品孔径较为均一，孔径大小集中在 2~4nm 之间，也可以验证 MCM-48 分子筛为中孔物质，其中当 pH=11 时制备的分子筛孔径分布最均匀。故后续的研究中，pH 值均选择 11。

表 2-1-6 不同 pH 值制备的样品结构参数

| 样品 | $S_{BET}$/($m^2$/g) | $V_{BJH}$/($cm^3$/g) | $D_{BJH}$/nm |
|---|---|---|---|
| MCM-48-ph-9 | 1210.43 | 1.34 | 2.72 |
| MCM-48-ph-10 | 1286.91 | 0.96 | 2.17 |
| MCM-48-ph-11 | 1211.33 | 1.24 | 3.53 |

### 1.3.4 不同煅烧温度对结果的影响

为了探究不同煅烧温度对 MCM-48 分子筛制备的影响，我们在保证其他条件不变的情况下，通过改变煅烧温度，制备了表 2-1-7 所示的四个样品。

表 2-1-7　不同煅烧温度制备样品的参数

| 样品 | 模板剂 | TEOS/CTAB | pH | 煅烧温度 / ℃ |
|---|---|---|---|---|
| MCM-48-T-450 | CTAB | 5 | 11 | 450 |
| MCM-48-T-550 | CTAB | 5 | 11 | 550 |
| MCM-48-T-650 | CTAB | 5 | 11 | 650 |
| MCM-48-T-750 | CTAB | 5 | 11 | 750 |

图 2-1-14 为使用不同煅烧温度制备的样品 XRD 图谱,从图中可以看出,四个样品的 XRD 图谱均有三个相同的衍射峰,根据布拉格定律,它们分别属于(211)、(420)和(322)晶面的衍射峰。对比文献,这与 H.I. Meléndez-Ortiz 等[9]在不同煅烧温度下制备的具有 Ia3d 结构的 MCM-48 分子筛的 XRD 图谱相符,说明四种样品均具有 MCM-48 分子筛的物相。当煅烧温度为 650℃时,制备的样品 XRD 图谱主衍射峰最高,说明样品的结晶度和有序性较高。则我们可以得出结论:煅烧温度不影响样品的物相,但是对样品的结晶度和有序性有较大的影响。

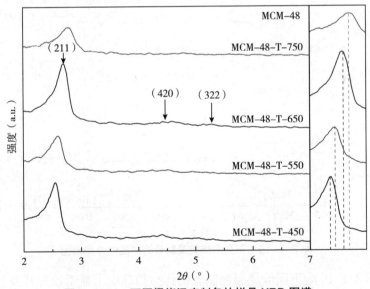

图 2-1-14　不同煅烧温度制备的样品 XRD 图谱

图 2-1-14 右侧小图为(211)衍射峰的偏移情况,其中虚线表示主衍射峰的偏移趋势,可以看到:随着煅烧温度的升高,样品的主衍射峰不断向高角度偏移,说明其晶胞体积不断减小[18]。该结论可通过布拉格方程解释,布拉格方程为:

$$2d\sin\theta = n\lambda$$

其中，$d$ 为晶面间距，$\theta$ 为衍射角度，$\lambda$ 为 X 射线的波长，$n$ 为整数。因此，当衍射峰向右偏移时，表明衍射角度 $\theta$ 增大，由布拉格方程可以知道其晶面间距 $d$ 变小，从而引起晶胞体积变小，煅烧温度升高，衍射峰向高角度移动，这是因为孔壁内部硅羟基在高温下发生了缩合导致晶胞体积变小[34]。

图 2-1-15 为使用不同煅烧温度制备的样品红外光谱图，出现在 3428cm$^{-1}$ 处的吸收峰是各种表面 Si—OH 的伸缩振动峰，此处的峰十分宽，这是因为羟基的极性很强，非常容易形成氢键；在 1630cm$^{-1}$ 处出现的吸收峰是由—OH 弯曲振动引起的[11]；在 1086cm$^{-1}$ 与 809cm$^{-1}$ 处出现的两个吸收峰是 Si—O—Si 的对称与反对称伸缩振动峰；471cm$^{-1}$ 处出现的吸收峰归属于硅氧四面体弯曲振动吸收峰；在 1225cm$^{-1}$ 处出现的吸收峰是 Si—C 键引起的，以上红外光谱属于无定型二氧化硅[49, 14]，这与 Wei Zhao 等[15]的研究结果一致，说明有 MCM-48 型分子筛应该具备的吸收峰存在。

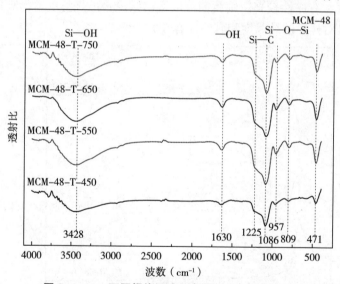

图 2-1-15　不同煅烧温度制备的样品红外光谱图

图 2-1-16 为不同煅烧温度制备的样品扫描电子显微镜图片及颗粒统计直方图，由图可以发现，样品颗粒呈现不规则球状，粒径分布很大，而且随着煅烧温度的不断升高颗粒的粒径变化并不明显，说明煅烧温度对样品粒径没有影响。四个样品也出现团聚现象，可能是由于晶体之间的化学应力增大，从而导致晶体收缩，引起团聚。

为了得到样品的颗粒分布情况，本实验根据得到的扫描电镜图片，使用统计软件对颗粒进行统计，如图 2-1-16 右侧所示。

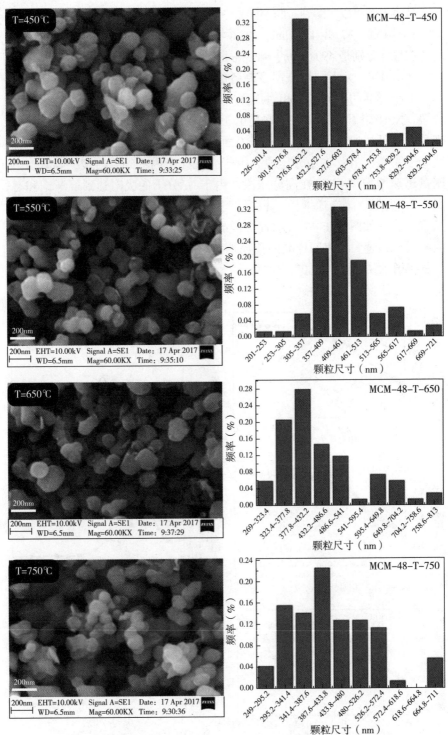

图 2-1-16 不同煅烧温度制备的样品 SEM 图及颗粒统计直方图

从直方图可以了解到：两个样品中的粒子直径主要集中在376.8~452.2nm、409nm~461nm、377.8~432.2nm、387.6~433.8nm 范围内，经统计，颗粒的平均颗粒尺寸分别是490.61nm、449.93nm、457.81nm、437.16nm。

图2-1-17为不同煅烧温度制备的样品等温线及孔径分布图，由图可知，四个样品的吸附量随相对压强（$P/P_0$）有以下几个变化阶段：在超低压段，$N_2$吸附量迅速增加，这是由于$N_2$分子在样品微孔中发生毛细凝聚现象；在低压段，由于介孔孔道表面缓慢吸附一层$N_2$分子，导致吸附曲线趋于平缓上升；在中分压段，由于介孔孔道内毛细管凝聚，导致$N_2$吸附量迅速增加[19, 20]；在高分压段，由于$N_2$分子的吸附达到逐渐饱和态，所以$N_2$吸附量缓慢递增[31]，根据等温吸附曲线可以判断样品中既有微孔又有介孔。如图2-1-17所示各个样品等温线都有一定的突跃，发生突跃的相对压强越大，表明样品的孔径越大。另外，突跃陡峭程度可以用来衡量样品孔径是否均匀，变化幅度大，则表明孔径大小均一，即孔径分布窄，中孔体积大[32]。

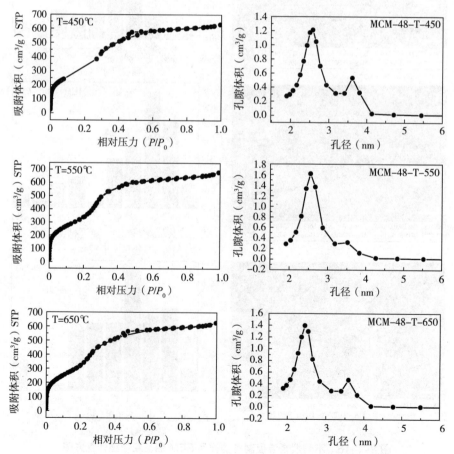

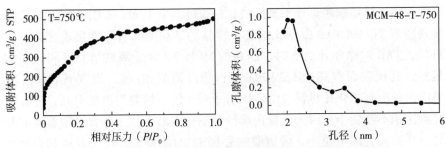

图 2-1-17　不同煅烧温度制备的样品等温线及孔径分布图

图 2-1-17 中突跃的位置随着温度的升高朝低压方向偏移，所以随着温度升高，孔径越来越小，其中煅烧温度为550℃时突跃程度最高，同时孔径最为均一。由表 2-1-8 和孔径分布图可知，样品孔径较为均一，孔径大小集中在 2~3nm 之间，也可以验证 MCM-48 分子筛为中孔物质，其中当 $T$=550℃时，制备的分子筛孔径分布最均匀。

表 2-1-8　不同煅烧温度制备的样品结构参数

| 样品 | $S_{BET}$/（m²/g） | $V_{BJH}$/（cm³/g） | $D_{BJH}$/nm |
| --- | --- | --- | --- |
| MCM-48-T-450 | 1177.13 | 0.98 | 2.54 |
| MCM-48-T-550 | 1252.48 | 1.05 | 2.49 |
| MCM-48-T-650 | 1132.12 | 0.97 | 2.40 |
| MCM-48-T-750 | 1030.07 | 0.77 | 2.01 |

## 1.4　本章小结

本章采用溶胶凝胶法自组装技术，在室温下制备 MCM-48 型分子筛，并对其结构、磁性能、吸附性能进行研究。XRD 表明，在使用模板剂十六烷基三甲基溴化铵（CTAB）、硅源正硅酸乙酯（TEOS）、嵌段共聚物乙二醇（F108）、助溶剂乙醇、氨水的共同作用下，利用溶胶凝胶自组装技术成功制备出了颗粒尺寸在 300~500nm 之间的有序介孔材料 MCM-48 分子筛，该样品比表面积分布在 1030.07~1252.48m²/g，孔容分布在 0.77~1.31cm³/g，孔径分布在 2.01~3.56nm。本章研究了改变模板剂、TEOS 和 CTAB 的摩尔比、pH 值、煅烧温度对有序介孔材料 MCM-48 分子筛物相、形貌和孔径的影响。通过调节模板剂的种类，发现当模板剂选择 CTAB 时能够制备出有序介孔材料 MCM-48 分子筛，且样品的结晶度和有序性较高，样品颗粒呈现不规则块状；通过调节 TEOS 和 CTAB 的摩尔比，发现随着 TEOS/CTAB 摩尔比增加，样品的结晶度和有序性慢慢变高，当 TEOS/CTAB 的摩尔比为 5 时，制备的 MCM-48 分子筛的结晶度和有序性最好，其比表面积高达 $1229.79m^2/g$；通过调节 pH 值，发现当 pH=11 时可以制备出有序介孔材料 MCM-48 分子筛；随着煅烧温度的升高，样品的晶胞体积不断变小。因为孔壁内部硅羟基在高温下发生缩合，随着温度升高，样品孔径越来越小，煅烧温度为 650℃时制备的样品结晶度和有序性最高，煅烧温度为 550℃时样品的比表面积、孔体积达到最佳。

# 第 2 章 溶胶凝胶法合成磁性有序介孔复合材料 $CoFe_2O_4$@MCM-48

## 2.1 引言

铁酸盐 $CoFe_2O_4$ 颗粒具有很多优良的物理化学性能，如电阻率高、矫顽力高、饱和磁化强度适中、磁谱特性好等特性，因而活跃在光学、磁学、电学等各领域，是重要的多功能材料[33, 34]；介孔材料 MCM-48 型分子筛具有独特的结构特点，如比表面积大、孔径均一、三维螺旋面孔道结构、良好的长程周期性和稳定的骨架结构等，因而活跃于吸附、分离、催化反应、药物释控和半导体材料、电子跃迁光敏剂、碳纤维、非线性光学等主体材料领域[49]；将两种材料相结合可以实现功能互补。

目前人们研究较多的是[11, 25, 26]MCM-41 型分子筛包覆铁酸钴尖晶石形成磁性复合材料，而对于 MCM-48 型分子筛包覆铁酸钴尖晶石的报道很少。但是也有部分学者开始研究，如李云开等[37]利用溶胶凝胶法分三步制备出 $CoFe_2O_4$@MCM-48 复合材料，该复合材料的微观结构为尺寸均匀的球形形貌，比表面积为 1100~1300m²/g，孔容为 0.85~1.20cm³/g，孔径为 2.30~2.90nm，粒径分布范围在 200~400nm 之间。将该材料应用于铀酰离子的吸附分离，结果表明，初始 pH 值对铀酰离子的吸附影响最大，最大吸附效率为 91.16%，吸附容量为 217.97mL/g。鲍晓磊等[18]通过自助装技术制备出 $CoFe_2O_4$@MCM-48 复合材料，并研究了该材料对水中五种磺胺类抗生素的吸附能力，结果表明 15℃时平衡吸附量在 68.9μg/g（磺胺二甲嘧啶）至 99.6μg/g（磺胺甲二唑）之间。

## 2.2 样品制备

样品制备的具体步骤如下：
第一步：取一定量的铁氧体溶于 3mL 的氯仿中，在超声波中超声 15min。
第二步：取 1.5mL 上述混合溶液加到含有 0.2g 十六烷基三甲基溴化铵

（CTAB）的 25mL 水溶液中。

第三步：继续超声搅拌 5min，将温度升到 60℃，达到 60℃后再持续蒸发 2min。

第四步：取 10mL 上述溶液加入含有乙二醇（F108）、十六烷基三甲基溴化铵（CTAB）的水溶液中，搅拌 5min。

第五步：向上述溶液中加入 17mL 氨水溶液调节 pH 值，再加入 30mL 的无水乙醇，继续搅拌 10min。

第六步：在剧烈搅拌的条件下加入 1.34mL 正硅酸乙酯（TEOS），加入后继续搅拌 24h，让反应充分进行。

第七步：经过滤、洗涤、干燥，将样品放置在 550℃马弗炉中焙烧 5h 去除模板剂，最终得到磁性复合材料 $CoFe_2O_4$@MCM-48。

表面活性剂稳定的铁氧体的制备工艺流程如图 2-2-1 所示。磁性有序介孔复合材料 Y@MCM-48 的制备工艺流程如图 2-2-2 所示。

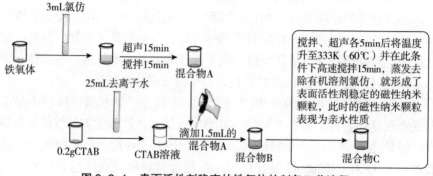

图 2-2-1　表面活性剂稳定的铁氧体的制备工艺流程

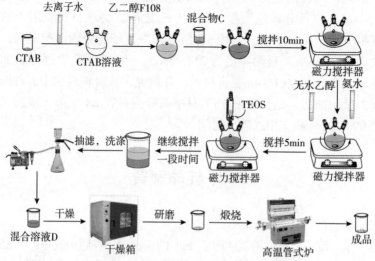

图 2-2-2　磁性有序介孔复合材料 Y@MCM-48 的制备工艺流程

## 2.3 实验结果与讨论

### 2.3.1 不同铁酸钴用量对结果的影响

为了探究不同 $CoFe_2O_4$ 使用量对复合材料 $CoFe_2O_4$@MCM-48 的制备的影响,我们制备了表 2-2-1 所示的三个样品。

表 2-2-1 不同铁酸钴掺入量制备样品的参数

| 样品 | 铁酸钴用量 /g | TEOS/CTAB | F108/g | pH | 煅烧温度 /℃ |
| --- | --- | --- | --- | --- | --- |
| MCM-48-Co-0.1 | 0.1 | 5 | 1.649 | 11 | 550 |
| MCM-48-Co-0.2 | 0.2 | 5 | 1.649 | 11 | 550 |
| MCM-48-Co-0.3 | 0.3 | 5 | 1.649 | 11 | 550 |

图 2-2-3 为掺入不同量铁酸钴制备的样品大角度 XRD 图谱,从图中可以看到有属于(220)、(311)、(400)等晶面的衍射峰存在,对比标准卡片,这与 JCPDS 卡库的 22-1086(铁酸钴)标准图谱一致,在 $2\theta=23°$ 时有一个较宽的衍射峰,这是无定型二氧化硅的衍射峰,说明复合材料中有铁酸钴磁性材料的成分,也有二氧化硅存在,且随着铁酸钴的掺入量增加,(311)峰强度不断增加,铁酸钴的物相变得明显,故可以初步判断所制备的复合材料可能具有核壳结构[11]。

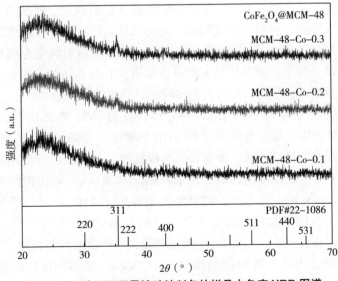

图 2-2-3 掺入不同量铁酸钴制备的样品大角度 XRD 图谱

图2-2-4为掺入不同量铁酸钴制备的样品小角度XRD图谱,从图中可以看到,三个样品的XRD图谱均有三个相同的衍射峰,根据布拉格定律,它们分别属于(211)、(420)和(322)晶面的衍射。对比文献,这与Hai-Yan Wu等[13]制备的HPW/MCM-48的小角度XRD图谱相符,说明三种样品中均含有MCM-48型分子筛,还可以看出,当$CoFe_2O_4$掺入量为0.2g时,制备的样品(211)衍射峰比其他两个样品(211)衍射峰高,这说明当铁酸钴掺入量为0.2g时,复合材料的结晶度和有序性较高,故后续研究中铁酸钴的掺入量均为0.2g。

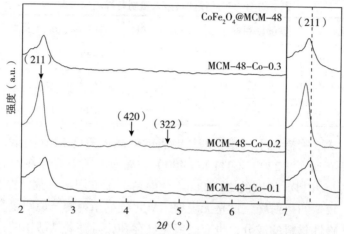

图2-2-4 掺入不同量铁酸钴制备的样品小角度XRD图谱

图2-2-4右侧小图为(211)衍射峰的偏移情况,其中虚线表示主衍射峰的偏移趋势,可以看到:随着铁酸钴掺杂量的增加,样品的主衍射峰先向低角度偏移,再向高角度偏移,说明其晶胞体积先增大后减小[39]。该结论可通过布拉格方程[40]解释,$2d\sin\theta = n\lambda$,当衍射峰向左偏移时,表明衍射角度$\theta$变小,由布拉格方程可以知道,其晶面间距$d$变大,从而引起晶胞体积增大;当衍射峰向右偏移时,其晶胞体积减小[39]。

图2-2-5为掺入不同量$CoFe_2O_4$制备的样品红外光谱图,出现在3428cm$^{-1}$处的吸收峰是各种表面Si—OH的伸缩振动峰,此处的峰十分宽,这是因为羟基的极性很强,非常容易形成氢键;在1630cm$^{-1}$处出现的吸收峰是由—OH弯曲振动引起的;在1086cm$^{-1}$与809cm$^{-1}$处出现的两个吸收峰是Si—O—Si的对称与反对称伸缩振动峰[11];471cm$^{-1}$处出现的吸收峰归属于Si—O的四面体弯曲振动[49],说明有MCM-48型分子筛应该具备的吸收峰存在;957cm$^{-1}$处出现的吸收峰是C—C键的伸缩振动;1225cm$^{-1}$处的吸收峰是Si—C键的伸缩振动[16];580cm$^{-1}$是M—O键的伸缩振动峰[41];Chunrong Ren[42]等人也在580cm$^{-1}$附近发现M—O引起的伸缩振动

峰，它与 $CoFe_2O_4$ 的红外形成相互的结构关系，说明复合样品中可能具有较好的核壳结构，且 MCM-48 分子筛成功包覆在磁性 $CoFe_2O_4$ 外。

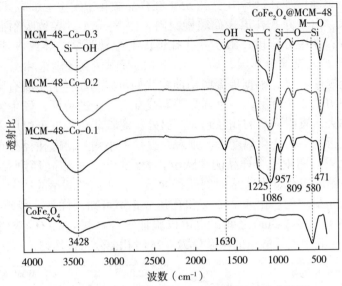

图 2-2-5　掺入不同量铁酸钴制备的样品红外光谱图

图 2-2-6 为掺入 0.2g 的 $CoFe_2O_4$ 时制备的复合材料 $CoFe_2O_4$@MCM-48 的透射电镜图，由图（a）在垂直于孔轴方向，可以观察到样品孔道的长程有序，显示出直的平行孔，空间互补相通，孔道均匀；图（b）在平行于孔轴方向，可以观察到样品孔径大小为 2~3nm，这与 BJH 法测量的孔径大小基本一致；由图（c）可以清晰地看出复合材料 $CoFe_2O_4$@MCM-48 的颗粒形状规整，大小均匀，晶粒尺寸分布在 240~280nm 之间，没有发生明显的团聚，分散性良好；中间颜色相较周边较深，磁核 $CoFe_2O_4$（深色区域）外面均匀包裹着 MCM-48 分子筛（浅色区域），厚度为 20~40nm，相比较第 3 章 MCM-48 型分子筛的电镜图，可以发现采用 MCM-48 分子筛包裹磁性颗粒可有效增强其化学稳定性，防止团聚，并使材料同时具备分子筛外壳的吸附性能和铁氧体内核的磁学特性[37, 28, 44]。

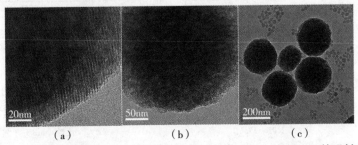

图 2-2-6　铁酸钴的掺入量为 0.2g 时复合材料 $CoFe_2O_4$@MCM-48 的透射电镜图

图 2-2-7 为掺入不同量铁酸钴制备的样品等温线及孔径分布图，由图可知，样品吸附量随相对压强（$P/P_0$）有以下几个变化阶段：在超低压段，$N_2$ 吸附量迅速增加，这是由于 $N_2$ 分子在样品微孔中发生毛细凝聚现象[45]；在低压段，由于介孔孔道表面缓慢吸附一层 $N_2$ 分子，导致吸附曲线趋于平缓上升；在中分压段，由于介孔孔道内毛细管凝聚，导致 $N_2$ 吸附量迅速增加[19, 20]；在高分压段，由于 $N_2$ 分子的吸附达到逐渐饱和态，所以 $N_2$ 吸附量缓慢递增[31]，根据等温吸附曲线我们可以判断样品中既有微孔又有介孔。如图 2-2-7 所示，各个样品等温线都有一定的突跃，发生突跃的相对压强越大，表明样品的孔径越大。另外，突跃陡峭程度可以用来衡量样品孔径是否均匀，变化幅度大，则表明孔径大小均一，即孔径分布窄，中孔体积大[32]。图中三个样品的突跃位置大致相同，所以孔径也大致相同，其中铁酸钴的掺杂量为 0.2g 时突跃程度最大，所以铁酸钴的掺杂量为 0.2g 时孔径分布最均匀。由表 2-2-2 和孔径分布图可知，样品孔径较为均一，孔径大小集中在 2~3nm 之间，也可以验证复合材料 $CoFe_2O_4$@MCM-48 为中孔物质，其中当铁酸钴的掺杂量为 0.2g 时孔径分布最均匀。

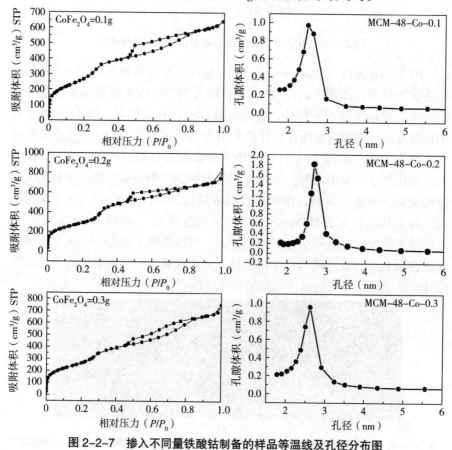

图 2-2-7 掺入不同量铁酸钴制备的样品等温线及孔径分布图

表 2-2-2　掺入不同量铁酸钴制备的样品结构参数

| 样品 | $S_{BET}$/(m²/g) | $V_{BJH}$/(cm³/g) | $D_{BJH}$/nm |
| --- | --- | --- | --- |
| MCM-48-Co-0.1 | 982.86 | 0.99 | 2.43 |
| MCM-48-Co-0.2 | 1078.46 | 1.30 | 2.52 |
| MCM-48-Co-0.3 | 986.73 | 1.16 | 2.50 |

### 2.3.2　不同 TEOS/CTAB 摩尔比对结果的影响

为了探究不同 TEOS/CTAB 摩尔比对复合材料 $CoFe_2O_4$@MCM-48 的制备影响，我们制备了表 2-2-3 所示的四个样品。

表 2-2-3　不同 TEOS/CTAB 摩尔比制备样品的参数

| 样品 | 铁酸钴用量 /g | TEOS/CTAB | F108/g | pH | 煅烧温度 /℃ |
| --- | --- | --- | --- | --- | --- |
| MCM-48-Cotc-5 | 0.2 | 5 | 1.649 | 11 | 550 |
| MCM-48-Cotc-2.5 | 0.2 | 2.5 | 1.649 | 11 | 550 |
| MCM-48-Cotc-1.25 | 0.2 | 1.25 | 1.649 | 11 | 550 |
| MCM-48-Cotc-0.625 | 0.2 | 0.625 | 1.649 | 11 | 550 |

图 2-2-8 为使用不同 TEOS/CTAB 摩尔比制备的样品大角度 XRD 图谱，从图中我们可以看到，四个样品均有属于（220）、（311）、（400）等晶面的衍射峰存在，对比标准卡片，这与 JCPDS 卡库的 22-1086（铁酸钴）标准图谱相一致。在 2θ=23° 时有一个宽的衍射峰，这是无定型二氧化硅的衍射峰。这说明复合材料中既有铁酸钴磁性材料的成分存在，也有二氧化硅存在，故可以初步判断我们制备的复合材料可能具有核壳结构[11]。

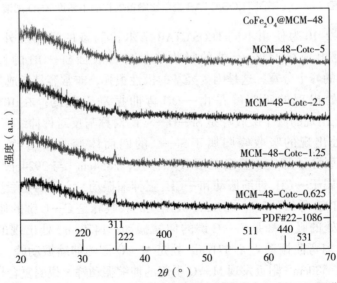

图 2-2-8　不同 TEOS/CTAB 摩尔比制备的样品大角度 XRD 图谱

图2-2-9为不同TEOS/CTAB摩尔比制备的样品小角度XRD图谱，从图中我们可以看到，当TEOS/CTAB摩尔比为5时有分别属于（211）、（420）和（322）晶面的衍射峰，在$2\theta=4°\sim6°$时出现了一些小的特征峰，分别对应（321）、（400）、（431），对比文献，这与Wei Zhao等[12]制备的具有Ia3d结构的MCM-48分子筛的XRD图谱相符合，说明TEOS/CTAB摩尔比为5时样品为MCM-48型分子筛，其中可以看出，随着TEOS/CTAB的摩尔比值不断增加，（211）峰和（220）峰慢慢变得明显，这说明随着TEOS/CTAB摩尔比的不断增加，样品的有序性慢慢变高。

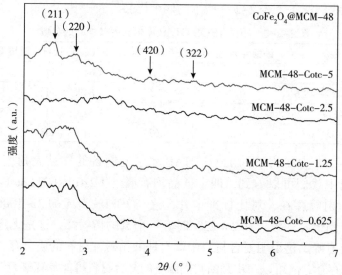

图2-2-9　不同TEOS/CTAB摩尔比制备的样品小角度XRD图谱

图2-2-10为使用不同TEOS/CTAB摩尔比制备的样品红外光谱图，从中可见出现在3448$cm^{-1}$处的吸收峰是各种表面Si—OH的伸缩振动峰，此处的峰十分宽，这是因为羟基的极性很强，非常容易形成氢键；在1640$cm^{-1}$处出现的吸收峰是由—OH弯曲振动引起的；在1086$cm^{-1}$与800$cm^{-1}$处出现的两个吸收峰是Si—O—Si的对称与反对称伸缩振动峰[11]；471$cm^{-1}$处出现的吸收峰归属于Si—O的四面体弯曲振动[49]，说明有MCM-48型分子筛应该具备的吸收峰存在；2854$cm^{-1}$与2924$cm^{-1}$处出现的峰值归属于—$CH_2$伸缩振动和—$CH_3$强伸缩振动，它是因为煅烧没有完全去除CTAB导致的[43]；957$cm^{-1}$处出现的吸收峰是C—C键的伸缩振动；1225$cm^{-1}$处的吸收峰是Si—C键的伸缩振动；1479$cm^{-1}$处出现的吸收峰是$CH_2$面内弯曲振动[16]；571$cm^{-1}$处是M—O键的伸缩振动峰，M.Alavia等[43]也在580$cm^{-1}$附近发现M—O引起的伸缩振动峰，说明复合样品可能具有较好的核壳结构，且MCM-48分子筛成功包覆在磁性$CoFe_2O_4$外[41]。

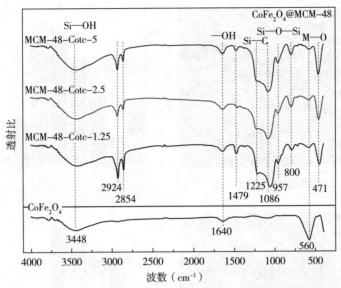

图 2-2-10 不同 TEOS/CTAB 摩尔比制备的样品红外光谱图

图 2-2-11 为不同 TEOS/CTAB 摩尔比制备的样品 SEM 图及颗粒统计直方图，由此可以发现，样品颗粒呈现不规则球状，大小较为一致，也出现团聚，而且当 TEOS/CTAB 的摩尔比为 1.25 时，制备的样品团聚现象要比 TEOS/CTAB 的摩尔比为 5 时严重。这可能是由于晶体之间的化学应力增大，从而导致晶体收缩，引起团聚。

为了得到样品的颗粒分布情况，本实验根据得到的扫描电镜图片，使用统计软件对颗粒进行统计，如图 2-2-11 右侧所示。

从直方图可以了解到：两个样品中的粒子直径主要集中在451~481.6nm、619~681.5nm 范围内，经统计，颗粒的平均颗粒尺寸分别为 435.93nm、622.13nm。

图 2-2-12 是不同 TEOS/CTAB 摩尔比制备的样品等温线及孔径分布图，由此可知，样品吸附量随相对压强（$P/P_0$）有以下几个变化阶段：在 0.1 以下的超低压段，$N_2$ 吸附量迅速增加，这是由于 $N_2$ 分子在样品微孔中发生毛细凝聚现象[45]；相对压强在 0.1~0.9 段时，氮气吸附量缓慢增加，这是由于吸附分子之间的作用，完全填满孔道需要稍高一点的压力；相对压强在 0.9~1.0 段时，$N_2$ 吸附量又迅速增加，这是因为样品的孔道内表面吸附完全以后样品外表面开始吸附，这是典型的 I 型微孔等温吸附曲线，这与侯隽[46]的研究结果一致。如图 2-2-12 中四个样品均为微孔的吸附等温线。由表 2-2-4 和孔径分布图可知，样品孔径较为均一，孔径大小主要集中在 1.5~2.5nm 之间，其中当 TEOS/CTAB 的摩尔比为 5 时孔径分布最均匀。

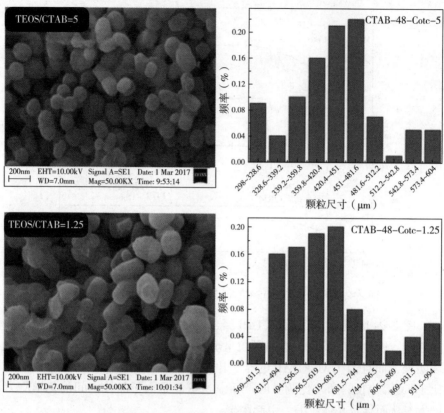

图 2-2-11 不同 TEOS/CTAB 摩尔比制备的样品 SEM 图及颗粒统计直方图

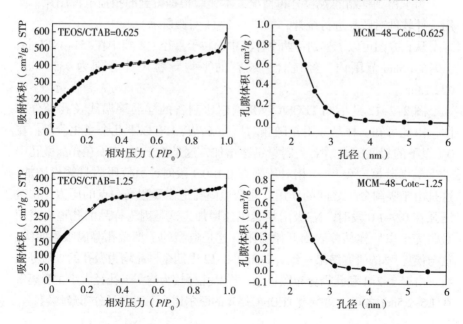

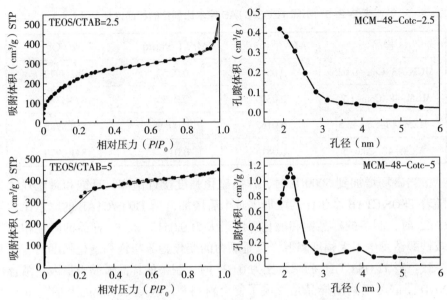

图 2-2-12 不同 TEOS/CTAB 摩尔比制备的样品等温线及孔径分布图

表 2-2-4 不同 TEOS/CTAB 摩尔比制备的样品结构参数

| 样品 | $S_{BET}$/（m²/g） | $V_{BJH}$/（cm³/g） | $D_{BJH}$/nm |
| --- | --- | --- | --- |
| MCM-48-Cotc-0.625 | 1143.52 | 0.92 | 1.89 |
| MCM-48-Cotc-1.25 | 930.90 | 0.59 | 1.99 |
| MCM-48-Cotc-2.5 | 857.70 | 0.81 | 1.86 |
| MCM-48-Cotc-5 | 988.42 | 0.69 | 2.14 |

图 2-2-13 为不同 TEOS/CTAB 摩尔比制备的样品磁滞回线，所有样品的测试环境均相同（均在室温 0.5T 的磁场下进行测量）。由图 2-2-13 和表 2-2-5 可以看出，复合材料 $CoFe_2O_4$@MCM-48 具有一定的磁性能[11]。

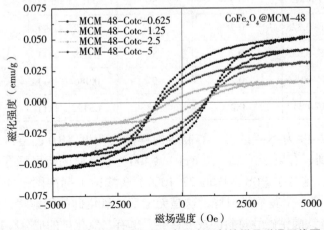

图 2-2-13 不同 TEOS/CTAB 摩尔比制备的样品磁滞回线图

表 2-2-5 不同 TEOS/CTAB 摩尔比制备的样品磁性参数

| 样品 | $Ms$ / (emu/g) | $Mr$ / (emu/g) | $Hc$ / Oe |
| --- | --- | --- | --- |
| MCM-48-Cotc-0.625 | 0.0513 | 0.0257 | 982.7972 |
| MCM-48-Cotc-1.25 | 0.0309 | 0.0150 | 873.3382 |
| MCM-48-Cotc-2.5 | 0.0162 | 0.0059 | 558.5785 |
| MCM-48-Cotc-5 | 0.0415 | 0.0197 | 841.0970 |

当磁场增加到 5000Oe 时，样品磁化强度接近饱和，且饱和磁化强度随着 TEOS/CTAB 摩尔比的增加先减少后增加，当 TEOS/CTAB 的摩尔比为 0.625 时，制备的样品饱和磁化强度最大为 0.0513emu/g，样品的磁性相比较铁酸钴发生了大幅度降低，且矫顽力的变化趋势与饱和磁化强度的变化一致。当 TEOS/CTAB 的摩尔比为 0.625 时，制备的样品矫顽力最大，结合 XRD 图谱可以判断样品是形成了复合材料[5]，这与 Chunrong Ren[42] 和 M. Alavia[43] 等人的研究一致。研究表明，$CoFe_2O_4$@MCM-48 是永磁性铁氧体材料。综上所述，我们制备的复合材料 $CoFe_2O_4$@MCM-48 可用于磁分离处理技术研究领域。

### 2.3.3 不同乙二醇（F108）用量对结果的影响

为了探究不同乙二醇的用量对复合材料 $CoFe_2O_4$@MCM-48 的制备影响，我们制备了表 2-2-6 所示的五个样品。

表 2-2-6 不同乙二醇用量制备样品的参数

| 样品 | 铁酸钴用量 /g | TEOS/CTAB | F108/g | pH | 煅烧温度 / ℃ |
| --- | --- | --- | --- | --- | --- |
| MCM-48-CF-0 | 0.2 | 5 | 0 | 11 | 550 |
| MCM-48-CF-0.328 | 0.2 | 5 | 0.328 | 11 | 550 |
| MCM-48-CF-0.658 | 0.2 | 5 | 0.658 | 11 | 550 |
| MCM-48-CF-0.986 | 0.2 | 5 | 0.986 | 11 | 550 |
| MCM-48-CF-1.315 | 0.2 | 5 | 1.3152 | 11 | 550 |

图 2-2-14 为不同量乙二醇制备的样品大角度 XRD 图谱，从图中我们可以看到，有属于（220）、（311）、（400）等晶面的衍射峰存在。对比标准卡片，这与 JCPDS 卡库的 22-1086（铁酸钴）标准图谱相一致，在 $2\theta=23°$ 时有一个宽的衍射峰，这是无定型二氧化硅的衍射峰，说明复合材料中既有铁酸钴磁性材料的成分存在，也有二氧化硅的成分存在。

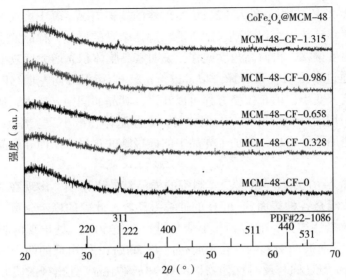

图 2-2-14　不同量乙二醇制备的样品大角度 XRD 图谱

图 2-2-15 为不同量乙二醇制备的样品小角度 XRD 图谱，从图中可以看到，五个样品的 XRD 图谱都有三个特征峰，分别属于（211）、（420）和（322）晶面的衍射。这与 H.I. Meléndez-Ortiz 等[9]制备的具有 Ia3d 结构的 MCM-48 分子筛的 XRD 图谱相符，说明五种样品均为 MCM-48 型分子筛。其中可以看出，当乙二醇（F108）的使用量为 0.986g 时，制备的样品（211）衍射峰比其他四个样品（211）衍射峰高，这反映了当乙二醇（F108）的使用量为 0.986g 时，复合材料的有序性较高。

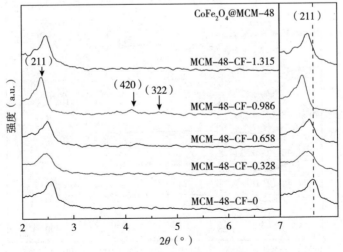

图 2-2-15　不同量乙二醇制备的样品小角度 XRD 图谱

图 2-2-15 右侧小图为（211）衍射峰的偏移情况，其中虚线表示主衍射峰的偏移趋势，可以看到：随着乙二醇掺杂量的增加，样品的主衍射峰先向低角度偏移，再向高角度偏移，说明其晶胞体积先增大后减小[39]。该结论可通过布拉格方程解释，$2d\sin\theta = n\lambda$，当衍射峰向左偏移时，表明衍射角度 $\theta$ 变小，由布拉格方程可以知道，其晶面间距 $d$ 变大，从而引起晶胞体积增大；当衍射峰向右偏移时，其晶胞体积减小[39]。原因可能是，乙二醇使用量的增加，增加了样品中的硅羟基的含量，从而导致晶胞体积增大。

图 2-2-16 为不同量乙二醇制备的样品红外光谱图，出现在 3448$cm^{-1}$ 处的吸收峰是各种表面 Si—OH 的伸缩振动峰，此处的峰十分宽，这是因为羟基的极性很强，非常容易形成氢键；在 1640$cm^{-1}$ 处出现的吸收峰是由—OH 弯曲振动引起的；在 1086$cm^{-1}$ 与 800$cm^{-1}$ 处出现的两个吸收峰是 Si—O—Si 的对称与反对称伸缩振动峰[11]；471$cm^{-1}$ 处出现的吸收峰归属于 Si—O 的四面体弯曲振动[49]，说明有 MCM-48 型分子筛应该具备的吸收峰存在；2854$cm^{-1}$ 与 2924$cm^{-1}$ 处出现的峰归属于—$CH_2$ 伸缩振动和—$CH_3$ 强伸缩振动，它是因为煅烧没有完全去除 CTAB 导致的[47]；957$cm^{-1}$ 处出现的吸收峰是 C—C 键的伸缩振动；1479$cm^{-1}$ 处出现的吸收峰是 $CH_2$ 面内弯曲振动；1225$cm^{-1}$ 处的吸收峰是 Si—C 键的伸缩振动[16]；560$cm^{-1}$ 处是 M—O 键的伸缩振动峰，K. Kombaiah[17] 也在 580$cm^{-1}$ 附近发现 M—O 键引起的伸缩振动峰，这说明复合样品可能具有较好的核壳结构，且 MCM-48 分子筛成功包覆在磁性 $CoFe_2O_4$ 外[41]。

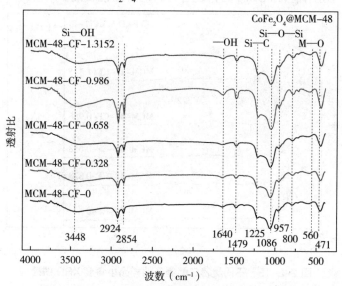

图 2-2-16　不同量乙二醇制备的样品红外光谱图

图 2-2-17 为不同量乙二醇制备的样品 SEM 图及颗粒统计直方图，由此可以发现，样品颗粒呈现规则球状，大小较为一致，未出现团聚，而且随着乙二醇（F108）的使用量增加，样品的粒径也在增加，这与前面 XRD 分析的样品晶胞体积增大相一致。

为了得到样品的颗粒分布情况，本实验根据得到的扫描电镜图片，使用统计软件对颗粒进行统计，如图 2-2-17 右侧所示。

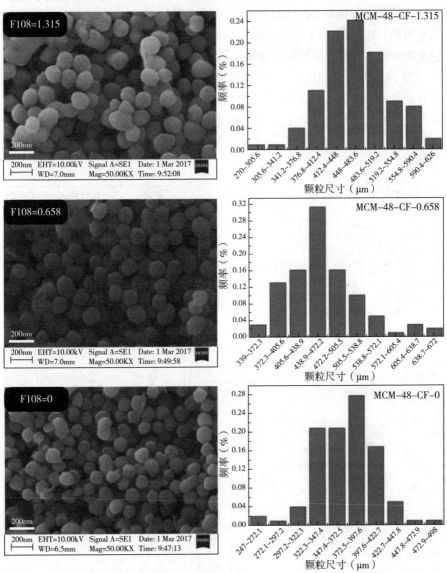

图 2-2-17　不同量乙二醇制备的样品 SEM 图及颗粒统计直方图

从直方图可以了解到：两个样品中的粒子直径主要集中在 448~483.6nm、

438.9~472.2nm 和 372.5~397.6nm 范围内，经统计，颗粒的平均颗粒尺寸分别是 467.21nm、465.69nm 和 371.39nm。

图 2-2-18 为不同量乙二醇制备的样品等温线及孔径分布图，由图可知样品吸附量随相对压强（$P/P_0$）有以下几个变化阶段：在 0.1 以下的超低压段，$N_2$ 吸附量迅速增加，这是由于 $N_2$ 分子在样品微孔中发生毛细凝聚现象[45]；相对压强在 0.1~0.9 段时氮吸附量缓慢增加，这是由于吸附分子之间的作用，完全填满孔道需要稍高一点的压力；相对压强在 0.9~1.0 段时，$N_2$ 吸附量又迅速增加，这是因为样品的孔道内表面吸附完全以后样品外表面开始吸附，这是典型的 I 型微孔等温吸附曲线，这与侯隽等[46]的分析结果一致。

图 2-2-18 中四个样品的等温线在中压段都有突跃趋势，这说明样品中有介孔存在，所以样品中既有微孔又有介孔。由表 2-2-7 和孔径分布图可知，样品孔径较为均一，孔径大小主要集中在 1.5~2.5nm 之间。当 F108=0.328g 时，有少量孔径分布在 4nm 左右，其中当 F108=0.568g 时，孔径分布最均匀。

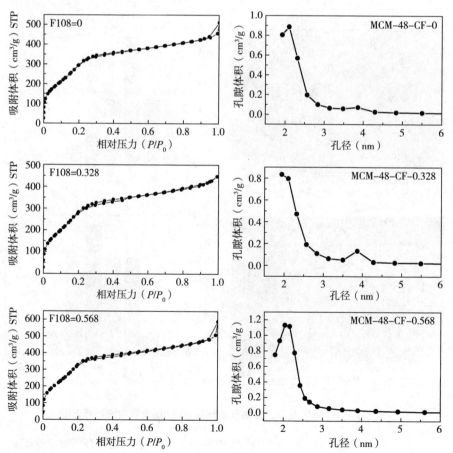

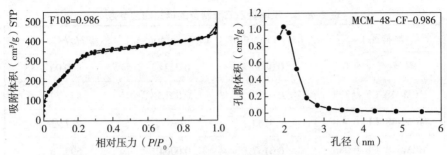

图 2-2-18　不同量乙二醇制备的样品等温线及孔径分布图

表 2-2-7　不同量乙二醇制备的样品结构参数

| 样品 | $S_{BET}$/(m²/g) | $V_{BJH}$/(cm³/g) | $D_{BJH}$/nm |
| --- | --- | --- | --- |
| MCM-48-CF-0 | 987.96 | 0.79 | 2.09 |
| MCM-48-CF-0.328 | 948.89 | 0.69 | 1.86 |
| MCM-48-CF-0.568 | 1045.38 | 0.91 | 1.97 |
| MCM-48-CF-0.986 | 1016.96 | 0.75 | 1.93 |

图 2-2-19 为使用不同量乙二醇制备复合材料 $CoFe_2O_4$@MCM-48 的磁滞回线，所有样品的测试环境均相同（均在室温 0.5T 的磁场下进行测量）。由图 2-2-19 和表 2-2-8 可以看出，粉末状的复合材料 $CoFe_2O_4$@MCM-48 具有一定的磁性能[11]。

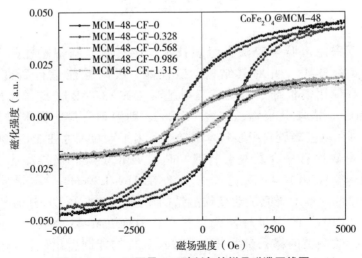

图 2-2-19　不同量乙二醇制备的样品磁滞回线图

表 2-2-8　不同量乙二醇制备的样品磁性参数

| 样品 | $Ms$ / (emu/g) | $Mr$ / (emu/g) | $Hc$ / Oe |
|---|---|---|---|
| MCM-48-CF-0 | 0.0450 | 0.0224 | 960.00 |
| MCM-48-CF-0.328 | 0.0420 | 0.0213 | 959.79 |
| MCM-48-CF-0.568 | 0.0183 | 0.0074 | 717.92 |
| MCM-48-CF-0.986 | 0.0167 | 0.0064 | 592.78 |
| MCM-48-CF-1.315 | 0.0159 | 0.0056 | 639.99 |

当磁场增加到5000Oe时，样品磁化强度接近饱和，且饱和磁化强度随着乙二醇使用量的增加不断减少。当乙二醇的使用量由0.328g变为0.568g时，样品的饱和磁化强度发生大幅度下降。当乙二醇的使用量为0g时，样品的饱和磁化强度最大为0.0450emu/g，这是由于乙二醇使用量增加，样品中硅羟基含量增加，分子筛晶胞体积变大，包覆在铁氧体外层的分子筛厚度变大。样品的磁性相比较铁酸钴发生了大幅度降低，且矫顽力的变化趋势与饱和磁化强度的变化一致，结合XRD图谱可以判断，样品形成了复合材料，与Chunrong Ren[42]和M. Alavia[43]等人的研究一致。研究表明，$CoFe_2O_4$@MCM-48是永磁性铁氧体材料。综上所述，我们制备的复合材料$CoFe_2O_4$@MCM-48可用于磁分离处理技术研究领域。

## 2.4　本章小结

本章采用溶胶凝胶法自组装技术，在室温下制备磁性复合材料$CoFe_2O_4$@MCM-48，并对其结构、磁性能、吸附性能进行研究。XRD表明，在使用模板剂十六烷基三甲基溴化铵（CTAB）、硅源正硅酸乙酯（TEOS）、嵌段共聚物乙二醇（F108）、助溶剂乙醇、氨水的共同作用下，利用溶胶凝胶自组装技术成功制备出了颗粒尺寸为350~500nm之间的球形磁性有序介孔复合材料$CoFe_2O_4$@MCM-48。该样品比表面积分布在982.86~1078.46m²/g，孔容分布在0.69~1.30cm³/g，孔径分布在1.86~2.52nm。本章研究了改变铁酸钴的用量、TEOS和CTAB的摩尔比、乙二醇（F108）的用量对复合材料$CoFe_2O_4$@MCM-48合成的影响。结果表明，铁酸钴的掺入量为0.1g、0.2g、0.3g均能制备出磁性复合材料$CoFe_2O_4$@MCM-48，但是铁酸钴的掺入量为0.2g时制备样品的有序性较高，再增加铁酸钴的掺入量，样品的有序性就会下降，这是因为铁酸钴纳米颗粒掺入二氧化硅微球的球心，降低了 MCM-48 分子筛孔道结构的有序性。通过氮气吸附测试发现，当铁酸钴的掺入量为 0.2g 时，样品的比表面积、孔体积、孔径达到最佳。通过 TEM 研究发现，样品磁核 $CoFe_2O_4$（深色区域）外面均匀包裹着 MCM-48 分子筛（浅色区域），厚度为 20~40nm，说明采用 MCM-48 包裹修饰磁性颗粒可有效增强其化学稳定性，防止团聚。通过调节 TEOS 和 CTAB 的摩尔比，发现随着 TEOS/CTAB 的摩尔比增加，样品的有序性慢慢变高，MCM-48 分子筛的物相慢慢显现，且 TEOS/CTAB 摩尔比的改变对复合材料的磁性有一定的调节作用。通过调节乙二醇（F108）的使用量，我们发现增加 F108 的使用量可以使样品晶胞体积变大，粒径也随之变大，且饱和磁化强度随着乙二醇（F108）使用量的增加而不断减少。当乙二醇（F108）的使用量由 0.328g 变为 0.568g 时，样品的饱和磁化强度发生大幅度下降。

**参考文献**

[1] 王树国，吴东，孙予罕，等. AlMCM-48 介孔分子筛的合成研究 [J]. 燃料化学学报，2001，29（s1）：26-27.

[2] 巩见素. 含铬 MCM-48 介孔分子筛的制备及其在丙烷脱氢反应中的应用 [D]. 上海：上海师范大学，2015.

[3] 张欣烨，张利锋，张洁，等. 担载 Ce 的 MCM-48 介孔分子筛催化材料的制备及表征 [J]. 中国化工贸易，2015（29）：205.

[4] 孔令东，刘苏，颜学武，等. 缓冲体系中高热和水热稳定性的 MCM-48 介孔分子筛的合成 [J]. 化学学报，2005，63（13）：1241-1244.

[5] 陈艳红，李春义，山红红，等. 用混合表面活性剂合成 MCM-48 介孔分子筛 [J]. 中国石油大学学报（自然科学版），2004，28（6）：106-110.

[6] 赵伟，郝郑平，李进军，等. MCM-48 介孔分子筛热、水热及酸碱稳定性研究 [J]. 石油学报（石油加工），2006，22（s1）：132-134.

[7] 张慧波，乔志刚，孙向东，等. 不同碱源对合成 MCM-48 介孔分子筛的影响 [J]. 内蒙古民族大学学报（自然汉文版），1999（1）：70-73.

[8] 刘春艳，王小青，荣志红，等. 氟离子体系中制备 MCM-48 介孔分子筛 [J]. 中国材料科技与设备，2009（2）：24-27.

[9] Meléndez-Ortiz H I, Perera-Mercado Y A, García-Cerda L A, et al. Influence of the reaction conditions on the thermal stability of mesoporous MCM-48 silica obtained at room temperature[J]. Ceramics International, 2014, 40（3）：4155-4161.

[10] 刘加乐. 介孔 MCM-48 分子筛及膜材料的制备 [D]. 大连：辽宁师范大学，2012.

[11] 史秉楠. $CoFe_2O_4$/MCM-41/$TiO_2$ 复合材料的制备及其光催化性能研究 [D]. 哈尔滨：

黑龙江大学，2015.

[12] Chatterjee M, Ikushima Y. Effect of heteroatom substituted mesoporous support on the selective hydrogenation of cinnamaldehyde in supercritical carbon dioxide[J]. Microporous & Mesoporous Materials, 2009, 117（1）：201-207.

[13] Wu H Y, Zhang X L, Chen X, et al. Preparation, characterization and catalytic properties of MCM-48 supported tungstophosphoric acid mesoporous materials for green synthesis of benzoic acid[J]. Journal of Solid State Chemistry, 2014, 211（5）：51-57.

[14] 张悦, 柳阳, 冯金地, 等. 溶胶-凝胶法制备 $CoFe_2O_4/SiO_2$ 复合材料及其磁性研究[J]. 武汉大学学报（理学版），2008，54（3）：282-286.

[15] Zhao W, Hao Z, Hu C, et al. The epoxidation of allyl alcohol on Ti-complex/MCM-48 catalyst[J]. Microporous & Mesoporous Materials, 2008, 112（1-3）：133-137.

[16] 闫明涛, 张大余, 吴刚. 介孔分子筛 MCM-48 的室温合成与表面修饰[J]. 无机化学学报，2005，21（8）：1165-1169.

[17] Kombaiah K, Vijaya J J, Kennedy L J, et al. Studies on the microwave assisted and conventional combustion synthesis of Hibiscus rosa-sinensis, plant extract based $ZnFe_2O_4$, nanoparticles and their optical and magnetic properties[J]. Ceramics International, 2016, 42（2）：2741-2749.

[18] V. A. Khomchenko, D. A. Kiselev, J. M. Vieira, et al. Effect of diamagnetic Ca, Sr, Pb, and Ba substitution on the crystal structure and multiferroic properties of the $BiFeO_3$ perovskite[J]. Journal of Applied Physics, 2008, 103（2）：024105-024106.

[19] Beck J S, Vartuli J C, Schmitt K D, et al. Beck, J. S. et al. A new family of mesoporous molecular sieves prepared with liquid crystal templates. Journal of the American Chemical Society. 114, 10834-10843[J]. Journal of the American Chemical Society, 1992, 114（27）：10834-10843.

[20] Kresge C T, Leonowicz M E, Roth W J, et al. Ordered mesoporous molecular sieves synthesized by a liquid-crystal template mechanism[J]. Nature, 1992, 359（6397）：710-712.

[21] Adhyapak P V, Karandikar P R, Dadge J W, et al. Synthesis, characterization and optical properties of silver and gold nanowires embedded in mesoporous MCM-41[J]. Central European Journal of Chemistry, 2006, 4（2）：317-328.

[22] C. G. Wu, T. Bein, Microwave synthesis of molecular sieve MCM-41[J]. Chem. Soc., Chem. Commun., 1996：925-926.

[23] Gao F, Lu Q, Zhao D. Synthesis of Crystalline Mesoporous CdS Semiconductor Nanoarrays Through a Mesoporous SBA-15 Silica Template Technique[J]. Advanced Materials, 2003, 15（9）：739-742.

[24] Qiu S, Zhu G. Molecular engineering for synthesizing novel structures of metal-organic frameworks with multifunctional properties[J]. Coord. Chem. Rev, 2009, 253(23-24): 2891-2911.

[25] Li Y, Liang F, Bux H, et al. Inside cover: Molecular sieve membrane: Supported metal-organic framework with high hydrogen selectivity [J]. Angew. Chem.-Int. Edit, 2010, 49(3): 464.

[26] Qiu S, Zhu G. Molecular engineering for synthesizing novel structures of metal-organic frameworks with multifunctional properties[J]. Coord. Chem. Rev, 2009, 253(23-24): 2891-2911.

[27] Wei F, Gu F N, Zhou Y, et al. Modifying MCM-41 as an efficient nitrosamine trap in aqueous solution[J]. Solid State Sciences, 2009, 11(2): 402-410.

[28] Zonghuai Liu, Yang X, Yoji Makita A, et al. Preparation of a Polycation-Intercalated Layered Manganese Oxide Nanocomposite by a Delamination/Reassembling Process[J]. Journal of Materials Research, 2006, 21(7): 1718-1725.

[29] Varsha Brahmkhatri, Anjali Patel. An efficient green catalyst comprising 12-tungstophosphoric acid and MCM-41: synthesis characterization and diesterification of succinic acid, a potential bio-platform molecule[J]. Green Chemistry Letters & Reviews, 2012, 5(2): 161-171.

[30] Monash P, Pugazhenthi G. Investigation of equilibrium and kinetic parameters of methylene blue adsorption onto MCM-41[J]. Korean Journal of Chemical Engineering, 2010, 27(4): 1184-1191.

[31] Akpotu S O, Moodley B. Synthesis and characterization of citric acid grafted MCM-41 and its adsorption of cationic dyes[J]. Journal of Environmental Chemical Engineering, 2016, 4(4): 4503-4513.

[32] Llewellyn P L, Grillet Y, Schüth F, et al. Effect of pore size on adsorbate condensation and hysteresis within a potential model adsorbent: M41S[J]. Microporous Materials, 1994, 3(3): 345-349.

[33] Zhao W, Li Q, Wang L, et al. Synthesis of high quality MCM-48 with binary cationic-nonionic surfactants[J]. Langmuir the Acs Journal of Surfaces & Colloids, 2010, 26(10): 6982-6988.

[34] Wang T. Synthesis of Cubic Mesoporous Titanium-containing Silica by Mixed Surfactant Templating[J]. ACTA PHYSICO-CHIMICA SINICA, 2000, 16(5): 385-388.

[35] Emamian H R, Honarbakhsh-Raouf A, Ataie A, et al. Synthesis and magnetic characterization of MCM-41/$CoFe_2O_4$ nano-composite[J]. Journal of Alloys & Compounds, 2009, 480(2): 681-683.

[36] 桑净净. 多孔磁性复合材料的制备及性能研究 [D]. 青岛：青岛大学，2012.

[37] 李云开. 磁性 MCM-48 复合材料的制备及其对水相中铀酰离子的吸附 [D]. 南京：南京理工大学，2015.

[38] 鲍晓磊，强志民，贲伟伟，等. 磁性纳米复合材料 CoFeM48 对水中磺胺类抗生素的吸附去除研究 [J]. 环境科学学报，2013，33（2）：401-407.

[39] Haiyan Gao, Lifang Jiao, Jiaqin Yang, Zhan Qi, Yijing Wang, Huatang Yuan. High rate capability of Co doped $LiFePO_4/C$[J]. Electrochimica Acta, 2013, 97：143-149.

[40] Josh Kacher, Colin Landon, Brent L. Adams, David Fullwood. Bragg's Law diffraction simulations for electron backscatter diffraction analysis[J]. Ultramicroscopy, 2009, 109（9）：1148-1156.

[41] 田喜强，董艳萍. 等纳米铁酸钴的合成及其在水处理中的应用 [J]. 科学技术与工程，2009，9（13）：3928-3931.

[42] Ren C, Ding X, Fu H, et al. Preparation of amino-functionalized $CoFe_2O_4$@$SiO_2$ magnetic nanocomposites for potential application in absorbing heavy metal ions[J]. Rsc Advances, 2016, 6（76）：72479-72486.

[43] M.Alavia, S.Kharrazia, A.Fathic, et al. Magnetic and Structural characterization of $CoFe_2O_4$ and $CoFe_2O_4$@$SiO_2$ nanoparticles[J]. ICNS4, 2012, 6：1485-1487.

[44] 陶涛，姜廷顺，王忠华，等. 微波法合成 Co-MCM-41 介孔分子筛 [J]. 非金属矿，2006，29（1）：37-39.

[45] 张晔，吴东，孙予罕，等. 微孔-介孔复合 $SiO_2$-$Al_2O_3$ 分子筛的水热合成研究 [J]. 燃料化学学报，2001，29（s1）：28-29.

[46] 侯隽，许影，田从学，等. 微孔-介孔钛硅氧化物复合材料的合成与表征 [D]. 成都：四川师范大学，2007.

[47] 谢欣欣. 介孔碳氧化娃复合材料对苯酚及其同系物的吸附研究 [D]. 哈尔滨：哈尔滨理工大学，2012.

[48] Guo L, Li J, Zhang L, et al. A facile route to synthesize magnetic particles within hollow mesoporous spheres and their performance as separable $Hg^{2+}$ adsorbents[J]. Journal of Materials Chemistry, 2008, 18（23）：2733-2738.

[49] 蔡强，张慧波，林文勇，等. MCM-48 介孔分子筛的合成研究 [J]. 高等学校化学学报，1999，20（5）：675-679.

# 第三篇

# 分子筛 SBA-16 复合材料的制备及其吸附性能研究

SBA-16 介孔分子筛材料具有孔径较大可调、比表面积大、易修饰、热稳定性好等优点，在催化、生物医学、吸附等领域都有极大的应用前景。磁性材料 $Fe_3O_4$ 具有较强的饱和磁化强度和较高的矫顽力，这正是介孔分子筛不具备的。将二者的优点合二为一，让 SBA-16 分子筛在 $Fe_3O_4$ 颗粒上生长，制备出核壳式 $Fe_3O_4$@SBA-16 纳米磁性复合材料，既保持了磁性材料本身的优点，又对 SBA-16 分子筛的影响较小。

# 第1章 双模板剂制备SBA-16型分子筛

SBA-16介孔分子筛具有三维的立体结构,具有比表面积和孔径大,表面易于修饰等优点,在催化、环境保护、生物、光学等领域都有着非常重要的应用,因其优点繁多、应用广泛吸引着人们的目光,引起了各界科学家们的探究。但是SBA-16分子筛的制备区间比较窄,制备较难。

1998年Stucky研究组首先在酸性条件下以三嵌段聚合物为模板剂合成了SBA-16分子筛[1]。自SBA-16分子筛问世以来,对其的研究较多。合成来源可以通过使用助表面活性剂和无机盐作为添加剂来改变[2]。选择无机盐KCl用来增加结构的有序度,并影响SBA-16二氧化硅的形态。添加剂无机盐对模板剂在水中的聚集比较敏感,这样就会降低临界胶束浓度(CMC)和临界胶束温度(CMT)的值。因此,通过添加无机盐KCl可以促进胶束化。因此,多孔硅酸盐即使嵌段共聚物浓度低或在低温下也可获得高度有序的程度[3]。Zhao以F108为模板剂,加入无机盐$K_2SO_4$制备出了具有十二面体形貌的介孔分子筛[4]。Mou等以三种表面活性剂为模板剂合成了具有单晶结构的SBA-16介孔分子筛[5]。金红晓等[6]利用模板剂F127通过对反应条件的控制制备出SBA-16分子筛并对其形貌控制进行研究,合成了十八面体的SBA-16分子筛,其中也观测到了十二面体和有序性好的球形结构。张晶晶[7]对球形SBA-16分子筛进行了研究,观察不同的原料用量、反应条件对球形介孔分子筛的影响。Santos S M L D等人[8]在三嵌段共聚物表面活性剂P123和F127存在下,在酸性介质中合成SBA-16,SBA-16对于诸如催化或分离的操作,这种结构上的差异可能有利于提高该过程的效率。本章主要研究采用双模板剂制备SBA-16样品的性能和形貌特点。

## 1.1 样品制备

本章采用双模板剂P123、F127,使用盐酸提供酸性环境,以正硅酸乙酯为硅源,以水热合成法制备SBA-16介孔分子筛,具体实验步骤如下。

第一步:将一定量的37%浓盐酸溶解在去离子水中制成2mol/L的稀盐酸,加入一定量的P123,搅拌5min后得混合溶液A。

第二步:向第一步制备得到的混合溶液A中在搅拌状态下加入一定量

的 F127，搅拌 10min 后得到混合溶液 B。

第三步：向第二步制备得到的混合溶液 B 中在搅拌状态下加入一定量的正硅酸乙酯，加入完成后继续搅拌 24h 后形成溶液 C。

第四步：将第三步制备得到的溶液 C 放入反应釜，在干燥箱里晶化 12h，得混合溶液 D。

第五步：将第四步制备得到的溶液 D 进行抽滤、洗涤，形成混合物 E；然后于 120℃下干燥 5 h，得到白色固体 F。

第六步：将第五步制备得到的固体 F 研磨后得到白色粉末，装入坩埚置于马弗炉中在 550℃下煅烧 6 h，得到纯相 SBA-16 分子筛。

双模板剂制备纯相 SBA-16 分子筛的工艺流程如图 3-1-1 所示。

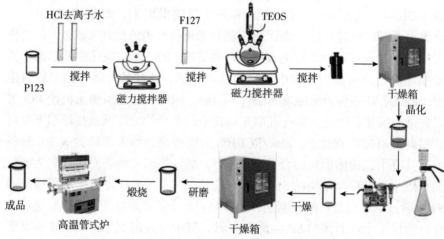

图 3-1-1　双模板剂制备纯相 SBA-16 分子筛的工艺流程

## 1.2　样品的表征和结果

本章主要探究模板剂用量和晶化温度对产物的影响，具体反应条件和样品编号见表 3-1-1。

表 3-1-1　样品的实验条件及名称

| 条件 | 2.67 | 2.30 | 1.95 |
|---|---|---|---|
| 80℃ | SBA-16-M1-80℃ | SBA-16-M2-80℃ | SBA-16-M3-80℃ |
| 110℃ | SBA-16-M1-110℃ | SBA-16-M2-110℃ | SBA-16-M3-110℃ |
| 140℃ | SBA-16-M1-140℃ | SBA-16-M2-140℃ | SBA-16-M3-140℃ |

注：2.67、2.30、1.95 为模板剂 P123 和 F127 的摩尔比，以下分别简称 M1、M2、M3。晶化温度分别为 80℃、110℃、140℃。

### 1.2.1 模板剂摩尔比为 M1 不同晶化温度所制备样品的表征结果

模板剂摩尔比为 M1 的样品有 3 个，晶化温度分别为 80℃、110℃、140℃。

图 3-1-2 为两个模板剂 P123、F127 的摩尔比为 2.67 时，在不同晶化温度下制备样品的小角度 XRD 图，晶化温度分别为 80℃、110℃、140℃。样品在 $2\theta=0.8°$ 时存在一个强的衍射峰，此衍射峰为晶面（110）的特征衍射峰，Almeida 等[9]认为该衍射峰证明样品具有介孔材料特征，是 SBA-16 分子筛的特征峰。Sun H 等[10]认为样品的小角度 XRD 只出现一个以 $2\theta=0.8°$ 为中心的衍射峰，（200）、（211）衍射峰不明显，表明中等结构的有序性不够好。唐翔波[11]认为出现这种现象的原因是 SBA-16 分子筛的合成条件较为苛刻，合成有序性很好的 SBA-16 分子筛较难。整体来看，该方案可以制备出 SBA-16 分子筛，但其有序性不够好。

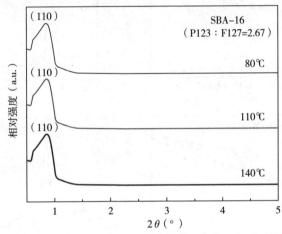

图 3-1-2　不同晶化温度制备的样品小角度 XRD 衍射图

图 3-1-3 为模板剂 P123、F127 的摩尔比为 2.67 时，在不同晶化温度下制备样品的等温线及孔径分布图，晶化温度分别为 80℃、110℃、140℃。图 3-1-3 的左半部分图片为样品的等温线分布图，3 个样品的等温曲线都为标准的Ⅳ型等温线，Chi-Feng Cheng 等[12]认为该样品具有介孔材料的特征。从 $P/P_0=0.4$ 开始，吸附能力快速增大，导致吸附和脱附曲线分开且不再重合，到了 $P/P_0=0.7$ 左右时，吸附和脱附曲线又近似重合，从而形成滞后环，在 $P/P_0$ 为 0.4~0.7 时存在的滞后环属于 H2 型迟滞回线。Ramon K.S. Almeida 等[9]认为标准的Ⅳ型等温线以及 H2 型迟滞回线的存在清楚地表明该样品具有有序的三维笼状结构；R.M. Grudzien 等[13]认为标准的Ⅳ型等温线以及 H2 型迟滞回线说明样品属于相对窄的孔相互连接的均匀介孔材料。总结两者的结论，说明该样品为有序的三维笼状结构的

介孔材料。当晶化温度为140℃时，滞后环的形状发生一点改变，有向H1型迟滞回线转变的趋势，这说明笼口直线增大。Zhang等[14]认为，随着温度的增加，模板剂中的PEO基团的疏水性会增强，会使分子筛的孔径变大，从而孔壁变薄。当孔壁薄到一定的程度就会崩塌，相邻的孔道就会相通，几个较小的孔道会成为一个较大的孔道，从而SBA-16的三维立体孔道有向一维孔道转化的趋势或者已有部分转化。分子筛的孔径越大，滞后环越向右移动。由图中纵坐标数据可以看出，随着晶化温度从80℃增加到140℃，氮气的吸附量先变大后变小。从图中还可以看出，随着晶化温度的升高，样品孔径越大，与右边孔径分布图的结果也是一致的。

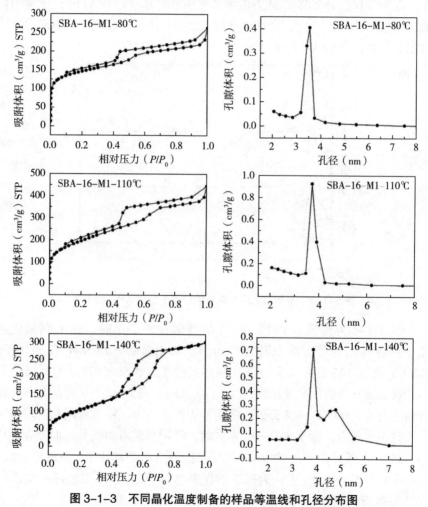

图3-1-3 不同晶化温度制备的样品等温线和孔径分布图

图3-1-3的右半部分为样品的孔径分布图。当晶化温度为80℃、110℃时，孔径分布比较均匀，大多数都集中在3~4nm之间；当晶化温度

为140℃时，孔径大小有两个极值点，左边极值点比较符合前两个样品的规律，右边极值点偏大，也符合等温线的分析情况。总体来看，孔径大小随着晶化温度的升高而增大。

表 3-1-2 为模板剂 P123、F127 的摩尔比为 2.67 时，在不同晶化温度下制备样品的比表面积、孔体积以及最可几孔径的大小。样品最可几孔径都在 3~4nm 之间，符合图 3-1-3 的分析结果，比表面积和孔容大小在晶化温度为 80~140℃时随温度变化先增大后减小。

表 3-1-2 M1 不同晶化温度制备的样品吸附性能参数

| 样品 | $S_{BET}$/ ( m²/g ) | $V_{BJH}$/ ( cm³/g ) | $D_{BJH}$/ nm |
| --- | --- | --- | --- |
| SBA-16-M1-80℃ | 522.0042 | 0.4074 | 3.47 |
| SBA-16-M1-110℃ | 710.6420 | 0.6905 | 3.60 |
| SBA-16-M1-140℃ | 379.5484 | 0.4664 | 3.80 |

图 3-1-4 为两个模板剂 P123、F127 的摩尔比为 2.67 时，不同晶化温度下制备的样品比表面积、孔体积、最可几孔径分析图，可以看出样品表面积、孔体积、最可几孔径随晶化温度升高的变化。最可几孔径随晶化温度的升高有微小的增大。在晶化温度为 80~110℃时，比表面积、孔体积具有增大的趋势；在 110~140℃时，比表面积、孔体积是减小的；在晶化温度为 110℃时所制备的样品比表面积最大，吸附性能最好。

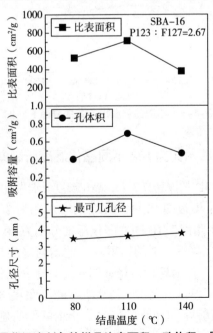

图 3-1-4 不同晶化温度制备的样品比表面积、孔体积、最可几孔径分析图

图 3-1-5 为模板剂 P123 与 F127 的摩尔比为 2.67 时，在不同晶化温度下制备的样品红外光谱图，3462cm$^{-1}$ 附近较宽，存在一个振动吸收峰，Azizi S N[15, 16]等认为这个吸收峰为硅羟基与水形成的氢键或者是硅羟基与硅羟基之间形成氢键所引起的伸缩振动吸收峰；而 1647cm$^{-1}$ 处较窄的吸收峰是由硅羟基的弯曲振动引起的；1078cm$^{-1}$、804cm$^{-1}$、465cm$^{-1}$ 附近的吸收峰是分子筛中硅氧四面体的反对称、对称伸缩振动吸收峰和 Si—O—Si 的弯曲振动吸收峰，与 Dong Y[17]等人的研究一致；962cm$^{-1}$ 附近出现较小的吸收峰，Shah A T[18]等认为该吸收峰是由硅羟基对称伸缩振动引起的。由分析可知，这些吸收峰含有硅氧键或者是硅氧四面体，与 SBA-16 分子筛的 FT-IR 图相符合。

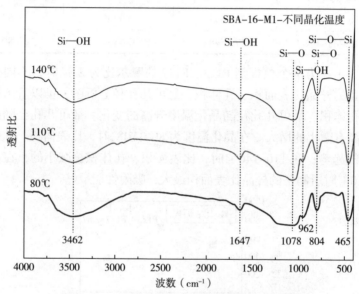

图 3-1-5　不同晶化温度制备的样品 FT-IR 图

## 1.2.2　模板剂摩尔比为 M2 不同晶化温度所制备样品的表征结果

模板剂摩尔比为 M2 的样品有 3 个，晶化温度分别为 80℃、110℃和 140℃。

图 3-1-6 为两个模板剂 P123、F127 的摩尔比为 2.30 时，在不同晶化温度下制备样品的小角度 XRD 图，晶化温度分别为 80℃、110℃、140℃。样品在 2$\theta$=0.8° 时存在一个强的衍射峰，此衍射峰为晶面（110）的特征衍射峰，Almeida 等[9]认为该衍射峰证明样品具有介孔材料特征，是 SBA-16 分子筛的特征峰。Sun H 等[10]认为样品的小角度 XRD 只出现一个以 2$\theta$=0.8° 为中心的衍射峰，（200）、（211）衍射峰不明显，表明中等结构的有序性不够好。唐翔波[11]认为出现这种现象的原因是 SBA-16 分子筛的合

成条件较为苛刻，合成有序性很好的 SBA-16 分子筛较难。整体来看，该方案可以制备出 SBA-16 分子筛，但其有序性不够好。

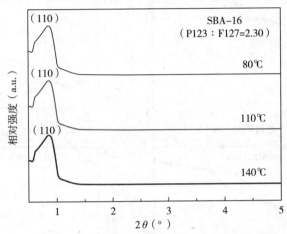

图 3-1-6　不同晶化温度制备的样品小角度 XRD 图

图 3-1-7 为两个模板剂 P123、F127 的摩尔比为 2.30 时，在不同晶化温度下制备样品的等温线及孔径分布图，晶化温度分别为 80℃、110℃和 140℃。

图的左半部分为样品的等温线分布图，3 个样品的等温曲线都为标准的Ⅳ型等温线，Chi-Feng Cheng 等 [12] 认为该样品具有介孔材料的特征。当晶化温度为 80℃和 110℃时，从 $P/P_0$=0.4 左右开始，样品吸附能力快速增大，导致吸附和脱附曲线分开且不再重合，到了 $P/P_0$=0.6 左右时，吸附和脱附曲线又近似重合从而形成滞后环，在 $P/P_0$ 为 0.4~0.6 时存在的滞后环属于 H2 型迟滞回线。当晶化温度为 140℃时，滞后环的形状发生一点改变，有从 H2 型向 H1 型迟滞回线转变的趋势，这说明笼口直线增大。Zhang 等 [14] 认为随着温度的增加，模板剂中的 PEO 基团的疏水性会增强，会使分子筛的孔径变大，从而孔壁变薄。

当孔壁薄到一定的程度就会崩塌，从而导致相邻的孔道相通，几个较小的孔道成为一个较大的孔道；SBA-16 的三维立体孔道有向一维孔道转化的趋势或者已有部分转化，但依然属于 H2 型迟滞回线。Ramon K.S. Almeida 等 [9] 认为标准的Ⅳ型等温线以及 H2 型迟滞回线的存在清楚地表明该样品具有有序的三维笼状结构；R.M. Grudzien 等 [13] 认为标准的Ⅳ型等温线以及 H2 型迟滞回线说明样品属于相对窄的孔相互连接的均匀介孔材料。总结两者的结论，该样品为有序的三维笼状结构的介孔材料；分子筛的孔径越大，滞后环越向右移动。从图中还可以看出，随着晶化温度的升高，样品孔径越大，与右边孔径分布图的结果一致。

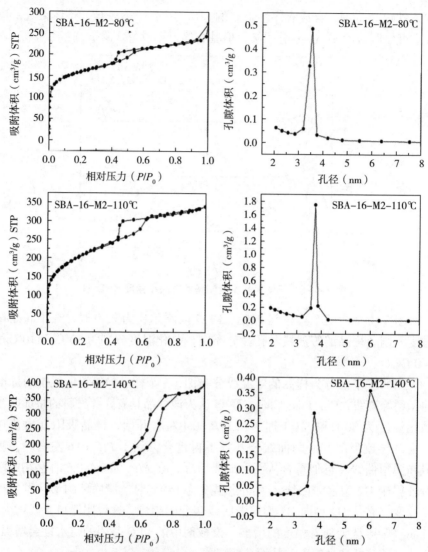

图 3-1-7 不同晶化温度制备的样品等温线和孔径分布图

图的右半部分为样品的孔径分布图。当晶化温度为80℃、110℃时，孔径分布比较均匀，大多数都集中在3~4nm之间，尤其是110℃时孔径更为集中；当晶化温度为140℃时，孔径大小有两个极值点，左边极值点比较符合前两个样品的规律，右边极值点偏大，也符合等温线的分析情况。总体来看，孔径大小随着晶化温度的升高而增大。

表3-1-3为两个模板剂P123、F127的摩尔比为2.30时，在不同晶化温度下制备样品的比表面积、孔体积以及最可几孔径的大小。由表3-1-3中可以看出，80℃、110℃的最可几孔径都在3~4nm之间，140℃时最可

几孔径增大为 5.89nm，符合图 3-1-7 的分析结果，说明孔道直径增大很多，比表面积和孔容大小在晶化温度为 80~140℃时随温度变化先增大后减小。

表 3-1-3  M2 不同晶化温度制备的样品吸附性能参数

| 样品 | $S_{BET}$/(m²/g) | $V_{BJH}$/(cm³/g) | $D_{BJH}$/nm |
|---|---|---|---|
| SBA-16-M2-80℃ | 567.3786 | 0.4217 | 3.49 |
| SBA-16-M2-110℃ | 727.3829 | 0.5243 | 3.70 |
| SBA-16-M2-140℃ | 360.7758 | 0.6110 | 5.89 |

图 3-1-8 为模板剂 P123、F127 的摩尔比为 2.30 时在不同晶化温度下制备的样品比表面积、孔体积、最可几孔径分析图，由图可知样品比表面积、孔体积、最可几孔径随晶化温度升高的变化。在晶化温度为 80~110℃时，比表面积、孔体积具有增大的趋势，最可几孔径随晶化温度的升高有微小的增大。在 110~140℃时，比表面积、孔体积具有减小的趋势，最可几孔径随晶化温度的升高而增大。晶化温度为 110℃时所制备的样品比表面积最大，吸附性能最好。

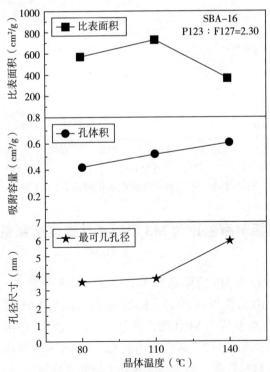

图 3-1-8  不同晶化温度制备的样品比表面积、孔体积、最可几孔径分析图

图 3-1-9 为模板剂 P123 与 F127 的摩尔比为 2.30 时在不同晶化温度下制备的样品红外光谱图，3462cm$^{-1}$ 附近较宽，存在一个振动吸收峰，Azizi S N[15, 16]等认为这个吸收峰为硅羟基与水形成的氢键或者是硅羟基之间形成氢键所引起的伸缩振动吸收峰；而 1633cm$^{-1}$ 处较窄的吸收峰是由硅羟基的弯曲振动引起的；1051cm$^{-1}$、808cm$^{-1}$、463cm$^{-1}$ 附近的吸收峰是分子筛中硅氧四面体的反对称、对称伸缩振动吸收峰和 Si—O—Si 的弯曲振动吸收峰，与 Dong Y[17]等的研究一致；965cm$^{-1}$ 附近出现较小的吸收峰，Shah A T[18]等认为该吸收峰是由硅羟基对称伸缩振动引起的。由分析可知，这些吸收峰含有硅氧键或者是硅氧四面体，与 SBA-16 分子筛的 FT-IR 图相符。

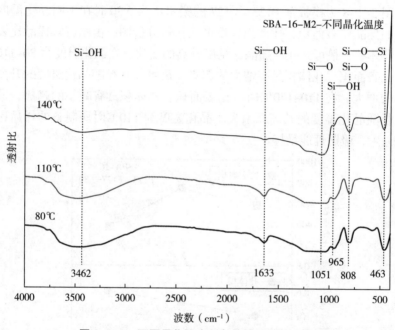

图 3-1-9　不同晶化温度制备的样品 FT-IR 图

## 1.2.3　模板剂摩尔比为 M3 不同晶化温度所制备样品的表征结果

模板剂摩尔比为 M3 的样品有 3 个，晶化温度分别为 80℃、110℃ 和 140℃。图 3-1-10 为模板剂 P123、F127 的摩尔比为 1.95 时，在不同晶化温度下制备样品的小角度 XRD 图，样品在 2θ=0.8° 时存在一个强的衍射峰，此衍射峰为晶面（110）的特征衍射峰，Almeida 等[9]认为该衍射峰证明样品具有介孔材料特征，是 SBA-16 分子筛的特征峰。

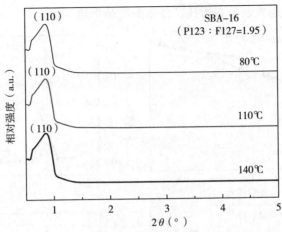

图 3-1-10　不同晶化温度制备的样品小角度 XRD 图

Sun H 等[10]认为样品的小角度 XRD 只出现一个以 $2\theta=0.8°$ 为中心的衍射峰，(200)、(211) 衍射峰不明显，表明中等结构的有序性不够好。唐翔波[11]认为出现这种现象的原因是 SBA-16 分子筛的合成条件较为苛刻，合成有序性很好的 SBA-16 分子筛较难。整体来看，该方案可以制备出 SBA-16 分子筛，但其有序性不够好。

图 3-1-11 为两个模板剂 P123、F127 的摩尔比为 1.95 时，在不同晶化温度下制备样品的等温线及孔径分布图。图的左半部分为样品的等温线分布图，3 个样品的等温曲线都为标准的 IV 型等温线，Chi-Feng Cheng 等[12]认为该样品具有介孔材料的特征。当晶化温度为 80℃和 110℃时，从 $P/P_0=0.4$ 左右开始，样品吸附能力快速增大，导致吸附和脱附曲线分开且不再重合，到了 $P/P_0=0.6$ 左右时，吸附和脱附曲线又近似重合从而形成滞后环，在 $P/P_0$ 为 0.4~0.6 时存在的滞后环属于 H2 型迟滞回线。当晶化温度为 140℃时，滞后环的形状发生一点改变，有从 H2 型向 H1 型迟滞回线转变的趋势，这说明笼口直线增大。Zhang 等[14]认为，随着温度的增加，模板剂中的 PEO 基团的疏水性会增强，会使分子筛的孔径变大，从而孔壁变薄。

孔壁薄到一定程度就会崩塌，从而相邻的孔道相通，几个较小的孔道就会成为一个较大的孔道；SBA-16 的三维立体孔道有向一维孔道转化的趋势或者已有部分转化，但依然属于 H2 型迟滞回线。Ramon K.S. Almeida 等[9]认为标准的 IV 型等温线以及 H2 型迟滞回线的存在清楚地表明该样品具有有序的三维笼状结构；R.M. Grudzien 等[13]认为标准的 IV 型等温线以及 H2 型迟滞回线说明样品属于相对窄的孔相互连接的均匀介孔材料。总结两者的结论，该样品为有序的三维笼状结构的介孔材料；分子筛的孔径越大，滞后环越向右移动。从图 3-1-11 中还可以看出，随着晶化温度的升高，样品孔径越大，与右边孔径分布图的结果越一致。

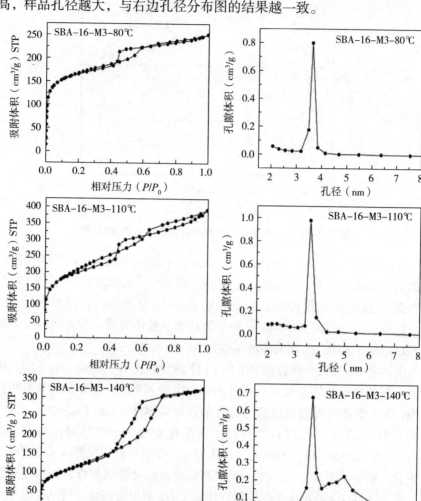

图3-1-11 不同晶化温度制备的样品等温线和孔径分布图

图3-1-11的右半部分为样品的孔径分布图。当晶化温度为80℃和110℃时，孔径分布比较均匀，大多数都集中在3~4nm之间；当晶化温度为140℃时，孔径大小有两个极值点，左边极值点比较符合前两个样品的规律，右边的极值点偏大，也符合等温线图的分析情况。总体来看，孔径大小随着晶化温度的升高而增大。

表3-1-4为两个模板剂P123、F127的摩尔比为1.95时，在不同晶化温度下制备样品的比表面积、孔体积以及最可几孔径的大小。样品最可几

孔径都在3~4nm之间，符合图3-1-11的分析结果，比表面积和孔容大小在晶化温度为80~140℃时随温度变化先增大后减小。

表3-1-4　M3不同晶化温度制备的样品吸附性能参数

| 样品 | $S_{BET}$/(m²/g) | $V_{BJH}$/(cm³/g) | $D_{BJH}$/nm |
| --- | --- | --- | --- |
| SBA-16-M3-80℃ | 599.1745 | 0.3885 | 3.58 |
| SBA-16-M3-110℃ | 746.9434 | 0.6042 | 3.54 |
| SBA-16-M3-140℃ | 401.7870 | 0.5001 | 3.80 |

图3-1-12为两个模板剂P123、F127的摩尔比为1.95时，不同晶化温度下制备的样品比表面积、孔体积、最可几孔径分析图，由此可知，样品表面积、孔体积、最可几孔径随晶化温度升高的变化。最可几孔径随晶化温度的升高有微小的增大。在晶化温度为80~110℃时，比表面积、孔体积具有增大的趋势，在110~140℃时，比表面积、孔体积是减小的。晶化温度为110℃时所制备的样品比表面积最大，吸附性能最好。

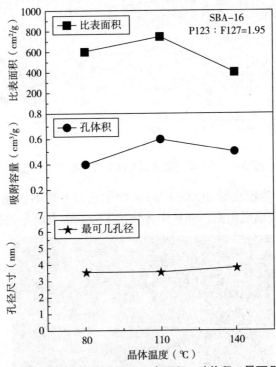

图3-1-12　不同晶化温度制备的样品比表面积、孔体积、最可几孔径分析图

图3-1-13为模板剂P123与F127的摩尔比为1.95时，在不同晶化温度下制备的样品红外光谱图，3457cm⁻¹附近较宽，存在一个振动吸收峰，

Azizi S N[15, 16]等认为这个吸收峰为硅羟基与水形成的氢键或者是硅羟基与硅羟基之间形成氢键所引起的伸缩振动吸收峰;而1647cm$^{-1}$处较窄的吸收峰是由硅羟基的弯曲振动引起的;1061cm$^{-1}$、808cm$^{-1}$、465cm$^{-1}$附近的吸收峰是分子筛中硅氧四面体的反对称、对称伸缩振动吸收峰和Si—O—Si的弯曲振动吸收峰,与Dong Y[17]等的研究一致;962cm$^{-1}$附近出现较小的吸收峰,Shah A T[18]等认为该吸收峰是由硅羟基对称伸缩振动引起的。由分析可知,这些吸收峰含有硅氧键或者是硅氧四面体,与SBA-16分子筛的FT-IR图相符。

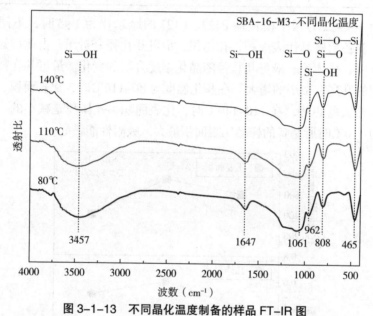

图3-1-13 不同晶化温度制备的样品FT-IR图

图3-1-14为模板剂P123、F127的摩尔比为1.95时,在不同晶化温度下制备样品的扫描电镜图,SEM图像显示了颗粒形态随晶化温度的变化。

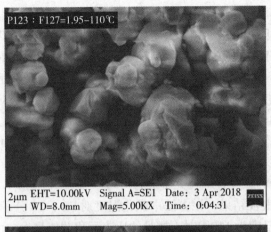

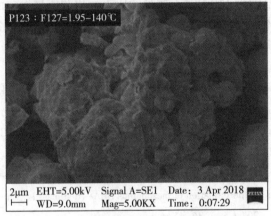

图 3-1-14　不同晶化温度制备的样品扫描电镜图

当晶化温度为 80℃时，样品成 8μm 左右块状和部分小的块状颗粒，形貌比较凌乱，没有成形。Jin H 等 [19] 认为较低的晶化温度会导致材料具有无定形形态的有序介孔结构，所以当晶化温度为 80℃时，样品外貌没有固定的形状。当晶化温度为 110℃时，颗粒成 5μm 左右球形，有部分的团聚现象，但从整体来看，样品颗粒比较均一。当晶化温度为 140℃时，样品的团聚现象比较明显。这与 Hwang Y K 等的研究一致 [20]，当晶化温度超过 100℃时显示出不规则形状的颗粒，并存在团聚现象。整体来看，晶化温度对样品的形貌影响较大，温度太低时样品不成形，温度太高时团聚现象明显，相对来说，110℃时制备的样品较好。

## 1.3　本章小结

本章采用水热合成法制备纯相 SBA-16 分子筛，对样品进行了 X 射线衍射、氮气吸附脱附、傅里叶红外光谱等测试，并研究了其结构和吸附性能。利用双模板剂 F127、P123，硅源正硅酸乙酯、盐酸提供酸性环境，改变模板剂的摩尔比和晶化温度制备纯相 SBA-16 分子筛。XRD 表征表明样品结构都为 SBA-16 分子筛的有序立体结构；由 FT-IR 图可以看出样品的化学键吸收峰与 SBA-16 分子筛相符；氮气吸附脱附测试的比表面积范围在 379.5484~746.9434$m^2$/g 之间，孔体积在 0.3885~0.6905mL/g 之间，孔径变化较小；无论两种模板剂的摩尔比为多少，晶化温度为 110℃时所制备的样品比表面积最大，吸附性能最好；由 SEM 图可以看出，当晶化温度为 110℃时有明显的颗粒且颗粒大小最为均匀。

结合所有表征结果，该方法中晶化温度对 SBA-16 分子筛的合成影响较大，当晶化温度为 110℃时，样品的比表面积数值最大，而且整体结构、性能较好。总体来看，实验结果不是很理想，需要进一步改进实验过程。

## 参考文献

[1] Dongyuan Zhao, Qisheng Huo, Jianglin Feng, et al. Nonionic Triblock and Star Diblock Copolymer and Oligomeric Surfactant Syntheses of Highly Ordered, Hydrothermally Stable, Mesoporous Silica Structures[J]. Journal of the American Chemical Society, 1998, 120（24）: 6024-6036.

[2] Almeida R K S, Cléo T.G.V.M.T. Pires, Airoldi C. The influence of secondary structure directing agents on the formation of mesoporous SBA-16 silicas[J]. Chemical Engineering Journal, 2012, 203（5）: 36-42.

[3] Wan Y. On the controllable soft-templating approach to mesoporous silicates[J]. Chemical Reviews, 2007, 107（7）: 2821-2860.

[4] Yu C, Tian B, large-pore cubicSoc., 2002, 124: Fan J, Stucky GD, Zhao D.mesoporous single crystals by 4556-4557 Nonionic blockuse of inorganiccopolymer synthesis ofsalts[J]. 1. Am. Chem.

[5] Chen B C, Chao M C, LinSBA-16Mesopor.From aMater.Ternary2005, 81H P, Mou C Yuan. Faceted single crystals of mesoporous silicasurfactant system: surface roughening model[J].Micropor.: 241-249.

[6] 金红晓. 介孔二氧化硅材料的合成、形貌控制、组装及其性能研究[D]. 杭州: 浙江大学, 2005.

[7] 张晶晶. 球形介孔 SBA-16 小尺寸粒子的制备[D]. 太原: 山西大学, 2011.

[8] Santos S M L D, Nogueira K A B, Gama M D S, et al. Synthesis and characterization of ordered mesoporous silica（SBA-15 and SBA-16）for adsorption of biomolecules[J]. Microporous & Mesoporous Materials, 2013, 180（9）: 284-292.

[9] Almeida R K S, Cléo T.G.V.M.T. Pires, Airoldi C. The influence of secondary structure directing agents on the formation of mesoporous SBA-16 silicas[J]. Chemical Engineering Journal, 2012, 203(5): 36-42.

[10] Sun H, Tang Q, Du Y, et al. Mesostructured SBA-16 with excellent hydrothermal, thermal and mechanical stabilities: Modified synthesis and its catalytic application[J]. J Colloid Interface Sci, 2009, 333(1): 317-323.

[11] 唐翔波. Fe, Ag-$TiO_2$/SBA-16 的制备及其光催化性能研究[D]. 哈尔滨: 哈尔滨工业大学, 2011.

[12] Chi-Feng Cheng, Yi-Chun Lin, Hsu-Hsuan Cheng, Yu-Chuan Chen. The effect and model of silica concentrations onphysical properties and particle sizes of three-dimensionalSBA-16 nanoporous materials[J]. Chemical Physics Letters, 2003, 382: 496-501.

[13] Grudzien R M, Grabicka B E, Jaroniec M. Adsorption studies of thermal stability of SBA-16 mesoporous silicas[J]. Applied Surface Science, 2007, 253(13): 5660-5665.

[14] Zhang P L, Wu Z F, Xiao N. Et al. Ordered Cubic Mesotorous Silicas with Large Pore SizesSynthesized via High-Temperature Route[J]. Langmuir, 2009, 25: 13169-13175.

[15] Azizi S N, Ghasemi S, Yazdani-Sheldarrei H. Synthesis of mesoporous silica(SBA-16) nanoparticles using silica extracted from stem cane ash and its application in electrocatalytic oxidation of methanol[J]. International Journal of Hydrogen Energy, 2013, 38(29): 12774-12785.

[16] Azizi S N, Ghasemi S, Samadi-Maybodi A, et al. A new modified electrode based on Ag-doped mesoporous SBA-16 nanoparticles as non-enzymatic sensor for hydrogen peroxide[J]. Sensors & Actuators B Chemical, 2015, 216: 271-278.

[17] Dong Y, Zhan X, Niu X, et al. Facile synthesis of Co-SBA-16 mesoporous molecular sieves with EISA method and their applications for hydroxylation of benzene[J]. Microporous & Mesoporous Materials, 2014, 185(1): 97-106.

[18] Shah A T, Li B, Abdalla Z E A. Direct synthesis of Cu-SBA-16 by internal pH-modification method and its performance for adsorption of dibenzothiophene[J]. Microporous & Mesoporous Materials, 2010, 130(1): 248-254.

[19] Jin H, Wu Q, Chen C, et al. Facile synthesis of crystal like shape mesoporous silica SBA-16[J]. Microporous & Mesoporous Materials, 2006, 97(1): 141-144.

[20] Hwang Y K, Chang J S, Kwon Y U, et al. Microwave synthesis of cubic mesoporous silica SBA-16[J]. Microporous & Mesoporous Materials, 2004, 68(1): 21-27.

# 第 2 章 模板剂加助剂正丁醇制备 SBA-16 型分子筛

因双模板剂制备的 SBA-16 分子筛比表面积较小,吸附性能较差,所以本章采用另一种方法研究 SBA-16 分子筛的制备,即单模板剂加助剂正丁醇利用水热合成法制备 SBA-16 介孔分子筛。例如,马晶[1]利用模板剂 F127 加助剂正丁醇制备出纯相的 SBA-16 分子筛,采用改进的后嫁接法对 SBA-15 与 SBA-16 介孔分子筛进行功能化修饰,以引入酸性中心和氧化中心,对介孔分子筛进行功能化修饰以提高其催化性能。叶青[2]利用模板剂 F127 加助剂正丁醇制备出纯相的 SBA-16 分子筛,并以多孔材料 SBA-16、CNTs 为载体,以四乙烯五胺(TEPA)、三乙烯四胺(TETA)为氨基改性剂,采用浸渍法合成新型 $CO_2$ 吸附剂。研究结果表明,吸附剂经浸渍改性后均保持了原有主孔道结构。吸附剂的比表面积、孔容以及孔径随着 TETA 或 TEPA 浸渍量的增加而减小。

本章主要采用这种方法制备 SBA-16 分子筛并对样品进行表征分析,与双模板剂制备 SBA-16 分子筛的样品进行对比,总结实验结果。

## 2.1 样品制备

本章用盐酸提供酸性环境,以正硅酸乙酯为硅源,模板剂为 F127,另外加入助剂正丁醇,采用水热合成法制备纯相 SBA-16 介孔分子筛。具体实验步骤如下:

第一步:将 2.0g F127 溶解在 95g 去离子水中,搅拌 5min 后完全溶解,得混合溶液 A。

第二步:向混合溶液 A 中在搅拌状态下加入 4.2g 浓盐酸,搅拌 40min 完全溶解后,形成混合溶液 B,其中,37% 的浓盐酸与水的质量比为 0.0442∶1。

第三步:向混合溶液 B 中在搅拌状态下加入一定量的正丁醇,搅拌 2h 完全溶解后,形成混合溶液 C。

第四步:向混合溶液 C 中在搅拌状态下加入 10.0g 正硅酸乙酯,加入完成后继续搅拌 20h 后形成透明溶液 D，其中，所述正硅酸乙酯与第一步的 F127 以及第二步的盐酸的质量比为 1 ∶ 0.2 ∶ 0.42。

第五步：将溶液 D 放入反应釜，将反应釜放入干燥箱里晶化 24 h，得混合溶液 E。

第六步：将溶液 E 进行抽滤、洗涤，得到混合物 F；然后于 80℃下干燥 12 h，得到白色固体 G。

第七步：将固体 G 研磨后得到白色粉末，装入坩埚置于马弗炉中在 550℃下煅烧 6 h，制得 SBA-16 分子筛样品。

模板剂加正丁醇制备纯相 SBA-16 分子筛的工艺流程如图 3-2-1 所示。

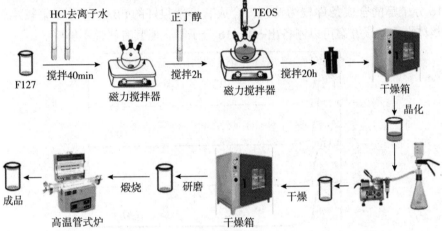

图 3-2-1　模板剂加正丁醇制备纯相 SBA-16 分子筛的工艺流程

## 2.2　样品的表征和结果

本章主要探究助剂正丁醇的用量和晶化温度对产物的影响，具体反应条件和对应的样品编号见表 3-2-1（表格第一行为助剂正丁醇的用量，第一列为晶化温度）。

表 3-2-1　样品的实验条件及名称

| 样品 | 0g | 2g | 4g | 6g |
|---|---|---|---|---|
| 80℃ | SBA-16-0g-80℃ | SBA-16-2g-80℃ | SBA-16-4g-80℃ | SBA-16-6g-80℃ |
| 90℃ | SBA-16-0g-90℃ | SBA-16-2g-90℃ | SBA-16-4g-90℃ | SBA-16-6g-90℃ |
| 100℃ | SBA-16-0g-100℃ | SBA-16-2g-100℃ | SBA-16-4g-100℃ | SBA-16-6g-100℃ |
| 110℃ | SBA-16-0g-110℃ | SBA-16-2g-110℃ | SBA-16-4g-110℃ | SBA-16-6g-110℃ |

### 2.2.1 单模板剂不同晶化温度所制备样品的表征结果

单模板剂 F127 制备的样品有四个，晶化温度分别为 80℃、90℃、100℃和 110℃。以下简称 G1 不同晶化温度。

图 3-2-2 为单模板剂 F127 在 G1 不同晶化温度下制备样品的小角度 XRD 图。样品在 $2\theta=0.86°$ 时存在一个强的衍射峰，此衍射峰为晶面（110）的特征衍射峰，Almeida 等[3]认为该衍射峰证明样品具有介孔材料特征，是 SBA-16 分子筛的特征峰。Sun H 等[4]认为样品的小角度 XRD 只出现一个以 $2\theta=0.86°$ 为中心的衍射峰，（200）、（211）衍射峰不明显，表明中等结构的有序性不够好。唐翔波[5]认为出现这种现象的原因是 SBA-16 分子筛的合成条件较为苛刻，合成有序性很好的 SBA-16 分子筛较难。整体来看，该方案可以制备出 SBA-16 分子筛，但其有序性不够好。

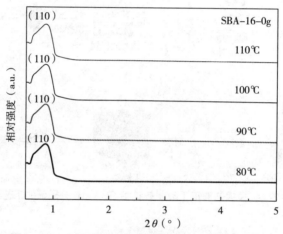

图 3-2-2　不同晶化温度制备的样品小角度 XRD 图

图 3-2-3 为单模板剂 F127 制备的 SBA-16 分子筛，在 G1 不同晶化温度下制备样品的等温线及孔径分布图。图中左侧为样品的等温线分布图，四个样品的等温曲线都为标准的 IV 型等温线，Chi-Feng Cheng 等[6]认为这表明样品具有介孔材料的特征。从 $P/P_0=0.4$ 左右开始，吸附能力快速增大，导致吸附和脱附曲线分开且不再重合，到了 $P/P_0=0.6$ 左右时，吸附和脱附曲线又近似重合从而形成滞后环，在 $P/P_0$ 为 0.4~0.7 时，存在的滞后环属于 H2 型迟滞回线。Ramon K.S. Almeida 等[3]认为标准的 IV 型等温线以及 H2 型迟滞回线的存在清楚地表明该样品具有有序的三维笼状结构；R.M. Grudzien 等[7]认为标准的 IV 型等温线以及 H2 型迟滞回线说明样品属于相对窄的孔相互连接的均匀介孔材料。总结两者的结论，该样品为有序的三维笼状结构的介孔材料。当温度大于 100℃时，在 $P/P_0$ 值较大的区间

存在一个小的滞后环,说明分子筛有大孔的存在。Zhang 等[8]认为,温度升高会使孔径变大,从而孔壁变薄,严重时孔道之间会相通,这样部分孔道会连成一片,使孔径变大。分子筛的孔径越大,滞后环越向右移动。由图中纵坐标数据可以看出,随着晶化温度从 80℃升高到 110℃,氮气的吸附量增加。从图中还可以看出,随着晶化温度的升高,样品孔径越大,与右边孔径分布图的结果一致。

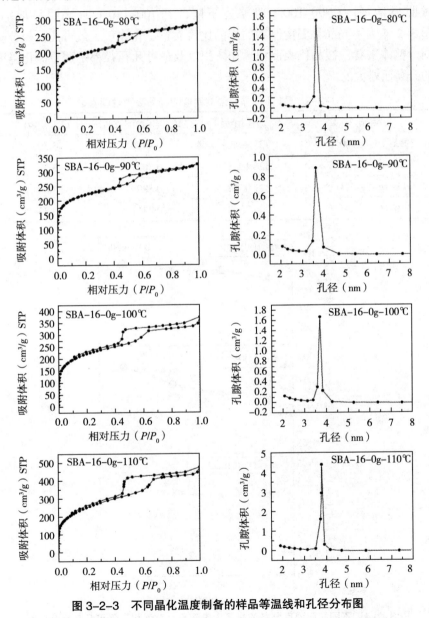

图 3-2-3　不同晶化温度制备的样品等温线和孔径分布图

图 3-2-3 中右侧为样品的孔径分布图，四个样品的孔径分布都比较均匀，大多数都集中在 3~4nm 之间；温度越高，孔径越大，孔的均一性也越强。

表 3-2-2 为单模板剂在不同晶化温度下制备的 SBA-16 分子筛样品的比表面积、孔体积以及最可几孔径的大小。样品最可几孔径都在 3~4nm 之间，符合图 3-2-3 的分析结果，晶化温度在 80~110℃之间时，孔径和孔体积的大小随温度的升高而增大。样品比表面积数值在晶化温度为 80~90℃时明显增加，在 90~100℃时略有下降，到 100~110℃时又明显增加。图 3-2-4 为不同晶化温度制备的样品比表面积、孔体积、最可几孔径分析图，整体来看，样品比表面积、孔体积以及最可几孔径都是随着晶化温度的升高而增大的。

表 3-2-2　G1 不同晶化温度制备的样品吸附性能参数

| 样品 | $S_{BET}$/（m²/g） | $V_{BJH}$/（cm³/g） | $D_{BJH}$/nm |
|---|---|---|---|
| SBA-16-0g-80℃ | 727.9048 | 0.4428 | 3.59 |
| SBA-16-0g-90℃ | 826.1083 | 0.5027 | 3.59 |
| SBA-16-0g-100℃ | 821.0952 | 0.5809 | 3.69 |
| SBA-16-0g-110℃ | 906.2260 | 0.7311 | 3.83 |

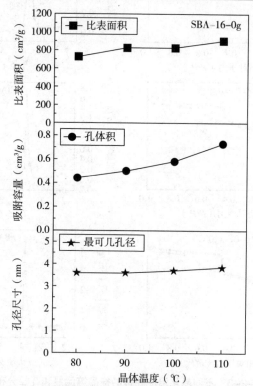

图 3-2-4　不同晶化温度制备的样品比表面积、孔体积、最可几孔径分析图

图 3-2-5 为正丁醇为 0g 时不同晶化温度下的样品红外光谱图，在 3467cm⁻¹ 附近较宽存在一个振动吸收峰，Azizi S N[9, 10]等认为这个吸收峰为硅羟基与水形成的氢键或者是硅羟基与硅羟基之间形成氢键所引起的伸缩振动吸收峰；而在 1647cm⁻¹ 处较窄的吸收峰则是由硅羟基的弯曲振动引起的；1073cm⁻¹、807cm⁻¹ 和 457cm⁻¹ 附近的吸收峰是分子筛中硅氧四面体的反对称、对称伸缩振动吸收峰和 Si—O—Si 的弯曲振动吸收峰，与 Dong Y[11]等的研究一致；958cm⁻¹ 附近出现较小的吸收峰，Shah A T[12]等认为该吸收峰是由硅羟基对称伸缩振动引起的。由分析可知，这些吸收峰含有硅氧键或者硅氧四面体，与 SBA-16 分子筛的 FT-IR 图相符合。

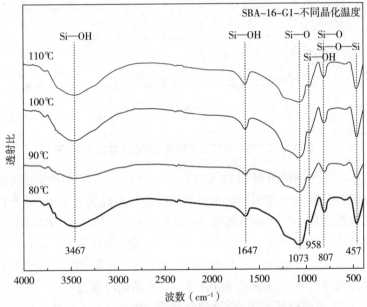

图 3-2-5　不同晶化温度制备的样品 FT-IR 图

## 2.2.2　正丁醇为 G2 不同晶化温度所制备样品的表征结果

正丁醇为 2g 所制备的样品有 4 个，晶化温度分别为 80℃、90℃、100℃和 110℃。以下简称 G2 不同晶化温度。

图 3-2-6 为单模板剂 F127 加正丁醇 G2 在不同晶化温度下制备样品的小角度 XRD 图。样品在 2θ=0.85° 时存在一个强的衍射峰，此衍射峰为晶面（110）的特征衍射峰，Almeida 等[3]认为该衍射峰证明样品具有介孔材料特征，是 SBA-16 分子筛的特征峰。Sun H 等[4]认为样品的小角度 XRD 只出现一个以 2θ=0.85° 为中心的衍射峰，（200）、（211）衍射峰不明显，这表明中等结构的有序性不够好。唐翔波[5]认为出现这种现象的原

因是 SBA-16 分子筛的合成条件较为苛刻，合成有序性很好的 SBA-16 分子筛较难。整体来看，该方案可以制备出 SBA-16 分子筛，但其有序性不够好。

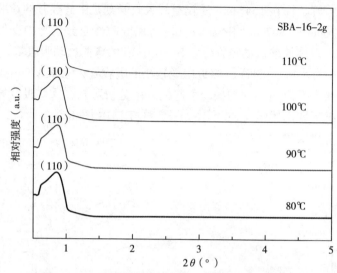

图 3-2-6　不同晶化温度制备的样品小角度 XRD 图

图 3-2-7 为单模板剂 F127 加助剂正丁醇 G2 在不同晶化温度下制备样品的等温线及孔径分布图。图中左侧为样品的等温线分布图，4 个样品的等温曲线都为标准的Ⅳ型等温线，Chi-Feng Cheng 等[6]认为该样品具有介孔材料的特征。从 $P/P_0$=0.4 左右开始，吸附能力快速增大，导致吸附和脱附曲线分开且不再重合，到了 $P/P_0$=0.6 左右时，吸附和脱附曲线又近似重合从而形成滞后环，在 $P/P_0$ 为 0.4~0.6 时（晶化温度为 110℃，在 0.4~0.7 左右），存在的滞后环属于 H2 型迟滞回线。Ramon K. S. Almeida 等[3]认为标准的Ⅳ型等温线以及 H2 型迟滞回线的存在清楚地表明该样品具有有序的三维笼状结构；R. M. Grudzien 等[7]认为标准的Ⅳ型等温线以及 H2 型迟滞回线说明样品属于相对窄的孔相互连接的均匀介孔材料。总结两者的结论，该样品为有序的三维笼状结构的介孔材料。在 $P/P_0$ 值较大的区间存在一个小的滞后环，说明分子筛有大孔的存在。Zhang 等[8]认为温度升高会使孔径变大，从而孔壁变薄，严重时孔道之间会相通，这样部分孔道会连成一片，使孔径变大。分子筛的孔径越大，滞后环越向右移动。由图 3-2-7 中纵坐标数据可以看出，随着晶化温度从 80℃升高到 110℃时，氮气的吸附量增加。分子筛的孔径越大，滞后环越向右移动。从图 3-2-7 中还可以看出，随着晶化温度的升高，样品孔径越大，与右边孔径分布图的结果一致。

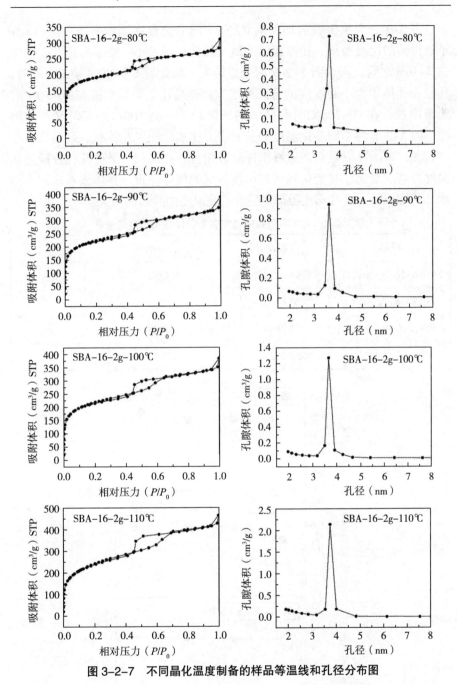

图 3-2-7　不同晶化温度制备的样品等温线和孔径分布图

图 3-2-7 中右侧为样品的孔径分布图，4 个样品的孔径分布都比较均匀，大多数都集中在 3~4nm 之间。温度越高，孔径越大，并且孔径的均一性都较好。

表 3-2-3 为单模板剂加助剂 G2 在不同晶化温度下制备的 SBA-16 分子筛样品的比表面积、孔体积以及最可几孔径的大小。样品最可几孔径都在 3~4nm 之间，符合图 3-2-7 的分析结果，晶化温度在 80~110℃之间时，孔径和孔体积大小随温度的升高而增大。样品比表面积数值在 80~90℃时明显增加，在 90~100℃时有微弱的下降趋势，而 100~110℃时又明显增加。图 3-2-8 为不同晶化温度制备的样品比表面积、孔体积、最可几孔径分析图，该图可以更直观地看出样品表面积、孔体积、最可几孔径随晶化温度升高的变化，其变化规律与单模板剂的规律一致。整体来看，比表面积、孔体积以及最可几孔径都是随着晶化温度的升高而增大。

表 3-2-3 G2 不同晶化温度制备的样品吸附性能参数

| 样品 | $S_{BET}$/(m²/g) | $V_{BJH}$/(cm³/g) | $D_{BJH}$/nm |
|---|---|---|---|
| SBA-16-2g-80℃ | 705.0252 | 0.4791 | 3.55 |
| SBA-16-2g-90℃ | 803.4162 | 0.5965 | 3.58 |
| SBA-16-2g-100℃ | 785.2938 | 0.5907 | 3.63 |
| SBA-16-2g-110℃ | 886.2107 | 0.7170 | 3.72 |

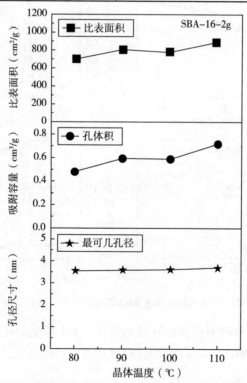

图 3-2-8 不同晶化温度制备的样品比表面积、孔体积、最可几孔径分析图

图 3-2-9 为正丁醇为 2g 时不同晶化温度下制备的样品红外光谱图,在 3457cm$^{-1}$ 附近较宽存在一个振动吸收峰,Azizi S N[9, 10] 等认为这个吸收峰为硅羟基与水形成的氢键或者是硅羟基与硅羟基之间形成氢键所引起的伸缩振动吸收峰;而在 1643cm$^{-1}$ 处较窄的吸收峰则是由硅羟基的弯曲振动引起的;1066cm$^{-1}$、804cm$^{-1}$ 和 462cm$^{-1}$ 附近的吸收峰是分子筛中硅氧四面体的反对称、对称伸缩振动吸收峰和 Si—O—Si 的弯曲振动吸收峰,与 Dong Y[11] 等的研究一致;962cm$^{-1}$ 附近出现较小的吸收峰,Shah A T[12] 等认为该吸收峰是由硅羟基对称伸缩振动引起的。由分析可知,这些吸收峰含有硅氧键或者是硅氧四面体,与 SBA-16 分子筛的 FT-IR 图相符合。

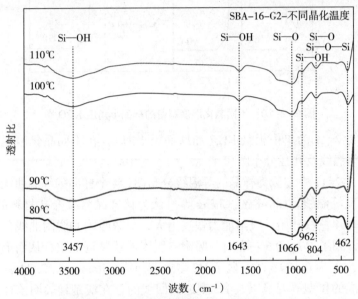

图 3-2-9 不同晶化温度制备的样品 FT-IR 图

## 2.2.3 正丁醇为 G3 不同晶化温度所制备样品的表征结果

正丁醇为 4g 所制备的样品有四个,晶化温度分别为 80℃、90℃、100℃、110℃。以下简称 G3 不同晶化温度。

图 3-2-10 为单模板剂 F127 加正丁醇 G3 在不同晶化温度下制备样品的小角度 XRD 图。样品在 $2\theta=0.8°$ 时存在一个强的衍射峰,此衍射峰为晶面(110)的特征衍射峰,Almeida 等[3] 认为该衍射峰证明样品具有介孔材料特征,是 SBA-16 分子筛的特征峰。Sun H 等[4] 认为样品的小角度 XRD 只出现一个以 $2\theta=0.8°$ 为中心的衍射峰,(200)、(211)衍射峰不明显,这表明中等结构的有序性不够好。唐翔波[5] 认为出现这种现象的原因是 SBA-16 分子筛的合成条件较为苛刻,合成有序性很好的 SBA-16 分

子筛较难。整体来看，该方案可以制备出SBA-16分子筛，但其有序性不够好。

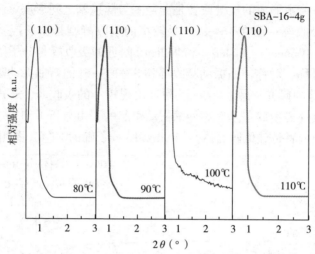

图 3-2-10　不同晶化温度制备的样品小角度 XRD 图

图 3-2-11 为单模板剂 F127 加助剂正丁醇 G3 在不同晶化温度下制备样品的等温线及孔径分布图。

图 3-2-11 中左侧为样品的等温线分布图，4 个样品的等温曲线都为标准的Ⅳ型等温线，Chi-Feng Cheng 等[6]认为该样品具有介孔材料的特征。从 $P/P_0$=0.4 左右开始，吸附能力快速增大，导致吸附和脱附曲线分开且不再重合，到了 $P/P_0$=0.6 左右时，吸附和脱附曲线又近似重合从而形成滞后环，在 $P/P_0$ 为 0.4~0.6 时，属于 H2 型迟滞回线。Ramon K. S. Almeida 等[3]认为标准的Ⅳ型等温线以及 H2 型迟滞回线的存在清楚地表明该样品具有有序的三维笼状结构；R. M. Grudzien 等[7]认为标准的Ⅳ型等温线以及 H2 型迟滞回线说明样品属于相对窄的孔相互连接的均匀介孔材料。总结两者的结论，该样品为有序的三维笼状结构的介孔材料。当晶化温度为 100℃ 和 110℃ 时，在 $P/P_0$ 值较大的区间存在一个小的滞后环，说明分子筛有大孔的存在。Zhang 等[8]认为温度升高会使孔径变大，从而孔壁变薄，严重时孔道之间会相通，这样部分孔道会连成一片，使孔径变大。分子筛的孔径越大，滞后环越向右移动。由图中纵坐标数据可以看出，随着晶化温度从 80℃ 升高到 110℃，氮气的吸附量增加。分子筛的孔径越大，滞后环越向右移动。从图中还可以看出，随着晶化温度的升高，样品孔径越大，与右边孔径分布图的结果一致。

图 3-2-11 中右侧为样品的孔径分布图，四个样品的孔径分布都比较均匀，大多数都集中在 3~4nm 之间。当晶化温度为 110℃ 时，孔径大小有

两个极值点，左边极值点比较符合前两个样品的规律，右边极值点较小，也符合等温线的分析情况。总体来看，孔径大小随着晶化温度的升高而增大，且孔径的分布比较均一。

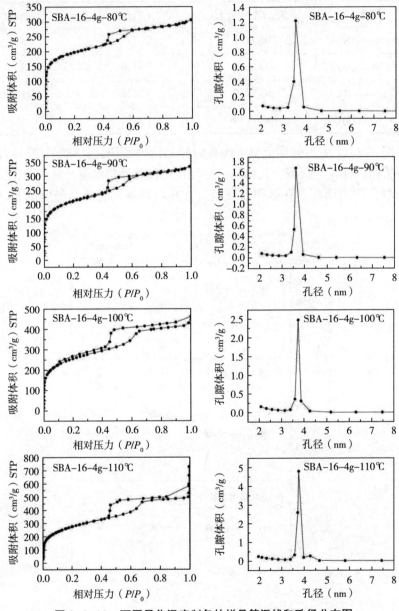

图 3-2-11　不同晶化温度制备的样品等温线和孔径分布图

表 3-2-4 为单模板剂加助剂 G3 在不同晶化温度下制备的 SBA-16 分子筛样品的比表面积、孔体积以及最可几孔径的大小。样品最可几孔径都

在 3~4nm 之间,符合图 3-2-11 的分析结果,晶化温度在 80~110℃ 之间时,孔径、孔体积和比表面积大小都随温度的升高而增大。

表 3-2-4　G3 不同晶化温度制备的样品吸附性能参数

| 样品 | $S_{BET}$/(m²/g) | $V_{BJH}$/(cm³/g) | $D_{BJH}$/nm |
|---|---|---|---|
| SBA-16-4g-80℃ | 706.4457 | 0.4728 | 3.53 |
| SBA-16-4g-90℃ | 738.0661 | 0.5138 | 3.59 |
| SBA-16-4g-100℃ | 903.9230 | 0.7128 | 3.71 |
| SBA-16-4g-110℃ | 1007.5356 | 1.1217 | 3.74 |

图 3-2-12 为不同晶化温度制备的样品比表面积、孔体积、最可几孔径分析图,样品表面积、孔体积、最可几孔径随晶化温度升高的变化。整体来看,比表面积、孔体积以及最可几孔径都是随着晶化温度的升高而增大。

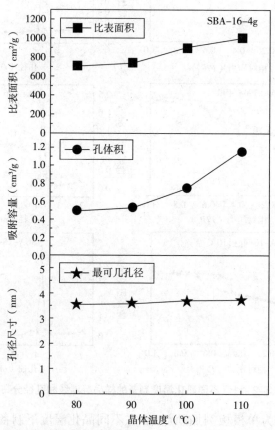

图 3-2-12　不同晶化温度制备的样品比表面积、孔体积、最可几孔径分析图

图 3-2-13 为正丁醇为 4g 时不同晶化温度下制备的样品红外光谱图，在 3442cm$^{-1}$ 附近较宽存在一个振动吸收峰，Azizi S N[9, 10] 等认为这个吸收峰为硅羟基与水形成的氢键或者是硅羟基与硅羟基之间形成氢键所引起的伸缩振动吸收峰；而在 1649cm$^{-1}$ 处较窄的吸收峰则是由硅羟基的弯曲振动引起的；1070cm$^{-1}$、800cm$^{-1}$ 和 460cm$^{-1}$ 附近的吸收峰是分子筛中硅氧四面体的反对称、对称伸缩振动吸收峰和 Si—O—Si 的弯曲振动吸收峰，与 Dong Y[11] 等的研究一致；962cm$^{-1}$ 附近出现较小的吸收峰，Shah A T[12] 等认为该吸收峰是由硅羟基对称伸缩振动引起的。由分析可知，这些吸收峰含有硅氧键或者是硅氧四面体，与 SBA-16 分子筛的 FT-IR 图相符合。

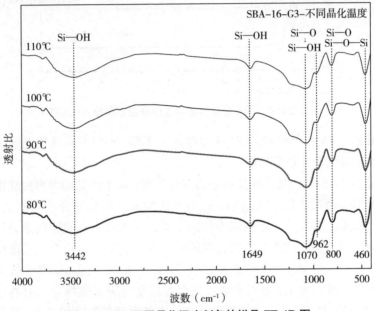

图 3-2-13  不同晶化温度制备的样品 FT-IR 图

## 2.2.4  正丁醇为 G4 不同晶化温度所制备样品的表征结果

正丁醇为 6g 所制备的样品有 4 个，晶化温度分别为 80℃、90℃、100℃、110℃。以下简称 G4 不同晶化温度。

图 3-2-14 为单模板剂 F127 加正丁醇 G4 在不同晶化温度下制备样品的小角度 XRD 图。样品在 $2\theta=0.8°$ 时存在一个强的衍射峰，此衍射峰为晶面（110）的特征衍射峰，Almeida 等[3] 认为该衍射峰证明样品具有介孔材料特征，是 SBA-16 分子筛的特征峰。Sun H 等[4] 认为样品的小角度 XRD 只出现一个以 $2\theta=0.8°$ 为中心的衍射峰，（200）、（211）衍射峰不明显，这表明中等结构的有序性不够好。唐翔波[5] 认为出现这种现象的原

因是SBA-16分子筛的合成条件较为苛刻，合成有序性很好的SBA-16分子筛较难。整体来看，该方案可以制备出SBA-16分子筛，但其有序性不够好。

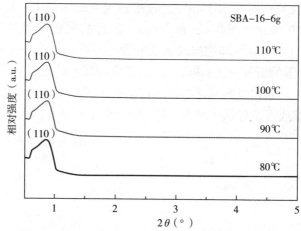

图 3-2-14　不同晶化温度制备的样品小角度 XRD 图

图 3-2-15 为单模板剂 F127 加助剂正丁醇 G4 在不同晶化温度下制备样品的等温线及孔径分布图。

图 3-2-15 中左侧为样品的等温线分布图，4 个样品的等温曲线都为标准的Ⅳ型等温线，Chi-Feng Cheng 等 [6] 认为该样品具有介孔材料的特征。从 $P/P_0=0.4$ 左右开始，吸附能力快速增大，导致吸附和脱附曲线分开且不再重合，到了 $P/P_0=0.6$ 左右时，吸附和脱附曲线又近似重合，从而形成滞后环，此滞后环属于 H2 型迟滞回线。Ramon K. S. Almeida 等 [3] 认为标准的Ⅳ型等温线以及 H2 型迟滞回线的存在清楚地表明该样品具有有序的三维笼状结构；R. M. Grudzien 等 [7] 认为标准的Ⅳ型等温线以及 H2 型迟滞回线说明样品属于相对窄的孔相互连接的均匀介孔材料。总结两者的结论，该样品为有序的三维笼状结构的介孔材料。由图中纵坐标数据可以看出，随着晶化温度从 80℃升高到 110℃，氮气的吸附量增加。从图 3-2-15 中还可以看出，随着晶化温度的升高，样品孔径越大，与右边孔径分布图的结果一致。

图 3-2-15 中右侧为样品的孔径分布图，4 个样品的孔径分布都比较均匀，大多数都集中在 3~4nm 之间。随着晶化温度的升高，孔的均一性越来越好，尤其是 110℃时，极值点的峰几乎成为一条直线，样品孔径大小非常均匀。总体来看，孔径大小随着晶化温度的升高而增大，且孔径的分布比较均一。

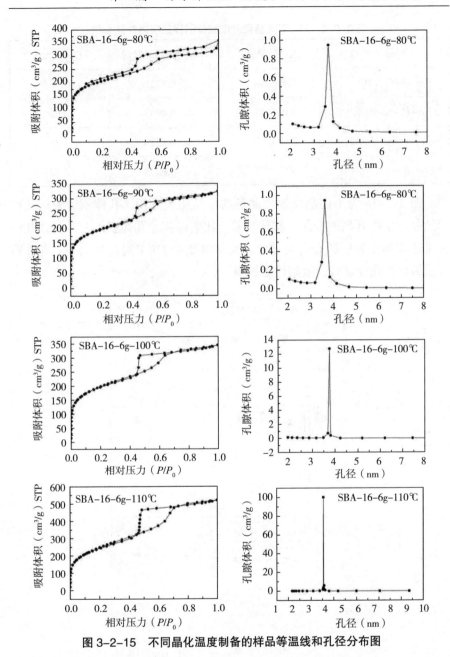

图 3-2-15　不同晶化温度制备的样品等温线和孔径分布图

表 3-2-5 为单模板剂加助剂 G4 在不同晶化温度下制备的 SBA-16 分子筛样品的比表面积、孔体积以及最可几孔径的大小。样品最可几孔径都在 3~4nm 之间，符合图 3-2-15 的分析结果，晶化温度在 80~110℃之间时，孔径大小随温度的升高而增大。晶化温度在 80~100℃之间时，孔体积和比表面积的大小略微下降，在晶化温度为 110℃时又明显增大。

表 3-2-5　G4 不同晶化温度制备的样品吸附性能参数

| 样品 | $S_{BET}$/(m²/g) | $V_{BJH}$/(cm³/g) | $D_{BJH}$/nm |
| --- | --- | --- | --- |
| SBA-16-6g-80℃ | 728.6284 | 0.5522 | 3.58 |
| SBA-16-6g-90℃ | 705.7447 | 0.4997 | 3.62 |
| SBA-16-6g-100℃ | 704.4207 | 0.5320 | 3.75 |
| SBA-16-6g-110℃ | 895.1681 | 0.8053 | 3.85 |

图 3-2-16 为不同晶化温度制备的样品比表面积、孔体积、最可几孔径随晶化温度升高的变化。整体来看，比表面积、孔体积以及最可几孔径都是随着晶化温度的升高而增大。晶化温度在 110℃时比表面积、孔体积以及最可几孔径最好，吸附性能最强。

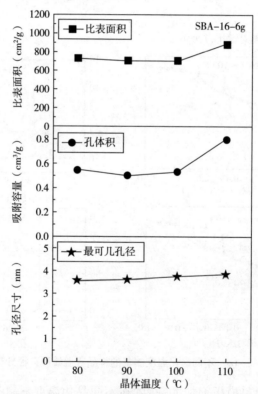

图 3-2-16　不同晶化温度制备的样品比表面积、孔体积、最可几孔径分析图

图 3-2-17 为正丁醇为 6g 时不同晶化温度下制备的样品红外光谱图，由图 3-2-17 可见在 3453cm⁻¹ 附近较宽存在一个振动吸收峰，Azizi S N[9,10] 等认为这个吸收峰为硅羟基与水形成的氢键或者是硅羟基与硅羟基之间形

成氢键所引起的伸缩振动吸收峰；而在 1643cm$^{-1}$ 处较窄的吸收峰则是由硅羟基的弯曲振动引起的；1053cm$^{-1}$、808cm$^{-1}$ 和 460cm$^{-1}$ 附近的吸收峰是分子筛中硅氧四面体的反对称、对称伸缩振动吸收峰和 Si—O—Si 的弯曲振动吸收峰，与 Dong Y[11]等的研究一致；957cm$^{-1}$ 附近出现较小的吸收峰，Shah A T[12]等认为该吸收峰是由硅羟基对称伸缩振动引起的。由分析可知，这些吸收峰含有硅氧键或者是硅氧四面体，与 SBA-16 分子筛的 FT-IR 图相符合。

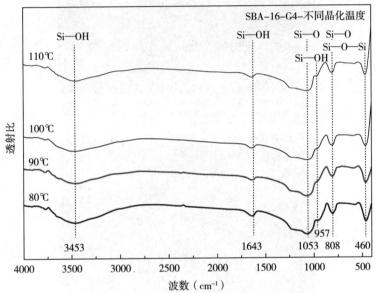

图 3-2-17　不同晶化温度制备的样品 FT-IR 图

## 2.2.5　不同正丁醇量所制备样品的 SEM 表征分析

图 3-2-18 为晶化温度为 110℃时不同正丁醇量制备样品的扫描电镜图。SBA-16 的扫描电子显微照片显示，SBA-16 产物的大多数形态是球形的，并且随着正丁醇浓度的增加，粒径大小小幅增加。可以看出，正丁醇的浓度对 SBA-16 颗粒的生长有重大影响。当正丁醇量为 0g 时，虽然有球形颗粒，但是有 8μm 以上的大颗粒，说明用单模板剂合成样品时样品形貌较杂。当正丁醇量为 2g 时，样品中的球形颗粒相对 0g 时均匀，也存在不规则颗粒，但是不规则颗粒相对 0g 时变小。在随机形状的聚集颗粒的表面或附近形成相同类型的球体，但数量较少，这与 Stevens W J 等的研究一致[13]。当正丁醇量为 4g 时，不规则颗粒很少，有小部分颗粒团聚在一起，大多数都是 2μm 左右的表面比较光滑的球形颗粒。当正丁醇量为 6g 时，

样品大部分为颗粒均匀的球形,但是有部分不规则的颗粒。整体形貌与 Hwang Y K 等的研究相一致[14]。结合前面的数据分析,正丁醇量为 4g 时制备样品的形态相对较好。

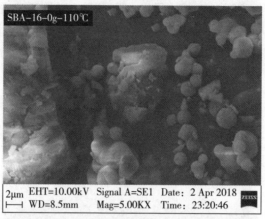

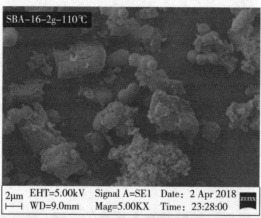

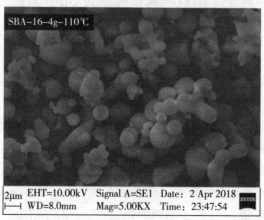

图 3-2-18 晶化温度 110℃不同正丁醇量制备样品的扫描电镜图

## 2.3 本章小结

本章采用水热合成法以 F127 为模板剂加助剂正丁醇制备纯相 SBA-16 分子筛，并对合成材料进行 X 射线衍射、氮气吸附脱附、傅里叶红外光谱等测试，分析其结构和吸附性能，探究正丁醇的用量和晶化温度对样品的影响。XRD 表征表明，样品结构都为 SBA-16 分子筛的有序立体结构。$N_2$ 吸附脱附测试结果可以看出，比表面积的范围为 704.4207~1007.5356$m^2$/g、孔径的范围为 0.4428~1.1217mL/g，孔径变化不大，无论正丁醇的量为多少，晶化温度 110℃都是最佳温度，在正丁醇为 4g、晶化温度为 110℃时制备的样品比表面积和孔容都是最大值。由 FT-IR 图可以看出，样品的化学键与 SBA-16 分子筛的化学键相吻合。由 SEM 可以看出，晶化温度为 110℃时，正丁醇为 4g、6g 时颗粒大小为 2μm 左右的球形。整体来看，晶化温度为 110℃、正丁醇为 4g 时制备样品的结构和比表面积最好，吸附性能最佳。

与双模板剂方法制备 SBA-16 分子筛相比，助剂正丁醇方法的比表面积和孔容最高达到 1007.5356$m^2$/g 和 1.1217mL/g，而前者最高为 727.3829$m^2$/g 和 0.6110mL/g，从比表面积和孔容上看，单模板剂加助剂正丁醇的方案更好；从扫描电镜的图片来看，前者的颗粒形状不太规则，而后者的形貌为均匀的球形颗粒，也可以看出单模板剂加助剂正丁醇的方案更好。整体来看，单模板剂加助剂正丁醇方案比双模板剂方案更能制备出性能比较好的分子筛。

## 参考文献

[1] 马晶. SBA-15（16）介孔分子筛的功能化修饰及其在多相催化中的应用 [D]. 哈尔滨：哈尔滨工业大学，2011.

[2] 叶青. 改性多孔材料常温下吸附分离密闭空间二氧化碳 [D]. 杭州：浙江大学，2012.

[3] Almeida R K S, Cléo T G V M T Pires, Airoldi C. The influence of secondary structure directing agents on the formation of mesoporous SBA-16 silicas[J]. Chemical Engineering Journal, 2012, 203（5）：36-42.

[4] Sun H, Tang Q, Du Y, et al. Mesostructured SBA-16 with excellent hydrothermal, thermal and mechanical stabilities : Modified synthesis and its catalytic application[J]. J Colloid Interface Sci, 2009, 333（1）：317-323.

[5] 唐翔波. Fe, Ag-TiO$_2$/SBA-16 的制备及其光催化性能研究 [D]. 哈尔滨：哈尔滨工业大学，2011.

[6] Chi-Feng Cheng, Yi-Chun Lin, Hsu-Hsuan Cheng, Yu-Chuan Chen. The effect and model of silica concentrations onphysical properties and particle sizes of three-dimensional SBA-16 nanoporous materials[J]. Chemical Physics Letters 382（2003）：496-501.

[7] Grudzien R M, Grabicka B E, Jaroniec M. Adsorption studies of thermal stability of SBA-16 mesoporous silicas[J]. Applied Surface Science, 2007, 253（13）：5660-5665.

[8] Zhang P L, Wu Z F, Xiao N, et al. Ordered Cubic Mesotorous Silicas with Large Pore SizesSynthesized via High-Temperature Route[J]. Langmuir, 2009, 25：13169-13175.

[9] Azizi S N, Ghasemi S, Yazdani-Sheldarrei H. Synthesis of mesoporous silica（SBA-16）nanoparticles using silica extracted from stem cane ash and its application in electrocatalytic oxidation of methanol[J]. International Journal of Hydrogen Energy, 2013, 38（29）：12774-12785.

[10] Azizi S N, Ghasemi S, Samadi-Maybodi A, et al. A new modified electrode based on Ag-doped mesoporous SBA-16 nanoparticles as non-enzymatic sensor for hydrogen peroxide[J]. Sensors & Actuators B Chemical, 2015, 216：271-278.

[11] Dong Y, Zhan X, Niu X, et al. Facile synthesis of Co-SBA-16 mesoporous molecular sieves with EISA method and their applications for hydroxylation of benzene[J]. Microporous & Mesoporous Materials, 2014, 185（1）：97-106.

[12] Shah A T, Li B, Abdalla Z E A. Direct synthesis of Cu-SBA-16 by internal pH-modification method and its performance for adsorption of dibenzothiophene[J]. Microporous & Mesoporous Materials, 2010, 130（1）：248-254.

[13] Stevens W J, Lebeau K, Mertens M, et al. Investigation of the morphology of the mesoporous SBA-16 and SBA-15 materials[J]. Journal of Physical Chemistry B, 2006, 110（18）：9183.

[14] Hwang Y K, Chang J S, Kwon Y U, et al. Microwave synthesis of cubic mesoporous silica SBA-16[J]. Microporous & Mesoporous Materials, 2004, 68（1）：21-27.

# 第3章 纳米 $Fe_3O_4$@SBA-16 磁性复合材料制备

由上两章的实验数据可以看出，采用模板剂加助剂的方案合成的样品比表面积较大，吸附性能比较好，所以本章采用这种方案制备纳米 $Fe_3O_4$@SBA-16 磁性复合材料。纳米 $Fe_3O_4$@SBA-16 磁性复合材料既保留了 $Fe_3O_4$ 磁分离的功能，又包含了 SBA-16 分子筛吸附性高的优点，这种复合材料的应用性更强，更能满足人类的发展需要。

SBA-16 型介孔分子筛具有均匀的三维立方结构和优异的水热稳定性，是最有前景的催化材料之一[1, 2]。但是大多数研究都是用不同金属离子对 SBA-16 分子筛的骨架进行掺杂，对于 SBA-16 分子筛包覆纳米 $Fe_3O_4$ 的报道很少。许多研究致力于通过直接合成和浸渍方法合成负载金属的介孔分子筛[3-5]，由于在强酸性条件下难以形成金属—O—Si 键，因此通过直接水热合成将金属离子引入 SBA-16 是非常困难的[6]。Shah 等[7] 报道了通过内部 pH 修饰方法水热合成 Cu-SBA-16。在强酸条件下制备的有序结构的产物金属含量低，或在相对弱的酸性条件下制备的具有较高金属种类的产物的有序性结构又差。原因可能是形成有序结构所需要的 pH 值（pH 值≥1）和水热合成过程中引入金属物种所需要的 pH 值的范围不同。Tang 等也报道了新型 Cu 掺杂介孔材料在苯酚羟基化反应中的合成和催化活性[8]。并且在这些介孔材料上纳米级高度分散的铜物质被认为是酚羟基化的活性中心[9, 10]。Gallo 等[9] 报道了通过两条路线使用 pH 调节方法将铝结合到 SBA-16 骨架中，由于 OH—的存在而获得无序的 SBA-16 相关的硅铝酸盐材料。Park 等[11] 合成了 Ni-SBA-16 作为催化剂，并在加氢脱氯的反应中获得了较高的活性和转化率。Tsoncheva 等[12] 用浸渍法在 SBA-16 上负载氧化铁纳米颗粒，发现在对于甲醇的降解反应上比其他介孔分子筛用同种方法负载氧化铁纳米颗粒具有更优良的催化性能。

## 3.1 样品制备

本节以 $Fe_3O_4$ 为壳，使 SBA-16 介孔分子筛在 $Fe_3O_4$ 上生长，采用第 2 章的正丁醇用量为 4g 的不同晶化温度方案，制备出核壳结构的 $Fe_3O_4$@

SBA-16。具体实验步骤如下。

第一步：在 60g 去离子水中加入 0.5g 的 F127 并在 35℃恒温水浴下搅拌至完全溶解，得溶液 A。

第二步：将一定量 20nm 的纳米 $Fe_3O_4$ 溶解于 10mL 氯仿中，超声并搅拌 5min，得溶液 B。

第三步：将溶液 B 加入溶液 A，用 20g 去离子水刷烧杯后加入 A，搅拌均匀后将温度升至 70℃，高速搅拌 20min，得混合物 C。

第四步：将 1.5g 的 F127 加入混合物 C，并加入 4.2g 浓盐酸、15g 去离子水，在 35℃水浴下搅拌 40min 得混合溶液 D。

第五步：在混合溶液 D 中加入 4g 正丁醇搅拌 2h 得混合溶液 E。

第六步：将 10.0g 正硅酸乙酯（TEOS）加入混合溶液 E 中，搅拌 20h 得混合液 F。

第七步：将混合液 F 转移到反应釜中，在 110℃下晶化 24h，得混合物 G。

第八步：将混合物 G 过滤、洗涤，80℃干燥 12h，得固体 H。

第九步：将固体 H 在 550℃下焙烧 6h，得到具有核壳结构的 $Fe_3O_4$@SBA-16 磁性介孔材料。

$Fe_3O_4$@SBA-16 的制备工艺流程如图 3-3-1 所示。

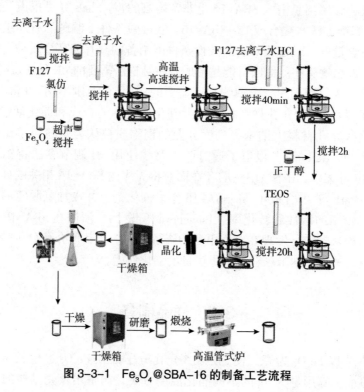

图 3-3-1　$Fe_3O_4$@SBA-16 的制备工艺流程

## 3.2 不同 $Fe_3O_4$ 用量的样品表征及结果

本节主要探究 $Fe_3O_4$ 用量对制备 $Fe_3O_4$@SBA-16 的影响，具体反应条件和样品编号见表 3-3-1。

表 3-3-1 样品的实验条件及名称

| $Fe_3O_4$ 用量 | 0.5g | 1.0g | 1.5g |
|---|---|---|---|
| 样品名称 | $Fe_3O_4$-0.5g | $Fe_3O_4$-1.0g | $Fe_3O_4$-1.5g |

### 3.2.1 X 射线衍射（XRD）表征分析

图 3-3-2 为正丁醇为 4g 时在晶化温度为 110℃ 的条件下与不同 $Fe_3O_4$ 用量制备 $Fe_3O_4$@SBA-16 的样品小角度 XRD 衍射图。样品在 $2\theta=0.8°$ 时存在一个强的衍射峰，此衍射峰为晶面（110）的特征衍射峰，Almeida 等[13]认为该衍射峰证明样品具有介孔材料特征，是 SBA-16 分子筛的特征峰。Dong Y[14] 等认为其特征也表明具有良好有序介孔结构的 SBA-16 包覆 $Fe_3O_4$ 的材料（$Fe_3O_4$@SBA-16）被合成出来。另外，$Fe_3O_4$@SBA-16 的（110）衍射强度显示出明显的下降，这表明 $Fe_3O_4$@SBA-16 相比于纯相 SBA-16 的介孔有序性有所下降，意味着介孔 SBA-16 的有序长程结构已经由于部分孔隙的塌陷而受损或由过量的四氧化三铁引起的 SBA-16 孔堵塞。

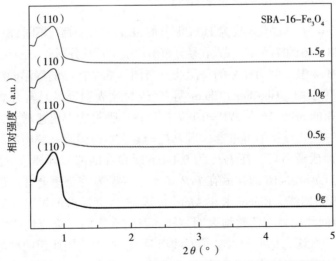

图 3-3-2 不同 $Fe_3O_4$ 用量制备样品的小角度 XRD 衍射图

图 3-3-3 为 G3 晶化温度为 110℃制备的 SBA-16 分子筛与不同 $Fe_3O_4$ 用量制备 $Fe_3O_4$@SBA-16 的样品大角度 XRD 衍射图。在 24°附近有个鼓包，为不定型硅的特征峰，说明样品符合 SBA-16 分子筛的结构特征，并且随着 $Fe_3O_4$ 用量增加鼓包变弱。当分子筛中包覆 $Fe_3O_4$ 时，在 30°、35°、43°、57°、63°有明显的衍射峰，其中 35°的衍射峰最为明显。这些特征与 $Fe_3O_4$ 的衍射峰完全符合，且随着 $Fe_3O_4$ 用量增加，衍射峰的强度有所增加。以上说明该样品中包含 SBA-16 分子筛和 $Fe_3O_4$。

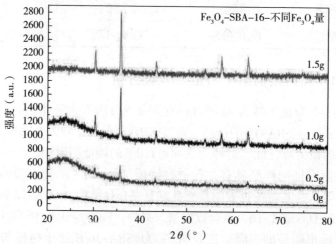

图 3-3-3　不同 $Fe_3O_4$ 用量制备样品的大角度 XRD 衍射图

### 3.2.2　$N_2$ 吸附－脱附表征分析

图 3-3-4 为 G3 晶化温度为 110℃制备的 SBA-16 分子筛与不同 $Fe_3O_4$ 用量制备 $Fe_3O_4$@SBA-16 的样品等温线及孔径分布图，$Fe_3O_4$ 用量分别是 0.5g、1.0g、1.5g。

图 3-3-4 中左侧为样品的等温线分布图。四个样品的等温曲线都为标准的Ⅳ型等温线，Chi-Feng Cheng 等 [15] 认为这表明样品具有介孔材料的特征。纯相的 SBA-16 在 $P/P_0$=0.4 左右开始，吸附能力快速增大，导致吸附和脱附曲线分开且不再重合，当 $P/P_0$=0.6 左右时吸附和脱附曲线又近似重合从而形成滞后环，在 $P/P_0$ 为 0.4~0.6 时存在的滞后环属于 H2 型迟滞回线。$Fe_3O_4$@SBA-16 的样品在 $P/P_0$=0.4 左右吸附值急速上升，也存在一个 H2 型迟滞回线。Ramon K.S. Almeida 等 [13] 认为标准的Ⅳ型等温线以及 H2 型迟滞回线的存在清楚地表明该样品具有有序的三维笼状结构；R. M. Grudzien 等 [16] 认为标准的Ⅳ型等温线以及 H2 型迟滞回线说明样品属于相对窄的孔相互连接的均匀介孔材料。总结两者的结论，该样品为有序的三维笼状结构的介孔材料。$Fe_3O_4$ 量为 0.5g、1.0g 时吸附与脱附曲线重合靠

后，样品中形成了更大的孔。$Fe_3O_4$ 量为 1.5g 时在 $P/P_0$ 为 0.9~1.0 之间也有一个小的滞后环，说明其中也有较大的孔的存在。Zhang 等[17]认为温度升高会使孔径变大，从而孔壁变薄，严重时孔道之间会相通，这样部分孔道会连成一片，使孔径变大。分子筛的孔径越大，滞后环越向右移动。从左图中纵坐标数据的大小可以看出：随着 $Fe_3O_4$ 用量增加，样品的吸附量减小，这说明 $Fe_3O_4$ 用量越多，孔容越小，$Fe_3O_4$ 在 SBA-16 分子筛中的数量也越多。分子筛的孔径越小，滞后环越向左移动。从图 3-3-4 中还可以看出，随着 $Fe_3O_4$ 用量增加，孔径变小，与右边孔径分布图的结果也是一致的。

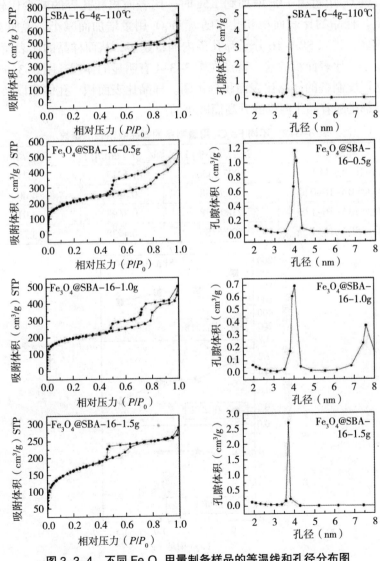

图 3-3-4  不同 $Fe_3O_4$ 用量制备样品的等温线和孔径分布图

图 3-3-4 中右侧为样品的孔径分布图,4 个样品的孔径分布都比较均匀,大多数都集中在 3~4nm 之间。部分样品存在相对较大的孔径。

表 3-3-2 为 G3 晶化温度为 110℃制备的 SBA-16 分子筛与不同 $Fe_3O_4$ 用量制备 $Fe_3O_4$@SBA-16 的样品比表面积、孔体积以及最可几孔径的大小。样品最可几孔径都在 3~4nm 之间,符合图 3-3-3 的分析结果。$Fe_3O_4$ 的用量分别为 0.5g、1.0g、1.5g 时,样品的比表面积依次是 756.6838m²/g、718.8538m²/g、590.6180m²/g,孔容依次是 0.8155mL/g、0.7693mL/g、0.4438mL/g。$Fe_3O_4$ 用量从 0.5g 增加到 1.0g 时,比表面积和孔容的减小比较少,$Fe_3O_4$ 用量由 1.0g 增加到 1.5g 时,比表面积和孔容的减少比较多。总体上,样品的比表面积和孔容随着 $Fe_3O_4$ 用量增加而减小,说明 $Fe_3O_4$ 用量越多,进入 SBA-16 分子筛孔道内的量越多,从而样品的比表面积和孔容变小。比表面积的这个特点在图 3-3-4 有明显的体现。图 3-3-5 为不同晶化温度制备的样品比表面积分析图。样品比表面积、孔体积以及最可几孔径都是随着晶化温度的升高而减小的。

表 3-3-2 不同 $Fe_3O_4$ 用量制备的样品吸附性能参数

| 样品 | $S_{BET}$/(m²/g) | $V_{BJH}$/(cm³/g) | $D_{BJH}$/nm |
| --- | --- | --- | --- |
| SBA-16-4g-110℃ | 1007.5356 | 1.1217 | 3.74 |
| $Fe_3O_4$@SBA-16-0.5g | 756.6838 | 0.8155 | 4.00 |
| $Fe_3O_4$@SBA-16-1.0g | 718.8538 | 0.7693 | 4.01 |
| $Fe_3O_4$@SBA-16-1.5g | 590.6180 | 0.4438 | 3.73 |

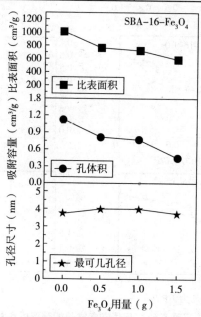

图 3-3-5 不同晶化温度制备样品的比表面积分析图

### 3.2.3　FT-IR 的表征分析

图 3-3-6 为正丁醇量为 4g、晶化温度为 110℃下制备的 SBA-16 分子筛与不同 $Fe_3O_4$ 用量制备 $Fe_3O_4$@SBA-16 复合材料的红外光谱图。在 3457cm$^{-1}$ 附近较宽存在一个振动吸收峰，Azizi S N[18, 19]等认为这个吸收峰为硅羟基与水形成的氢键或者是硅羟基与硅羟基之间形成氢键所引起的伸缩振动吸收峰；而在 1633cm$^{-1}$ 处较窄的吸收峰则是由硅羟基的弯曲振动引起的；1066cm$^{-1}$、799cm$^{-1}$ 和 457cm$^{-1}$ 附近的吸收峰是分子筛中硅氧四面体的反对称、对称伸缩振动吸收峰和 Si—O—Si 的弯曲振动吸收峰，与 Dong Y[20]等的研究一致；962cm$^{-1}$ 处的吸收峰是由硅羟基对称伸缩振动引起的。由分析可知，样品中含有硅氧键或者是硅氧四面体，与 SBA-16 分子筛的 FT-IR 图相符，说明在包覆一定量的四氧化三铁后制备的样品不影响 SBA-16 分子筛的结构。962cm$^{-1}$ 附近出现较小的吸收峰，Shah A T[21]等认为该吸收峰归因于与金属原子结合的 Si—O 单元的伸缩振动，但是，由于纯二氧化硅在介孔结构中存在的 Si—OH 振动，在 962cm$^{-1}$ 附近也会表现出这样的谱带，因此，这个频带可以用 Si—OH 基团和 M—O—Si 键振动的重叠来解释；691cm$^{-1}$ 附近的吸收峰是 Si—OH—Fe 伸缩振动峰[22, 23]；585cm$^{-1}$ 属于 $Fe_3O_4$ 中的 Fe—O 键的吸收峰。从图 3-3-6 可以看出，962cm$^{-1}$、691cm$^{-1}$、585cm$^{-1}$ 附近的吸收峰的强弱是随着四氧化三铁用量增加而增强的，进一步证实四氧化三铁是包覆在 SBA-16 分子筛里面的。

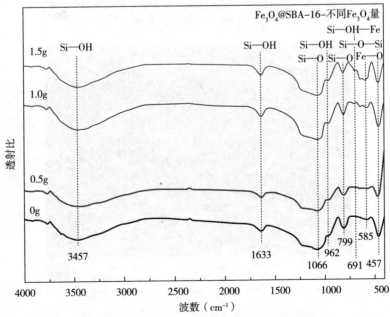

图 3-3-6　$Fe_3O_4$@SBA-16 样品的 FT-IR 图

### 3.2.4 扫描电子显微镜的表征分析

图 3-3-7 为不同 $Fe_3O_4$ 用量制备样品的 SEM 图,在 $Fe_3O_4$ 含量为 0.5g 时样品颗粒感较强,但是形状不一。在 $Fe_3O_4$ 含量为 1.0g 时有 6μm 左右的球形颗粒,但是样品有团聚现象。在 $Fe_3O_4$ 含量为 1.5g 时有 3μm 左右的球形颗粒,颗粒大小变小,但是周围有很多小颗粒的物质。随着 $Fe_3O_4$ 用量增加,周围的小颗粒增加,而且所用 $Fe_3O_4$ 的颗粒大小是纳米级别的,所以这些小颗粒应该是 $Fe_3O_4$ 过剩而没有被 SBA-16 包覆的 $Fe_3O_4$。

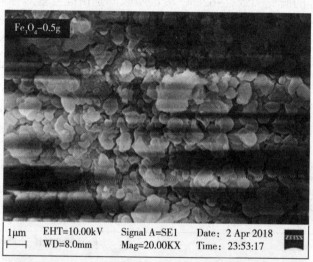

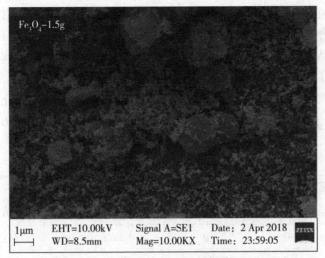

图 3-3-7　不同 $Fe_3O_4$ 用量制备样品的 SEM 图

## 3.2.5　VSM 的表征分析

图 3-3-8 为不同 $Fe_3O_4$ 用量制备 $Fe_3O_4$@SBA-16 的磁滞回线,所有样品的测试环境均相同（均在室温 0.5T 的磁场下进行测量）。由图 3-3-6 可看出,复合材料 $Fe_3O_4$@SBA-16 的磁性能具有可调性。

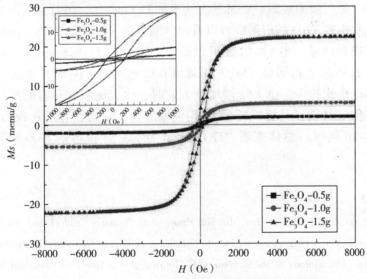

图 3-3-8　不同 $Fe_3O_4$ 用量制备样品的磁滞回线图

表 3-3-3 为不同 $Fe_3O_4$ 用量制备 $Fe_3O_4$@SBA-16 的样品磁性参数。由图 3-3-6 和表 3-3-3 可以看出,3 个样品均具有磁性,并且随着 $Fe_3O_4$ 用

量增加，样品的饱和磁化强度增大，即样品的磁性随 $Fe_3O_4$ 用量增加而增强。但整体比 $Fe_3O_4$ 的磁性低，说明 SBA-16 分子筛生长在 $Fe_3O_4$ 表面上，使样品磁性减弱。饱和磁化强度的大小随 $Fe_3O_4$ 量从 0.5g 到 1.0g 增长缓慢，到了 1.5g 时增长迅速，可能是在 $Fe_3O_4$ 量为 1.5g 时，有部分 $Fe_3O_4$ 没有被包覆，与 SEM 的结果相一致。剩余磁化强度与饱和磁化强度规律一致，而三个样品的矫顽力大小基本一致。整体分析，SBA-16 包覆 1.0g $Fe_3O_4$ 最优，既保留了 $Fe_3O_4$ 的磁分离特性，又没有使 $Fe_3O_4$ 有过多剩余。

表 3-3-3　不同 $Fe_3O_4$ 用量制备的样品磁性参数

| 样品 | Ms/(emu/g) | Mr/(emu/g) | Hc/Oe |
| --- | --- | --- | --- |
| SBA-16–$Fe_3O_4$–0.5g | 1.9854 | 0.4286 | 146.82 |
| SBA-16–$Fe_3O_4$–1.0g | 5.4710 | 1.3116 | 143.17 |
| SBA-16–$Fe_3O_4$–1.5g | 22.106 | 4.1459 | 141.91 |

## 3.3　本章小结

本章主要探究 $Fe_3O_4$ 用量对制备 $Fe_3O_4$@SBA-16 的影响。采用单模板剂加助剂在晶化温度为 110℃、4g 正丁醇的条件下包覆不同量的 $Fe_3O_4$。采用 XRD、氮气吸附脱附、VSM 等方法表征 $Fe_3O_4$@SBA-16 样品的结构、性能等。大角度 XRD 的衍射峰可以看出，随着 $Fe_3O_4$ 用量增加，$Fe_3O_4$ 的衍射峰越来越明显。由 FT-IR 图可以看出，随着 $Fe_3O_4$ 用量增加，$Fe_3O_4$ 的特征吸收峰越来越明显。$Fe_3O_4$ 用量由 0.5g 增加到 1.0g 时，比表面积和孔容的减小比较少，由 1.0g 增加到 1.5g 时，比表面积和孔容的减小比较多。结合 SEM 测试分析，当 $Fe_3O_4$ 用量增加到 1.5g 时，有部分 $Fe_3O_4$ 没有被 SBA-16 包覆。总体来看，$Fe_3O_4$ 用量为 1.0g 时制备的 $Fe_3O_4$@SBA-16 较好。

**参考文献**

[1] Dongyuan Zhao, Qisheng Huo, Jianglin Feng, et al. Nonionic Triblock and Star Diblock Copolymer and Oligomeric Surfactant Syntheses of Highly Ordered, Hydrothermally Stable, Mesoporous Silica Structures[J]. Journal of the American Chemical Society, 1998, 120（24）：6024-6036.

[2] Jermy B R, Kim S Y, Bineesh K V, et al. Easy route for the synthesis of Fe-SBA-16 at weak acidity and its catalytic activity in the oxidation of cyclohexene[J]. Microporous & Mesoporous Materials, 2009, 121（1-3）：103-113.

[3] Li L, Li H, Jin C, et al. Surface Cobalt Silicate and CoO, x, Cluster Anchored to SBA-15: Highly Efficient for Cyclohexane Partial Oxidation[J]. Catalysis Letters, 2010, 136(1-2): 20-27.

[4] Vinu A, Sawant D P, Ariga K, et al. Direct Synthesis of Well-Ordered and Unusually Reactive Fe SBA-15 Mesoporous Molecular Sieves[J]. Chemistry of Materials, 2005, 17(21): 5339-5345.

[5] Zhu Y, Dong Y, Zhao L, et al. Preparation and characterization of Mesopoous VOx/SBA-16 and their application for the direct catalytic hydroxylation of benzene to phenol[J]. Journal of Molecular Catalysis A Chemical, 2010, 315(2): 205-212.

[6] Shen S D, Deng Y, Zhu G B, et al. Synthesis and characterization of Ti-SBA-16 ordered mesoporous silica composite[J]. J Mater Sci, 2007, 42: 7057-7061.

[7] Shah A T, Li B, Abdalla Z E A. Direct synthesis of Cu-SBA-16 by internal pH-modification method and its performance for adsorption of dibenzothiophene[J]. Microporous & Mesoporous Materials, 2010, 130(1-3): 248-254.

[8] Tang H, Ren Y, Yue B, et al. Cu-incorporated mesoporous materials: Synthesis, characterization and catalytic activity in phenol hydroxylation[J]. Journal of Molecular Catalysis A Chemical, 2006, 260(1): 121-127.

[9] Wang L, Kong A, Chen B, et al. Direct synthesis, characterization of Cu-SBA-15 and its high catalytic activity in hydroxylation of phenol by $H_2O_2$[J]. Journal of Molecular Catalysis A Chemical, 2005, 230(1-2): 143-150.

[10] Gallo J M R, Bisio C, Marchese L, et al. Surface acidity of novel mesostructured silicas with framework aluminum obtained by SBA-16 related synthesis[J]. Microporous & Mesoporous Materials, 2008, 111(1): 632-635.

[11] Chu W, Chernavskii P A, Gengembre L, et al. Cobalt species in promoted cobalt alumina-supported Fischer-Tropsch catalysts[J]. Journal of Catalysis, 2007, 252(2): 215-230.

[12] Dr J B, Dr J H, Yi Z D, et al. A Core/Shell Catalyst Produces a Spatially Confined Effect and Shape Selectivity in a Consecutive Reaction[J]. Angewandte Chemie International Edition, 2008, 47(2): 353-356.

[13] Almeida R K S, Cléo T.G.V.M.T. Pires, Airoldi C. The influence of secondary structure directing agents on the formation of mesoporous SBA-16 silicas[J]. Chemical Engineering Journal, 2012, 203(5): 36-42.

[14] Dong Y, Zhan X, Niu X, et al. Facile synthesis of Co-SBA-16 mesoporous molecular sieves with EISA method and their applications for hydroxylation of benzene[J]. Microporous & Mesoporous Materials, 2014, 185(1): 97-106.

[15] Chi-Feng Cheng, Yi-Chun Lin, Hsu-Hsuan Cheng, et al. The effect and model of silica concentrations onphysical properties and particle sizes of three-dimensional SBA-16 nanoporous materials[J]. Chemical Physics Letters 382 (2003): 496-501.

[16] Grudzien R M, Grabicka B E, Jaroniec M. Adsorption studies of thermal stability of SBA-16 mesoporous silicas[J]. Applied Surface Science, 2007, 253 (13): 5660-5665.

[17] Zhang P L, Wu Z F, Xiao N, et al. Ordered Cubic Mesotorous Silicas with Large Pore SizesSynthesized via High-Temperature Route[J]. Langmuir, 2009, 25: 13169-13175.

[18] Azizi S N, Ghasemi S, Yazdani-Sheldarrei H. Synthesis of mesoporous silica (SBA-16) nanoparticles using silica extracted from stem cane ash and its application in electrocatalytic oxidation of methanol[J]. International Journal of Hydrogen Energy, 2013, 38 (29): 12774-12785.

[19] Azizi S N, Ghasemi S, Samadi-Maybodi A, et al. A new modified electrode based on Ag-doped mesoporous SBA-16 nanoparticles as non-enzymatic sensor for hydrogen peroxide[J]. Sensors & Actuators B Chemical, 2015, 216: 271-278.

[20] Dong Y, Zhan X, Niu X, et al. Facile synthesis of Co-SBA-16 mesoporous molecular sieves with EISA method and their applications for hydroxylation of benzene[J]. Microporous & Mesoporous Materials, 2014, 185 (1): 97-106.

[21] Shah A T, Li B, Abdalla Z E A. Direct synthesis of Cu-SBA-16 by internal pH-modification method and its performance for adsorption of dibenzothiophene[J]. Microporous & Mesoporous Materials, 2010, 130 (1): 248-254.

[22] CORMAA.Frommicroporoustomesoporousmolecular sieve materials and their use in catalysis[J].Chem. Rev., 1997, 97: 2373-2419.

[23] Guidotti M, Ravasio N, Psaro R, et al.Epoxidation ontitanium-contanimgsilicates: do structuralfeatures really affect the catalytic performance[J].J.Catal., 2003, 214 (2): 242-250.

# 第四篇

## Al–MIL–53 多孔材料的制备及其对苯系物吸附性能的研究

  MOFs多孔材料的出现可以追溯到18世纪初，第一个记载是染料工坊中意外合成的一种铁配合物，称为普鲁士蓝配位化合物。一直到1972年，它的结构才被Lude研究组确定下来，随后科研人员受这一结构的启发，合成出了一系列的一维、二维或三维网络结构的MOFs多孔材料。据统计，自1978年以来，有报道的三维MOFs多孔材料的数量每3.9年翻一倍，所有MOFs多孔材料（包括一维、二维和三维结构）的数量每5.7年翻一倍，剑桥结构数据库（CDS）的增长速度则是每9.3年翻一倍。MOFs作为新型多孔材料，之所以一出现就比传统多孔材料更受瞩目，是因为其具有可调控和修饰的孔结构，如孔径、形状和表面形貌等。MOFs多孔材料现在已有多种分类，常见的有网状金属和有机骨架材料（Isoreticular metal-organic frameworks，IRMOFs）、类沸石咪唑骨架材料（Zeoliticimidazolate frameworks，ZIFs）、莱瓦希尔骨架材料（Metarial sofistitute Lavoisierframeworks，MILs）、孔-通道式骨架材料（Ocket-channel frameworks，PCNs）等。其中，主要应用于吸附VOCs的是IRMOFs系列和MILs系列。

# 第1章　五种有机配体制备 Al-MIL-53

## 1.1　引言

与传统的沸石型多孔材料相比，MOFs 的一个独特特性是其结构的灵活性，由于有机配体与无机建筑单元的连接，导致其结构具有可变性[1]。根据这一特性，可以通过改变金属和有机配体来实现不同的孔隙形状和功能。至今已有大量有关 MOFs 功能化的研究，或简单地从包含卤素原子、胺、酰胺[2, 3]或烷基基团[4, 5]的有机配体开始，或通过合成后的修饰，在特定情况下，评价其所具有的吸附性能[6, 7]或催化活性[8, 9]。功能化不仅会影响孔道表面的性质，从而影响主客体相互作用的强度，而且会以更复杂的方式改变孔道的柔性和吸附性能[10]。

铝基 MOFs 重量轻，无毒，且大多数铝基化合物是稳定水解的[11, 12]。因此，本章以三价铝离子为金属中心，与不同的含有对二羧酸的有机配体制备 MIL-53，并通过 XRD、氮气吸附等温线对制备的样品进行分析。

## 1.2　五种配体制备 Al-MIL-53 粉末

本节内容主要选取五种有机配体分别与 $Al^{3+}$ 结合制备 Al-MIL-53 粉末，五种有机配体分别是对苯二甲酸、2-硝基对苯二甲酸、2-氨基对苯二甲酸、2,5-吡啶二羧酸和反丁烯二酸，结构式如图 4-1-1 所示。对苯二甲酸是由两个羧基分别与苯环中 1、4 位置上的碳原子相连接而成。而当 2 位置上的 H 原子被硝基或氨基取代，就分别形成了 2-硝基对苯二甲酸、2-氨基对苯二甲酸。吡啶可以认为是苯环 1 位置上的（CH）被 N 取代了，2、5 位置上分别连接羧基，即 2,5-吡啶二羧酸。反丁烯二酸又名富马酸，是最简单的不饱和二元羧酸，拥有碳碳双键"C=C"。

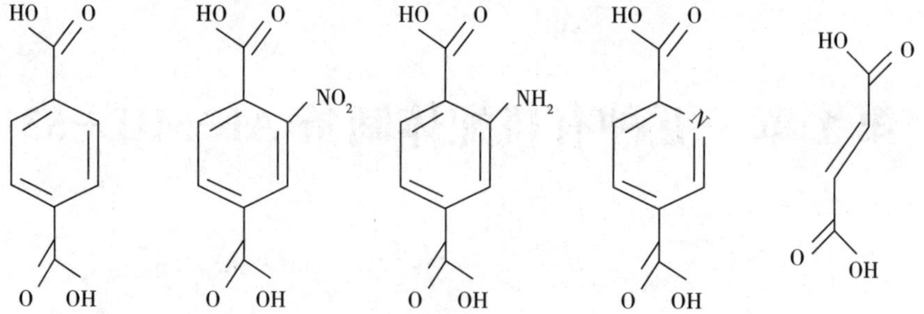

对苯二甲酸　　2-硝基对苯二甲酸　　2-氨基对苯二甲酸　　2,5-吡啶二羧酸　　反丁烯二酸

图 4-1-1　五种有机配体的结构图

### 1.2.1　Al–MIL–53–H

制备方法依据文献[2]，按实验室的条件做出相应调整：称取 13g 九水合硝酸铝置于 250mL PPL 高温反应釜中，釜中装有 100mL 去离子水，磁力搅拌 30min 后，加入 2.88g 对苯二甲酸（BDC），继续搅拌 30min，然后将反应釜密封于不锈钢外套中，放入干燥箱中，于 220℃加热 3d，反应结束后自然冷却至室温，抽滤，使用大量去离子水洗涤，以除去未反应完全的药品，可得到白色粉末状样品。将得到的白色粉末移入 30mL 的坩埚中，在干燥箱中 80℃干燥 24h 后，放入马弗炉中，在 400℃下煅烧，除去孔道中的对苯二甲酸，最后得到浅黄色粉末，即 Al–MIL–53–H。

### 1.2.2　Al–MIL–53–NO$_2$

制备方法参考文献[13, 14]，根据实际实验做出调整：称取 2.98g 九水合硝酸铝置于 250mL 聚四氟乙烯反应釜内衬中，釜中装有 100mL 去离子水，磁力搅拌 30min 后，加入 1.84g 硝基对苯二甲酸（BDC–NO$_2$），继续搅拌 30min，然后将反应釜密封于不锈钢外套中，放入干燥箱中，于 170℃加热 24h，反应结束后自然冷却至室温，抽滤，使用大量去离子水洗涤，以除去未反应完全的药品，可得到白色粉末状样品。将得到的白色粉末样品浸泡于 150mL 甲醇中，在干燥箱里 80℃加热 48h，每 12h 更换一次甲醇，以去除孔道中的硝基对苯二甲酸，最后得到干净的 Al–MIL–53–NO$_2$ 样品。

### 1.2.3　Al–MIL–53–NH$_2$

制备方法参考文献[13, 14]，根据实际实验做出调整：称取 1.125g 九水合硝酸铝置于 250mL 聚四氟乙烯反应釜内衬中，釜中装有 100mL 去离子水，磁力搅拌 30min 后，加入 0.56g 氨基对苯二甲酸（BDC–NH$_2$），继续搅拌 30min，然后将反应釜密封于不锈钢外套中，放入干燥箱，于 150℃加热 24h，反应结束后自然冷却至室温，抽滤，使用大量去离子水洗涤，以除去未反应完全的药品，可得到黄色粉末状样品。将得到的黄色粉末样品浸泡于 150mL DMF 中，在干燥箱里 155℃加热 8h，抽滤，再将样品使用乙醇 80℃浸泡三次，以完全去除孔道中的氨基对苯二甲酸，最后得到干净的 Al–MIL–53–$NH_2$ 样品。

### 1.2.4　Al–MIL–53–N

制备方法参考文献 [15]，根据实际实验做出调整：称取 5.5g 九水合硝酸铝和 2.5g 2, 5–吡啶二羧酸置于 250mL 聚四氟乙烯反应釜内衬中，釜中装有 100mL 去离子水，再加入 0.7g 的氢氧化钠，磁力搅拌 1h 混合均匀，然后将反应釜密封于不锈钢外套中，放入干燥箱，于 150℃加热 24h，反应结束后自然冷却至室温，抽滤，使用去离子水洗涤，再将样品与干燥箱中 102℃干燥 24h，以除去未反应完全的药品，可得到白色粉末状样品。

### 1.2.5　Al–MIL–53–FA

制备方法参考文献 [16]，根据实际实验做出调整：称取 18.468g 十八水合硫酸铝和 6.444g 富马酸（Fumaric acid，FA）置于 250mL 聚四氟乙烯反应釜内衬中，釜中装有 100mL 去离子水，再加入 3.456g 尿素，磁力搅拌 1h 混合均匀，然后将反应釜密封于不锈钢外套中，放入干燥箱，于 110℃加热 32h，反应结束后自然冷却至室温，抽滤，使用大量酒精洗涤，以除去未反应完全的药品，可得到白色粉末状样品。

## 1.3　XRD 表征

通过 X 射线衍射仪和氮气吸附对上述五种方法所制得的 MIL–53 样品进行测量表征。如图 4–1–2 所示，图（a）是通过软件 mercury 拟合出 MIL–53 三种模式的标准 XRD 图，图（b）是 Al–MIL–53–H 样品的 as 模式和其在 400℃分别煅烧 24h、36h、48h 后测得的 XRD 图。通过比较图（a）和图（b），可以看出 Al–MIL–53–H as 是 MIL–53as 和 MIL–53lt 的混合模式，其中在 8.8°、15.18° 的衍射峰分别对应 MIL–53as 的（101）、（011）晶面，而在 12.6°、17.84°、19.56° 的衍射峰等分别对应 MIL–53lt 的（110）、（11–1）、（111）晶面。由 MIL–53 的呼吸效应 [2] 可知，出现这种现象的原因是在样品中一些孔道填充有多余的对苯二甲酸，而一些空的孔道则捕获了空气中的水分子，从而使晶体结构出现这种情况。样品经过

400℃煅烧 24 h 可以去除孔道中的对苯二甲酸,分析煅烧后的 XRD 图像可以发现,其没有了 MIL-53as 的特征峰,除了在 14.46°［图 4-1-2（b）中"★"标识处］出现一个杂峰外,其余衍射峰皆可与 MIL-53lt 的特征峰对应。400℃加长煅烧时间可以使杂峰衍射强度降低直至消失［图 4-1-2（b）中煅烧 48h 的样品］,但是样品的衍射峰强度整体都在降低,并且从表 4-1-1 中可以得知,煅烧时间从 24h 增加到 36h,比表面积增大,当时间增加至 48h 后,比表面积逐渐下降。图 4-1-2（c）展示的是 Al-MIL-53-NO$_2$ 和 Al-MIL-53-NH$_2$ 的 XRD 特征衍射峰,其中的 Simulate 曲线是 MIL-53lt 模式的标准峰,从图中可以看出,Al-MIL-53-NH$_2$ 的衍射峰与标准峰一一对应,而 Al-MIL-53-NO$_2$ 的多数衍射峰也都有对应,并且与文献[13]所给出的 XRD 图形一致。图 4-1-2（d）展示的是 Al-MIL-53-BD 和 Al-MIL-53-FA 的 XRD 特征衍射峰,它们各自下方的 Simulate 曲线是它们的标准衍射峰,因此由 XRD 图形来看,样品均制备成功。

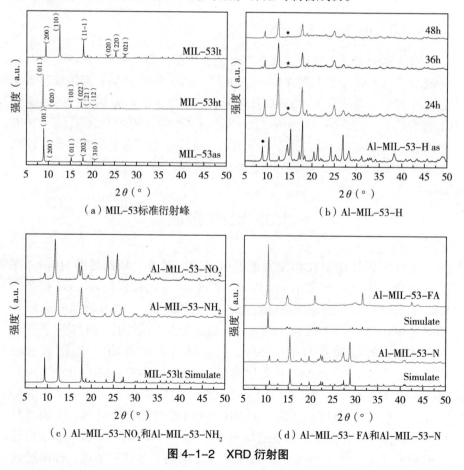

图 4-1-2  XRD 衍射图

## 1.4　$N_2$吸附性能测试

图4-1-3所展示的是Al-MIL-53样品的$N_2$吸附等温线。其中，图4-1-3（a）所示的是Al-MIL-53-H在400℃分别煅烧24h、36h、48h后样品的吸附等温线，结合表4-1-1中给出的比表面积可以得知，在这三个煅烧时长中，煅烧36h后样品的BET比表面积测试结果由24h煅烧的302.8049$m^2$/g增长到420.3287$m^2$/g，当煅烧48h后比表面积下降为386.4449$m^2$/g，所以煅烧时间过长，样品对$N_2$的吸附效果并不佳，经过多次实验得到的结果均相同。图4-1-3（b）所展示的是其余四种配体制备Al-MIL-53的吸附等温线，可以看出Al-MIL-53-BD和Al-MIL-53-$NH_2$测试性能差，表4-1-1中的所示的比表面积较小。而Al-MIL-53-$NO_2$和Al-MIL-53-FA的吸附等温线符合Ⅰ型等温线的特点，是微孔吸附的特征，Langmuir法比表面积分别为949.89$m^2$/g和1149.04$m^2$/g。

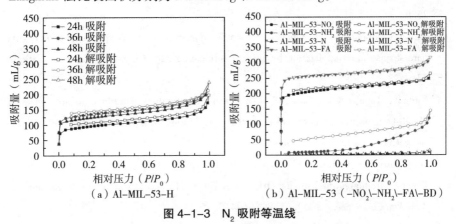

（a）Al-MIL-53-H　　　（b）Al-MIL-53（-$NO_2$\-$NH_2$\-FA\-BD）

图4-1-3　$N_2$吸附等温线

表4-1-1　不同配体制备的Al-MIL-53比表面积

| 样品名称 | BET多点法 | Langmuir法 |
| --- | --- | --- |
| Al-MIL-53-H（24h） | 302.8049$m^2$/g | 457.92$m^2$/g |
| Al-MIL-53-H（36h） | 420.3287$m^2$/g | 629.83$m^2$/g |
| Al-MIL-53-H（48h） | 386.4449$m^2$/g | 583.96$m^2$/g |
| Al-MIL-53-$NH_2$ | 38.1544$m^2$/g | 62.57$m^2$/g |
| Al-MIL-53-$NO_2$ | 634.5448$m^2$/g | 949.89$m^2$/g |
| Al-MIL-53-BD | 3.3548$m^2$/g | 9.49$m^2$/g |
| Al-MIL-53-FA | 772.9151$m^2$/g | 1149.04$m^2$/g |

## 1.5 本章小结

XRD 测试显示所有样品均成功制备。经 $N_2$ 吸附测试，Al-MIL-53-$NO_2$ 的 Langmuir 法比表面积为 949.89$m^2$/g，比文献 [13, 14] 中提及数值的高二百多；Al-MIL-53-FA 的 Langmuir 法比表面积为 1149.04$m^2$/g，文献 [16] 中报道的是 1080$m^2$/g，比之高出 69.09$m^2$/g；Al-MIL-53-H 和 Al-MIL-53-$NH_2$ 的 $N_2$ 吸附测试数据没有达到文献 [4, 14] 中报道的结果。

**参考文献**

[1] K Uemura, R Matsuda, S Kitagawa. Flexible microporous coordination polymers[J]. Solid State Chem., 2005, 178: 2420-2429.

[2] Grzesiak A L, Uribe F J, Ockwig N W, et al. Polymer-Induced Heteronucleation for the Discovery of New Extended Solids[J]. A. J. Angew. Chem., Int. Ed., 2006, 45: 2553-2556.

[3] Horike S, Bureekaew S, Kitagawa S. Coordination pillared-layer type compounds having pore surface functionalization by anionic sulfonate groups Chem[J]. Commun., 2008: 471-473.

[4] Wang Z, Tanabe K K, Cohen S M. Accessing Postsynthetic Modification in a Series of Metal-Organic Frameworks and the Influence of Framework Topology on Reactivity[J]. Inorg. Chem., 2009, 48: 296-306.

[5] Meilikhov M, Yusenko K, Fischer R. Turning MIL-53（Al）Redox-Active by Functionalization of the Bridging OH-Group with 1, 1′-Ferrocenediyl-Dimethylsilane[J]. A. J. Am. Chem. Soc., 2009, 131: 9644-9645.

[6] Rowsell J L C, Millward A R, Park K S, et al. M. Hydrogen Sorption in Functionalized Metal-Organic Frameworks[J]. J. Am. Chem. Soc., 2004, 126: 5666.

[7] Rowsell J L C, Yaghi O M. Effects of Functionalization, Catenation, and Variation of the Metal Oxide and Organic Linking Units on the Low-Pressure Hydrogen Adsorption Properties of Metal-Organic Frameworks[J]. J. Am. Chem. Soc., 2006, 128: 1304-1315.

[8] Seo J S, Whang D, Lee H, et al. A homochiral metal-organic porous material for enantioselective separation and catalysis[J].Nature, 2000, 404: 982-986.

[9] Hasegawa S, Horike S, Matsuda R, et al. Three-Dimensional Porous Coordination

Polymer Functionalized with Amide Groups Based on Tridentate Ligand: Selective Sorption and Catalysis[J]. J. Am. Chem. Soc., 2007, 129: 2607-2614.

[10] Thomas Devic, Patricia Horcajada, Christian Serre, et al. Functionalization in Flexible Porous Solids: Effects on the Pore Opening and the Host-Guest Interactions [J]. J. Am. Chem. Soc., 2010, 132: 1127-1136.

[11] Loiseau T, Lecroq L, Volkringer C, et al. MIL-96, a Porous Aluminum Trimesate 3D Structure Constructed from a Hexagonal Network of 18-Membered Rings and μ3-Oxo-Centered Trinuclear Units[J]. J. Am. Chem. Soc, 2006, 128: 10223.

[12] Volkringer C, Popov D, Loiseau T, et al. A microdiffraction set-up for nanoporous metal-organic-framework-type solids[J]. Nat. Mater, 2007, 6: 760.

[13] Shyam Biswas, Tim Ahnfeldt, Norbert Stock. New Functionalized Flexible Al-MIL-53-X[X = -Cl, -Br, -$CH_3$, -$NO_2$, -(OH)$_2$]Solids: Syntheses, Characterization, Sorption, and Breathing Behavior[J]. Inorg. Chem., 2011, 50: 9518-9526.

[14] Alexis S. Munn, Renjith S. Pillai, Shyam Biswas, et. al. The flexibility of modified-linker MIL-53 materials[J]. Dalton Trans., 2016, 45: 4162-4168.

[15] Kenny Ståhl, Bastian Brink, Jonas Andersen. Structure determination of a novel metal-organic compound synthesized from aluminum and 2, 5-pyridinedicarboxylic acid[DB]. Cambridge University Press, 2012-03-06.

[16] Junjie Peng, Yiwei Sun, Ying Wu. Selectively Trapping Ethane from Ethylene on Metal-Organic Framework MIL-53 (Al) -FA[J]. Ind. Eng. Chem. Res. 2019, 58: 8290.

[17] K. Nakamoto, Infrared and raman spectra of inorganic and coordination compounds[J]. Wiley, New York, USA, 4th edn, 1986.

[18] Phani Rallapalli, nesh Patil, P. Prasanth, et al. An alternative activation method for the enhancement of methane torage capacity of nanoporous aluminium terephthalate, IL-53 (Al) [J]. J Porous Mater, 2010 (17): 523-528.

[19] Ehsan Rahmani, Mohammad Rahmani. Al-based MIL-53 Metal Organic Framework (MOF) as the New Catalyst for Friedel-Crafts Alkylation of Benzene[J]. Ind. Eng. Chem. Res., 2017, 12: 1-23.

[20] Tang L, Lv Z Q, Xue Y C, et al. MIL-53 (Fe) incorporated in the lamellar BiOBr: Promoting the visible-light catalytic capability on the degradation of rhodamine B and carbamazepine[J]. Chem. Eng. J., 2019 (374): 975-982.

[21] Liang R W, Jing F F, Shen L J, et al. MIL-53 (Fe) as a highly efficient bifunctional photocatalyst for the simultaneous reduction of Cr (VI) and oxidation of dyes[J]. Journal of Hazardous Materials, 2015, 287C: 364-372.

# 第 2 章 以 $Al_2(SO_4)_3 \cdot 18H_2O$ 为铝源制备 Al-MIL-53（—H、—$NO_2$）

## 2.1 引言

2002 年，S. Christian 等[1]首次利用溶剂热法合成 MIL-53（Cr）as，并通过焙烧去除其孔道中多余的反应物，获得 MIL-53（Cr）ht，将 MIL-53（ht）放置于空气中吸水即可得到 MIL-53（Cr）lt（as：as-synthesize，ht：high-temperature，lt：low-temperature）。2004 年，L. Thierry 等[2]混合硝酸铝、1,4-苯二甲酸和水，使用溶剂热法在 220℃加热 3 天，合成 MIL-53（Al）as，同样通过焙烧与防止空气中吸水，获得另外两种形式的 MIL-53，即 MIL-53（Al）ht 和 MIL-53（Al）lt，并对它们的结构进行了说明。2008 年，M. Frank[3]发现 MIL-53（Fe）lt 在升温（323K < $T$ < 413K）脱水后会形成过渡的亚稳态无水相 MIL-53（Fe）int（int：intermediate anhydrous），温度继续升高会形成 MIL-53（Fe）ht，在这个相时，它的孔道会被打开。2011 年，J. P. S. Mowat[4]以金属钪制备出 MIL-53（Sc），并探究了其对温度的变化以及 $CO_2$ 吸附特性。2014 年，Guillaume Ortiz[5]等使用 NMR 和 PXRD 表征 Ga-MIL-53，发现水分子在单个孔道中所处的位置不同。2019 年，Lei Wu[6]以金属铟制作 MIL-53（In），对其中的大块晶体进行了晶体学分析，并对相应的微晶样品进行了表征和测量。除此之外，还有很多其他相关文章，多数方法为添加官能团[7-10]、金属离子掺杂[11]、与其他材料混合充当载体[12]等。

本章实验含两个系列，使用十八水合硫酸铝作为铝源，分别与有机配体 BDC、BDC-$NO_2$ 结合制备 Al-MIL-53-H、Al-MIL-53-$NO_2$，其中，配体为 BDC 的是 M 系列，配体为 BDC-$NO_2$ 的是 N 系列。

## 2.2 实验制备

大多数 MOFs 多孔材料的产量很低，因此在这里固定使用 100mL 的去离子水作为溶剂，设计比较了三个试剂用量，系列编号命名为 M1、M2 和 M3 以及 N1、N2 和 N3（1 倍、2 倍、3 倍逐次增加），依据在不同温度下加热不同时间所得样品的质量，研究分析影响样品产量的因素。加热温度、反应时间的选取参考本篇 3.2 小节的制备方法，制备样品各 3 个，具体实验方案见表 4-2-1。按照编号 – 加热时间 – 反应温度来区分样品，例如 M1-1d-180℃表示试剂用量为 M1 时，180℃加热 1d 所制备的样品。

表 4-2-1　实验方案

| 系列编号 | 摩尔量 /mmol | 配体 /g | $Al_2(SO_4)_3 \cdot 18H_2O$/g | 加热温度 /℃ | 反应时间 /h |
| --- | --- | --- | --- | --- | --- |
| M1 | 4, 4 | 0.6645 | 2.6657 | 220 | 24 |
| M2 | 8, 8 | 1.3290 | 5.3314 | 200 | 48 |
| M3 | 12, 12 | 1.9936 | 7.9972 | 180 | 72 |
| N1 | 4, 2 | 0.8445 | 1.3329 | 190 | 12 |
| N2 | 8, 4 | 1.689 | 2.6657 | 170 | 24 |
| N3 | 12, 6 | 2.5336 | 3.9929 | 150 | 36 |

制备流程如下：

称取适量的 $Al_2(SO_4)_3 \cdot 18H_2O$，加入 100mL 的去离子水中，磁力搅拌使其快速溶解，然后加入对应量的有机配体，装入 200mL 的反应釜内衬中，密封，置入干燥箱中，设置反应时间并高温加热。待反应结束后，自然冷却至室温，抽滤，使固液分离，可以得到白色粉末状样品。

需要注意的是，当加热温度低于 200℃时，使用的反应釜内衬材质为聚四氟乙烯，而 220℃使用的是 PPL 内衬。

活化过程如下：

Al-MIL-53-H：将抽滤后得到的白色粉末状样品浸泡于装有 150mL DMF 的平底烧瓶中，于集热式恒温磁力搅拌器中 150℃回流加热搅拌 8h。抽滤，使固液分离，将得到的固体于干燥箱中 155℃干燥 24h 后，再将样品置于马弗炉中，400℃煅烧 24h，进一步除杂，最后得到淡黄色固体粉末，即 Al-MIL-53-H。

Al-MIL-53-$NO_2$：将抽滤后得到的白色粉末状样品浸入 250mL 甲醇中，于鼓风干燥箱中 80℃活化 24h，每 12h 更换一次甲醇，期间都以抽滤的方法除去甲醇。将最后滤出的样品，在干燥箱中 80℃干燥 24h，即可得到纯净的 Al-MIL-53-$NO_2$。

## 2.3 结构表征及分析

首先使用 XRD 对样品的纯度和结晶度进行分析,然后使用 TG 研究样品的热稳定性,最后利用傅里叶变换红外光谱仪测定样品的化学键和官能团。

### 2.3.1 XRD

图 4-2-1 所示为试剂用量为 M1 和 N1 所制备样品的 XRD 图。其中,图 4-2-1(a)、(b)、(c)展示的是 M1 系列样品,观察发现,M1 系列样品的 XRD 峰位与图 4-2-1(a)、(b)、(c)中的模拟 MIL-53lt 一致,在大约 9.34°、12.48° 与 17.68° 的位置出现了其特征衍射峰,对应的晶面分别为(200)、(110)和(11-1),并且这九个样品各衍射峰的强度与模拟 MIL-53lt 的衍射峰一致[2]。互相比较它们的衍射峰强度,反应温度为 180℃的样品最强。图 4-2-1(d)、(e)、(f)展示了 N1 系列样品经过热甲醇活化后所得样品的 XRD 图谱,每一个样品中的各衍射峰的强度与文献[13]给出的一致。此外,这 9 个样品的衍射峰强度与反应时间、反应温度存在着明显的规律,在反应时间为 36h 的时候,衍射峰最强的是反应温度为 150℃的样品,当反应时间为 24h 的时候,衍射峰最强的是反应温度为 170℃的样品,而反应时间为 12h 时,衍射峰最强的是反应温度为 190℃的样品。这说明反应时间越短,加热温度越高,样品结晶度越好。相反,若反应温度较低,则需要较长的反应时间。需要注意的是"＊"所标识的位置还有一个微弱的峰,大约出现在 8.38°(样品 M1-2d-180℃在 15.08° 的位置也存在),这是 MIL-53ht 模式的特征峰。其余 M2、M3、N2 和 N3 测得 XRD 的结构与 M1、N1 并无明显差异,在此不另外说明,详见附图 1 和附图 2。

### 2.3.2 TG

M 系列和 N 系列各自样品的热重曲线图特征一致,因此挑选出两个样品的曲线图进行分析,其余样品详见附图 3~附图 5。这两个样品为 M1-1d-180℃和 N1-12h-150℃,其 TG 曲线如图 4-2-2 所示。从图中可以看出,这两个样品主要有两个失重阶段。第一个阶段发生在 30~100℃,这是一个脱水的过程，除去的是存在于MIL-53孔道里的水分子。第二阶段是一个分解过程，是结构中有机配体与Al（OH）⁻之间键位断裂的结果[2]。样品M1-1d-180℃分解的起始点约为592℃，比文献[2]给出的500℃高92℃。N1-12h-150℃的热稳定性低于M1-1d-180℃，分解温度为422℃。

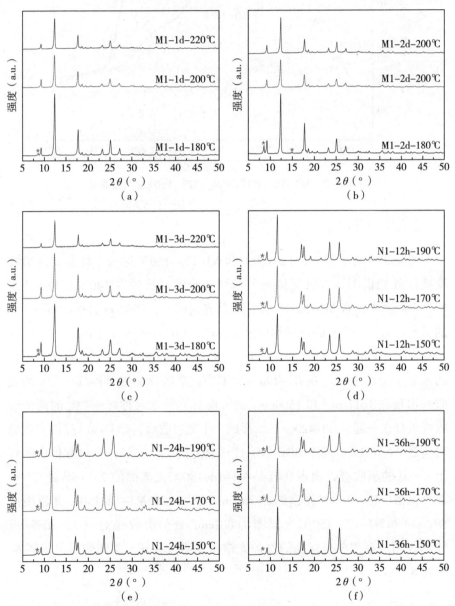

图4-2-1　XRD衍射图[（a）、（b）、（c）M1系列样品；（d）、（e）、（f）N1系列样品]

· 149 ·

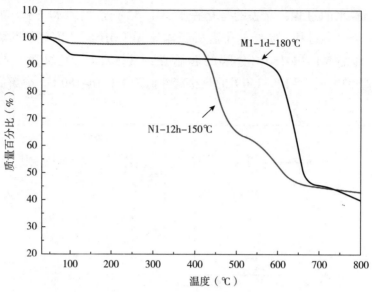

图 4-2-2　M1-1d-180℃和 N1-12h-150℃的 TG 曲线

## 2.3.3　FT-IR

图 4-2-3 所示是 M1-1d-180℃和 N1-12h-150℃这两个样品的傅里叶变换红外光谱图。有机配体羧酸基团的吸收峰出现在 1400~1700cm$^{-1}$ 之间[2, 14]。其中，在 M1-1d-180℃的红外光谱图中，1580cm$^{-1}$ 和 1506cm$^{-1}$ 处的吸收峰对应—$CO_2$ 的非对称伸缩对称峰，1445cm$^{-1}$ 和 1410cm$^{-1}$ 处的吸收峰对应—$CO_2$ 的对称伸缩对称峰[15]，1632cm$^{-1}$ 处的吸收峰是由孔道中存在的水分子所产生[16]。在 N1-12h-150℃中，非对称伸缩对称峰—$CO_2$ 的吸收峰出现在 1611cm$^{-1}$ 和 1500cm$^{-1}$ 处，而对称伸缩对称峰—$CO_2$ 的两个吸收峰重合在一起，在 1420cm$^{-1}$ 处形成一个宽吸收峰；1541cm$^{-1}$ 处的吸收峰对应是"N=O"，属于 BDC-$NO_2$ 中—$NO_2$ 的[16]。另外，有机配体中苯环上 C—H 的吸收峰，出现在样品 M1-1d-180℃光谱图的 736cm$^{-1}$ 处[17, 18]，在样品 N1-12h-150℃光谱图的 750cm$^{-1}$ 处[19]。在 M1-1d-180℃光谱图的 597cm$^{-1}$ 和 N1-12h-150℃光谱图的 601cm$^{-1}$ 处的吸收峰对应 Al—O[20, 21]。M 和 N 两个系列各自样品的红外光谱图无明显差异，其图像可见附图 6~附图 8。

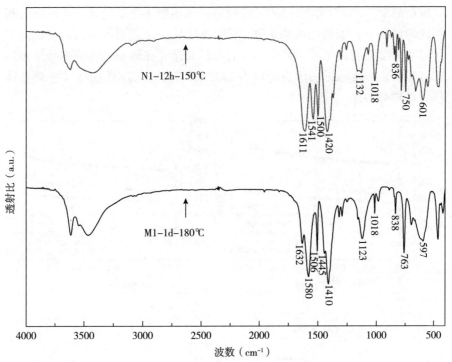

图 4-2-3　M1-1d-180℃和 N1-12h-150℃的 FT-IR 图像

## 2.4　比表面积及孔径分析

### 2.4.1　M（M1）系列

图 4-2-4 所示为 M1 系列样品的氮气吸附等温线和孔径对数分布图。其中，图 4-2-4（a）、(b)、(c) 为吸附等温线，观察发现，所有样品的吸附曲线符合 I 型等温线的特征[22-24]，在低相对压力（$P/P_0$=0）阶段出现气体吸附量快速增长的情况，随后曲线呈现近水平平台，出现这种现象的原因是前面发生了微孔吸附填充，后面微孔填充充满。需要注意的是，除了 M1-2d-200℃和 M1-3d-220℃外，其余样品的脱附曲线在 0.5~1.0 相对压力阶段并未与吸附曲线完全重合，两者之间存在着几乎可以忽略的缝隙，这是由于吸附质在介孔中发生毛细管冷凝，造成滞后现象。图 4-2-4（d）、(e)、(f) 为孔径对数分布曲线，从图中可以看出，孔径大小主要分布在 2nm 以下和 4nm 左右，同样说明样品的孔径除了微孔外，还有介孔存在。根据吸附等温线可以看出，当反应时间相同时，加热温度为 220℃所得的

吸附量最少，200℃次之，180℃的最高。观察表4-2-2发现，在反应时间相同的情况下，加热温度为180℃所制备样品的比表面积和微孔体积高于其他两个温度所制备的。其中，比表面积和微孔孔体积最大的样品是M1-1d-180℃，Langmuir法比表面积为1402.02$m^2$/g，H-K（Original）法微孔体积为0.4784mL/g。

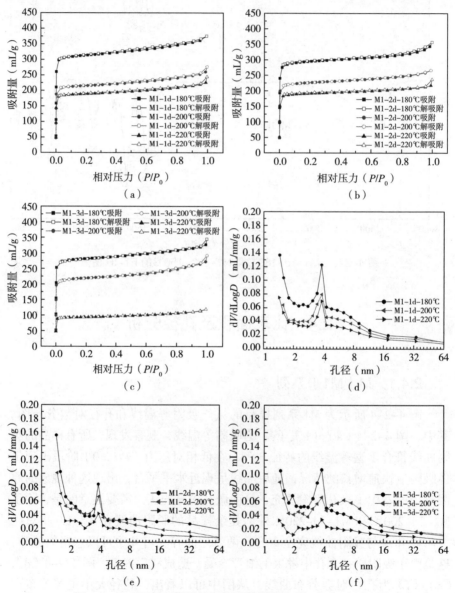

图4-2-4　M1系列样品的氮气吸附等温线[（a）、（b）、（c）]和孔径对数分布图[（d）、（e）、（f）]

表 4-2-2 M1 系列样品比表面积、孔体积、平均孔直径

| 样品名称 | BET 多点法比表面积 / ($m^2/g$) | Langmuir 法比表面积 / ($m^2/g$) | H-K (Original) 法微孔体积 / (mL/g) | 平均孔直径 (4V/A by BET) / nm |
|---|---|---|---|---|
| M1-1d-220℃ | 565.2049 | 843.70 | 0.2889 | 2.6737 |
| M1-1d-200℃ | 630.9455 | 962.32 | 0.3289 | 2.7166 |
| M1-1d-180℃ | 940.8847 | 1402.02 | 0.4784 | 2.4700 |
| M1-2d-220℃ | 570.7141 | 853.62 | 0.2925 | 2.5680 |
| M1-2d-200℃ | 679.3364 | 1010.58 | 0.3454 | 2.4247 |
| M1-2d-180℃ | 884.2165 | 1314.83 | 0.4501 | 2.4989 |
| M1-3d-220℃ | 277.3169 | 417.93 | 0.1435 | 2.6612 |
| M1-3d-200℃ | 655.8705 | 979.02 | 0.3349 | 2.7548 |
| M1-3d-180℃ | 846.9977 | 1254.65 | 0.4308 | 2.5162 |

M2 系列和 M3 系列样品测得 $N_2$ 吸附的结果和规律与 M1 的一致,在此不再讲解,它们的结果详见附图 9、附图 10 和附表 1。

### 2.4.2 N(N1)系列

图 4-2-5 所示为 N1 系列样品的氮气吸附等温线和孔径对数分布图。其中,图 4-2-5(a)、(b)、(c)所示为样品的氮气吸附等温线,从中可以看出,样品 N1-12h-190℃、N1-12h-170℃、N1-12h-150℃、N1-36h-150℃、N1-36h-170℃ 和 N1-36h-190℃ 的吸附曲线在低 $P/P_0$ 区域时气体吸附量快速增长,属于微孔填充,同时吸附曲线与脱附曲线没有闭合,这种情况通常出现在介孔固体吸附中。而样品 N1-24h-150℃、N1-24h-170℃ 在低 $P/P_0$ 区域曲线凸向上,反应它们和氮气发生了较强的相互作用。图 4-2-5(d)、(e)、(f)展示的是样品的孔径对数分布曲线图,从图中可以看出,N1-24h-190℃ 当是非孔固体,其他样品的孔径大小主要分布在 2nm 以下和 4nm 左右,样品的孔径为微孔、介孔。表 4-2-3 详细地列出了 N1 系列样品的比表面积、孔体积、平均孔直径。观察表中数据可以发现,反应时间为 12h 时制备的样品在这几个方面普遍优于反应时间为 24h 和 36h 制备的样品。

表 4-2-3　N1 系列样品比表面积、孔体积、平均孔直径

| 样品名称 | BET 多点法比表面积 / (m²/g) | Langmuir 法比表面积 / (m²/g) | H-K(Original) 法微孔体积 / (mL/g) | 平均孔直径 (4V/A by BET) / nm |
|---|---|---|---|---|
| N1-12h-190℃ | 485.8095 | 753.35 | 0.2378 | 2.6307 |
| N1-12h-170℃ | 587.3329 | 911.63 | 0.2940 | 2.6717 |
| N1-12h-150℃ | 597.8010 | 890.95 | 0.2956 | 2.5534 |
| N1-24h-190℃ | 90.0053 | 141.97 | 0.0425 | 5.2441 |
| N1-24h-170℃ | 347.0188 | 531.54 | 0.1643 | 2.7687 |
| N1-24h-150℃ | 318.3215 | 481.66 | 0.1524 | 3.1415 |
| N1-36h-190℃ | 486.1699 | 731.39 | 0.2370 | 2.7908 |
| N1-36h-170℃ | 334.8617 | 503.28 | 0.1590 | 2.9971 |
| N1-36h-150℃ | 336.7887 | 508.51 | 0.1614 | 3.0155 |

上述所得结论同样适用于 N2 系列和 N3 系列的样品，它们的氮气吸附测试结果见附图 11、附图 12 和附表 1。

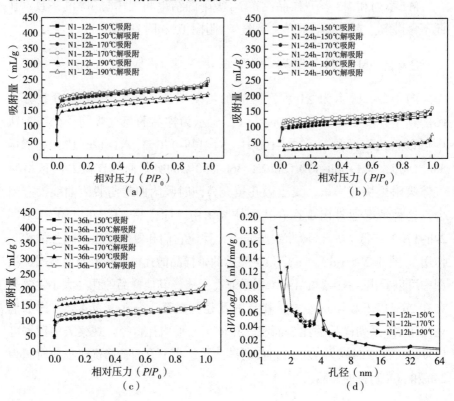

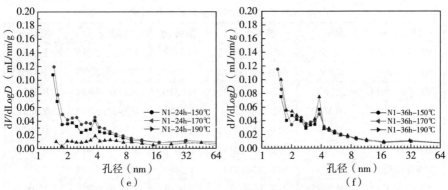

图 4-2-5　N1 样品的氮气吸附等温线 [（a）、（b）、（c）]
和孔径对数分布图 [（d）、（e）、（f）]

## 2.5　影响产量的因素分析

本节探究影响 Al-MIL-53 生产产量的三个因素，即试剂用量、加热温度、反应时间。表 4-2-4、表 4-2-5 汇总了活化后称取样品的质量（活化过程中可能导致样品质量有所损失）。

表 4-2-4 汇总了所有 N 系列样品活化干燥后称取的质量，比较发现，N1、N2、N3 三个试剂用量在其他条件相同的情况下，对样品的产量没有明显影响。相同反应温度、不同反应时间，除了 170℃ 加热 24h 的三个样品质量为将近 12h 和 36h 样品质量的一半外，其余样品也不存在特别大的差异，所以反应时间对样品产量也不是关键影响因素。然而，观察表中数据可以发现，反应温度越低，样品产量越少。

表 4-2-4　N（N1）系列样品质量

| 样品名称 | 质量/g | 样品名称 | 质量/g | 样品名称 | 质量/g |
| --- | --- | --- | --- | --- | --- |
| N1-12h-190℃ | 1.1671 | N2-12h-190℃ | 1.1170 | N3-12h-190℃ | 1.2747 |
| N1-12h-170℃ | 0.7773 | N2-12h-170℃ | 0.7837 | N3-12h-170℃ | 0.9199 |
| N1-12h-150℃ | 0.3667 | N2-12h-150℃ | 0.3707 | N3-12h-150℃ | 0.4535 |
| N1-24h-190℃ | 1.2797 | N2-24h-190℃ | 1.2252 | N3-24h-190℃ | 1.1680 |
| N1-24h-170℃ | 0.4022 | N2-24h-170℃ | 0.3832 | N3-24h-170℃ | 0.4002 |
| N1-24h-150℃ | 0.3433 | N2-24h-150℃ | 0.3713 | N3-24h-150℃ | 0.5946 |
| N1-36h-190℃ | 1.0509 | N2-36h-190℃ | 0.9492 | N3-36h-190℃ | 1.1979 |
| N1-36h-170℃ | 0.7684 | N2-36h-170℃ | 0.7960 | N3-36h-170℃ | 0.8219 |
| N1-36h-150℃ | 0.4024 | N2-36h-150℃ | 0.4003 | N3-36h-150℃ | 0.3971 |

表 4-2-5　M（M1）系列样品的质量

| 样品名称 | 质量/g | 样品名称 | 质量/g | 样品名称 | 质量/g |
| --- | --- | --- | --- | --- | --- |
| M1-1d-220℃ | 0.4980 | M2-1d-220℃ | 0.8998 | M3-1d-220℃ | 1.2184 |
| M1-1d-200℃ | 0.4490 | M2-1d-200℃ | 0.7640 | M3-1d-200℃ | 1.4161 |
| M1-1d-180℃ | 02670 | M2-1d-180℃ | 0.6310 | M3-1d-180℃ | 0.8722 |
| M1-2d-220℃ | 0.5563 | M2-2d-220℃ | 1.0653 | M3-2d-220℃ | 1.3841 |
| M1-2d-200℃ | 0.4686 | M2-2d-200℃ | 0.6889 | M3-2d-200℃ | 0.9633 |
| M1-2d-180℃ | 0.3278 | M2-2d-180℃ | 0.5078 | M3-2d-180℃ | 0.9357 |
| M1-3d-220℃ | 0.7497 | M2-3d-220℃ | 1.1449 | M3-3d-220℃ | 1.5171 |
| M1-3d-200℃ | 0.5147 | M2-3d-200℃ | 1.0761 | M3-3d-200℃ | 1.3017 |
| M1-3d-180℃ | 0.3873 | M2-3d-180℃ | 0.6851 | M3-3d-180℃ | 1.2050 |

从本实验中可以得出，反应温度对 Al-MIL-53-$NO_2$ 样品的产量有主要影响，温度越高，产量越大。观察表 4-2-5 中的数据后发现，除了 M3-1d-200℃ 的质量，其余样品呈现出试剂用量越大，反应温度越高，加热时间越长，所得样品的产量越大。可是分析氮气吸附性能、比表面积得出的优异样品却是 150℃ 制备的，因此要获得吸附性能优异且高产量的制备方案还有待进一步的研究。因此，本组实验虽然得到了 180℃ 制备样品的氮气吸附性能优异于 200℃ 和 220℃ 的结果，可是由于该温度制备样品的产量普遍较低，所以要获得吸附性能优异且高产量的制备方案还有待进一步的研究。

## 2.6　苯系物吸附性能研究

本节选取前面制备的三个样品作为吸附剂，使用重量法蒸汽吸附仪比较分析它们对吸附质苯系物吸附能力的差异。三个样品分别是 M3-3d-180℃、N2-12h-150℃ 和 Al-MIL-53-FA，在实验制备上共同的特点是都由 $Al_2(SO_4)_3 \cdot 18H_2O$ 作为铝源制备的。不同的地方主要在于有机配体不同，M3-3d-180℃ 的有机配体为 BDC，N2-12h-150℃ 的是 BDC-$NO_2$，而 Al-MIL-53-FA 的则是富马酸，它们都有两个对称的羧酸基团，可与金属原子结合构成 MOFs 多孔材料。M3-3d-180℃ 和 N2-12h-150℃ 样品的比表面积、微孔体积和平均孔径见表 4-2-6。

图 4-2-6 为吸附量、相对压强随吸附时间增加的变化关系。从结果来看，对这六种吸附质吸附能力最优秀的是 M3-3d-180℃，在第 1.3.3 节中我们了解了影响吸附能力的关键因素，所以导致这种结果的原因很明显，M3-3d-180℃ 的比表面积和微孔体积最大，平均孔直径最小。另外，虽然

Al-MIL-53-FA 的比表面积比 N2-12h-150℃高出近 200m²/g，但是其对苯、甲苯、邻二甲苯和间二甲苯的吸附量却要小于 N2-12h-150℃。

表 4-2-6　选取样品比表面积、孔体积、平均孔直径

| 样品名称 | Langmuir 法比表面积（m²/g） | H-K（Original）法微孔体积（mL/g） | 平均孔直径（4V/A by BET）（nm） |
|---|---|---|---|
| M3-3d-180℃ | 1514.09 | 0.5175 | 2.3347 |
| N2-12h-150℃ | 957.31 | 0.3128 | 2.3907 |
| Al-MIL-53-FA | 1149.04 | 0.3933 | 2.5452 |

苯为吸附质在 30℃的饱和蒸气压 $P_0$ 等于 15.91kPa。从图 4-2-6（a）中可以发现。

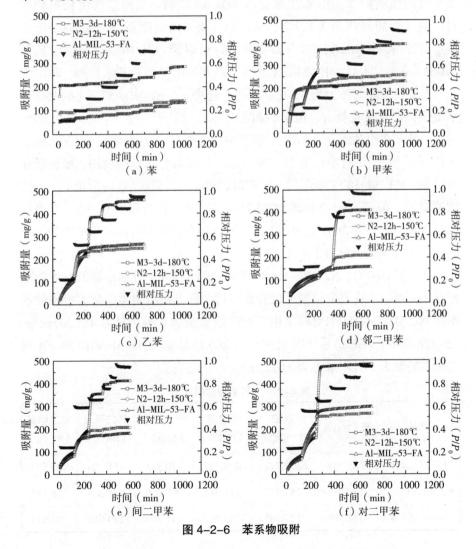

图 4-2-6　苯系物吸附

吸附剂在吸附苯时，吸附量随着相对压力的增大而逐级递增，除了在 $P/P_0$=0.1 时的增长量外，其余的相对压力每增加一个分压点，吸附增长量也在增大。甲苯在 30℃的饱和蒸汽压为 5.026kPa。观察图（b），我们可以发现在 $P/P_0$=0.1 时，N2-12h-150℃和 Al-MIL-53-FA 的吸附增长量要高于 M3-3d-180℃，但是在 $P/P_0$=0.2 时，M3-3d-180℃的吸附量快速增长，甚至在 $P/P_0$=0.3 时竖直上升，N2-12h-150℃也同样有一小幅度的增长。随后虽然随着相对压力增加逐级递增，但是增长量并不大。乙基苯和邻、间、对二甲苯在 30℃时的饱和蒸汽压分别是：1.687kPa 和 1.181kPa、1.473kPa、1.551kPa，它们的相对压力在 0.5 之前没有完整地显现出来。观察图（d），三个吸附质吸附邻二甲苯在相对压力为 0.6 之前，吸附量的增长趋势相同，但是当相对压力为 0.7 时，M3-3d-180℃的吸附量从 198.188mg/g 急速增长至 404.432mg/g，N2-12h-150℃的吸附量也从 164.161mg/g 增长至 201.534mg/g，而 Al-MIL-53-FA 的增长量并不明显。乙基苯和间、对二甲苯的吸附量在相对压力为 0.5 之前的增长趋势是，Al-MIL-53-FA 的增长速率最快，增长量也最大，但是后面的分压点就趋于平缓了。M3-3d-180℃吸附乙基苯在相对压力为 0.6 时，吸附量由 237.413mg/g 猛增至 385.212mg/g，在相对压力为 0.7 时增长至 437.789mg/g，后随着分压点的增加，增长量逐渐减小。M3-3d-180℃吸附间二甲苯时，也在 0.6 和 0.7 这两个相对压力处快速增长。但是，M3-3d-180℃吸附对二甲苯在相对压力 0.6 处，吸附量竖直增长，增长量为 311.774mg/g，是所有吸附质吸附分压点中最大的，而后的几个分压点吸附趋于平缓。

M3-3d-180℃、N2-12h-150℃和 Al-MIL-53-FA 对苯系物的最大吸附量见表 4-2-7。从表中数据可以看到，每个样品对吸附质的最大吸附量各不相同，M3-3d-180℃对对二甲苯的吸附量最大，吸附量为 481.565mg/g；N2-12h-150℃对对二甲苯的吸附量为 266.153mg/g；而 Al-MIL-53-FA 对乙基苯的最大，吸附量为 263.012mg/g。

表 4-2-7 苯系物总吸附量

| 样品 | 苯（mg/g） | 甲苯（mg/g） | 乙基苯（mg/g） | 邻二甲苯（mg/g） | 间二甲苯（mg/g） | 对二甲苯（mg/g） |
| --- | --- | --- | --- | --- | --- | --- |
| M3-3d-180℃ | 285.638 | 392.742 | 459.543 | 410.355 | 411.206 | 481.565 |
| N2-12h-150℃ | 140.732 | 255.557 | 245.982 | 209.260 | 205.608 | 266.153 |
| Al-MIL-53-FA | 132.106 | 227.365 | 263.012 | 157.706 | 179.618 | 194.874 |

## 2.7 本章小结

本章致力于 Al-MIL-53 粉末状样品的制备,并探究这些样品对苯系物的吸附能力。

使用 $Al_2(SO_4)_3 \cdot 18H_2O$ 作为铝源,与挑选的两种有机配体 BDC 和 BDC-$NO_2$ 制备两个系列的 Al-MIL-53,分别为 M 系列和 N 系列。制备样品活化后,使用 XRD、TG 和 FT-IR 进行表征。结果显示,$Al_2(SO_4)_3 \cdot 18H_2O$ 成功制备 Al-MIL-53,其中 M 系列样品的结晶度受温度影响较大,加热温度为 180℃的样品的 XRD 衍射峰强度比 200℃和 220℃的较强。经氮气吸附测得样品的吸附等温线、比表面积、孔体积等数据,比较分析可以发现 M 系列中,制备温度为 180℃的样品的比表面积、微孔孔体积比 200℃和 220℃都要大,其中 M3-3d-180℃样品的 Langmuir 法比表面积为 1514.09$m^2$/g,与文献[2]中数据一致;而 N 系列的样品则受反应时间影响较大,反应时间为 12h 制备出的样品比表面积,微孔体积均优于反应时间为 24h 和 36h 的样品,其中 N2-12h-150℃的 Langmuir 法比表面积为 957.31$m^2$/g,比文献[25]中的数值高二百多。

制备所得的样品在活化干燥后,使用电子天平称取其质量,分析制备方案中影响样品产量的因素。经比较得出,N 系列的样品产量主要受加热温度的影响,制备温度高的产量大;而 M 系列除个别样品外,其余样品呈现出试剂用量越多,制备温度越高,反应时间越长,所得样品的产量越大的结果。

最后,在 M 系列中选取 M3-3d-180℃,在 N 系列中选取 N2-12h-150℃,以及 Al-MIL-53-FA 这三个样品作为吸附剂,于 30℃下使用重量法蒸汽吸附吸附质 BTEX,探究吸附质与吸附质之间的关系。测试结果显示,M3-3d-180℃的对各苯系物的吸附量均最大,这是由于其具有较大的比表面积和微孔体积。

**参考文献**

[1] Christian Serre, Franck Millange, Christelle Thouvenot, et al. Very Large Breathing Effect in the First Nanoporous Chromium (Ⅲ)-Based Solids:MIL-53 or CrIII (OH)·{$O_2$C-$C_6H_4$-$CO_2$}·{HO$_2$C-$C_6H_4$-CO$_2$H}$_x$·H$_2$Oy[J]. AM. CHEM. SOC, 2002, 124:13519-13526.

[2] Thierry Loiseau, Christian Serre, Clarisse Huguenard, et al. A Rationale for the Large Breathing of the Porous Aluminum Terephthalate(MIL-53)Upon Hydration[J]. Chem.

Eur, 2004：1373-1382.

[3] Sebastian Bauer, Christian Serre, Thomas Devic, et.al. High-Throughput Assisted Rationalization of the Formation of Metal Organic Frameworks in the Iron (Ⅲ) Aminoterephthalate Solvothermal System.[J].Inorg. Chem, 2008, 47：7568-7576.

[4] Mowat John P S, Seymour Valerie R, Griffin John M, et al. A novel structural form of MIL-53 observed for the scandium analogue and its response to temperature variation and $CO_2$ adsorption.[J]. Dalton Transactions, 2011, 41（14）：1-17.

[5] Guillaume Ortiz, Gérald Chaplais, Jean-Louis Paillaud, et. al. New Insights into the Hydrogen Bond Network in Al-MIL-53 and Ga-MIL-53[J]. Phys. Chem. C., 2014, 118：22021-22029.

[6] Lei Wu, G'erald Chaplais, Ming Xue, et. al. New functionalized MIL-53（In）solids：syntheses, characterization, sorption, and structural flexibility[J].RSC Adv., 2019, 9：1918-1928.

[7] Elsa Alvarez, Nathalie Guillou, Charlotte Martineau, et.al. The Structure of the Aluminum Fumarate Metal-Organic Framework A520[J]. Angewandte Chemie, 2015, 127（12）. Angew. Chem. Int. Ed., 2015, 54：3664-3668.

[8] Thomas Devic, Patricia Horcajada, Christian Serre, et. al. Functionalization in Flexible Porous Solids：Effects on the Pore Opening and the Host-Guest Interactions[J].J. AM. CHEM. SOC, 2010, 132：1127-1136.

[9] 杨祝红, 吴培培, 张所瀛, 等. 不同氨基修饰条件对 $NH_2$-MIL-53（Al）$CO_2$ 吸附性能的影响[J]. 化工学报, 2014, 65（5）：1928-1934.

[10] Sebastian Bauer, Christian Serre, Thomas Devic, et. al. High-Throughput Assisted Rationalization of the Formation of Metal Organic Frameworks in the Iron (Ⅲ) Aminoterephthalate Solvothermal System[J].Inorganic Chemistry, 2008, 47（17）：7568-7576.

[11] Grard Frey, Franck Millange, Mathieu Morcrette, et al. Mixed-Valence Li/Fe-Based Metal-Organic Frameworks with Both Reversible Redox and Sorption Properties[J]. Angew. Chem. Int. Ed., 2007, 46：3259-3263.

[12] Yang Zhang, Gang Li, Hong Lu, et. al. Synthesis, characterization and photocatalytic properties of MIL-53（Fe）-graphene hybrid materials[J]. RSC Adv., 2014, 4：7594-7600.

[13] Sebastian Bauer, Christian Serre, Thomas Devic, et.al. High-Throughput Assisted Rationalization of the Formation of Metal Organic Frameworks in the Iron (Ⅲ) Aminoterephthalate Solvothermal System[J].Inorg. Chem. 2008, 47：7568-7576.

[14] K. Nakamoto, Infrared and raman spectra of inorganic and coordination compounds[J].

Wiley, New York, USA, 4th edn, 1986.

[15] Phani Rallapalli, nesh Patil, P. Prasanth, et al. An alternative activation method for the enhancement of methane torage capacity of nanoporous aluminium terephthalate, MIL-53 (Al) [J]. J Porous Mater, 2010 (17): 523-528.

[16] Mardilovich P P, Trokhimets A I. Appearance regions of the stretching vibrations of unperturbed and hydrogen-bonded OH- and od-groups in alumina oxides [J]. J. Appl. Spectosc, 1981 (35): 1029-1033.

[17] Ehsan Rahmani, Mohammad Rahmani. Al-based MIL-53 Metal Organic Framework (MOF) as the New Catalyst for Friedel-Crafts Alkylation of Benzene [J]. Ind. Eng. Chem. Res., 2017, 12: 1-23.

[18] TANG L, LV Z Q, XUE Y C, et al. MIL-53 (Fe) incorporated in the lamellar BiOBr: Promoting the visible-light catalytic capability on the degradation of rhodamine B and carbamazepine [J]. Chem. Eng. J., 2019 (374): 975-982.

[19] LIANG R W, JING F F, SHEN L J, et al. MIL-53 (Fe) as a highly efficient bifunctional photocatalyst for the simultaneous reduction of Cr (VI) and oxidation of dyes [J]. Journal of Hazardous Materials, 2015, 287C: 364-372.

[20] Chen Li, Zhenhu Xiong, Jinmiao Zhang, et al. The Strengthening Role of the Amino Group in Metal-Organic Framework MIL-53 (Al) for Methylene Blue and Malachite Green Dye Adsorption [J]. Journal of Chemical & Engineer Data 2015, 11 (60): 3414-3422.

[21] Lopez T, Marmolejo R, Asomoza M, et al. Preparation of a complete series of single phase homogeneous sol-gels of $Al_2O_3$, and MgO for basic catalysts [J]. Mater. Lett. 1997 (32): 325-334.

[22] Xingjie Wang, Chen Ma, Jing Xiao, et al. Benzene/toluene/water vapor adsorption and selectivity of novel C-PDA adsorbents with high uptakes of benzene and toluene [J]. Chem. Eng. J., 2018, 335: 970-978.

[23] Xuejiao Sun, Tingting Wu, Zhimin Yan, et al. Novel MOF-5 derived porous carbons as excellent adsorption materials for n-hexane [J]. Journal of Solid State Chemistry, 2019, 217: 354-360.

[24] Ehsan Rahmani, Mohammad Rahmani. Al-based MIL-53 Metal Organic Framework (MOF) as the New Catalyst for Friedel-Crafts Alkylation of Benzene [J]. Ind. Eng. Chem. Res. 2018, 57 (1): 169-178.

[25] Vera I. Isaeva, Andrey L. Tarasov, Vladimir V. Chernyshev, et al. Control of morphology and size of microporous framework MIL-53 (Al) crystals by synthesis procedure [J]. Mendeleev Commun., 2015, 25: 466-467.

# 第3章 Al-MIL-53纤维膜的静电纺丝制备

## 3.1 引言

MOF膜的制备方法有多层液相外延（LPE）组装、化学气相沉积（CVD）、原子层沉积（ALD）、电化学沉积和粉末MOF基沉积等。Bein等[1]通过一层一层的LPE法制备SURMOF HKUST-1[$Cu_2$（BTC）$_3$]薄膜。Ameloot等[2]首先利用CVD法制备了ZIF-8膜，在硅柱阵列上可控、均匀涂膜厚度。Farha等[3]通过在导电氟掺杂锡氧化物（FTO）衬底上沉积MOF粒子，利用电化学沉积技术制备了HKUST-1、Al-MIL-53、UiO-66和NU-1000膜。Cao等[4]在溶剂热条件下采用原位生长方法在α-$Al_2O_3$基底上制备了以柔性配体H3TBTC（1，3，5，-tris[4-（羧基苯基）氧甲基]-2，4，6-三甲基苯）和Co（$NO_3$）$_2$·$6H_2O$为基的连续Co-tbtc MOF薄膜。

Liang等[5]提出一个简单和通用策略，利用静电纺丝技术制备无机晶体，结合溶剂热法，成功合成柔性自支撑MOF纤维垫（FS-MOF FMs）完整的金属氧化物相变产生的FMs（厚度0.03~0.05mm），其实验流程如图4-3-1所示。这为金属有机骨架纤维膜的制备提供了新的思路。

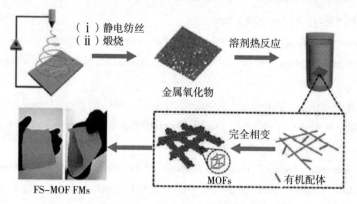

图4-3-1 柔性自支撑MOF纤维膜的制备流程[5]

本章通过使用静电纤维技术和煅烧获得厚度 0.4~0.5mm 的 $\gamma$-$Al_2O_3$ 纤维膜，发现如果溶剂只是去离子水，金属有机骨架材料表面的纤维膜生长块头很大，且不是均匀分布的。DMF 是制备 MIL 系列 MOFs 的常规溶剂，如 $NH_2$-MIL-53（Al）[6]。因此，本章采用 DMF 与水的混合溶剂。通过改变 DMF 的比例，在纤维表面获得一系列不同尺寸和形貌的金属有机骨架材料。

## 3.2 实验制备

### 3.2.1 $Al^{3+}$ 溶液制备

称取甲酸 48.24mL，乙酸 54.88mL 和去离子水 138.24mL，置入 500mL 的平底烧瓶中混合均匀。然后称取 8.64g 的铝粉加入上述混合溶液中，在温度 70℃下回流搅拌，直至铝粉完全溶解。降至室温后，过滤出少量杂质，即得到澄清透明的 $Al^{3+}$ 溶液。

### 3.2.2 静电纺丝制备纤维膜

取 30mL 上述 $Al^{3+}$ 溶液，加入 0.1g 的 PEO 助纺剂，增加可纺性，剧烈搅拌至无气泡产生，即得到所需要的纺丝液。使用 5mL 的注射器吸满纺丝液，使用国标针头 #21，固定在静电纺丝仪中，电压设置 23kV，推注速度 1.5mL/h，针头距接收器距离为 15cm，使用 23cm×17cm 的不锈钢板接收。在整个纺丝过程中，仪器内湿度保持在 20% 以下，温度维持在 30~35℃之间。将制备好的纤维膜放入干燥箱中，80℃干燥 24h。然后置于马弗炉中，以 1℃/min 的升温速率升至 600℃，恒温 2h，再以 5℃/min 的升温速率分别升至 800℃、900℃、1000℃进行煅烧。

### 3.2.3 溶剂热法制备 MOF 纤维膜

将 $H_2BDC$（1g）溶解于装有 DMF 和去离子水混合溶液的 200mL 聚四氟乙烯反应釜内衬中，超声 30min。随后，将 $\gamma$-$Al_2O_3$ 纤维膜沉浸到上面的前驱体溶液中，使用不锈钢高压釜密封，在 120℃加热 24h。冷却到室温后，将薄膜取出，使用大量的热乙醇浸泡，滤出后在真空干燥箱中 80℃过夜干燥。其中，为了保证 $\gamma$-$Al_2O_3$ 纤维膜在反应釜中与溶液充分接触，将其剪裁成 4cm×4cm 的方块状，并剪下两条 0.2cm×2cm 的长条，如图 4-3-2（a）所示，拼接成图 4-3-2（b）的形状，这种类三角柱的形状稳定性高。图 4-3-2（c）为某个样品反应结束后刚从反应釜中拿出来的样子，由此可以很明显地看到薄膜表面布满针刺状物。

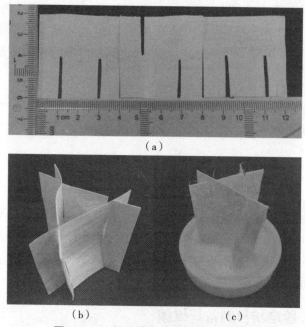

图 4-3-2　纤维膜裁剪形状及出釜样貌

## 3.3　$\gamma\text{-}Al_2O_3$ 纤维的表征及分析

### 3.3.1　光学图片和 SEM

纺丝结束后得到的凝胶纤维膜要先放入干燥箱中进行深度干燥（80℃加热 24h），然后在较低的温度下煅烧，为了防止因残余水分、甲酸、乙酸、PEO 等其他有机物的离去而产生内部缺陷，所以这一阶段的升温速率采用 1℃/min。最后再以 5℃/min 升温速率进行高温煅烧，以确保 $Al_2O_3$ 完全结晶[5,7]。如图 4-3-3 所示为 800℃纤维膜煅烧前后大小的对比图，从图中可以看出煅烧前的干凝胶长约 23cm，宽约 17cm，与接收板的大小相一致，而煅烧后其大小长约 14cm，宽约 10cm，面积缩减了 64.19%。对煅烧形成的 $\gamma\text{-}Al_2O_3$ 纤维膜使用环境扫描电镜进行微观形貌的观察，如图 4-3-4 所示，其中（a）、（b）、（c）分别对应锻烧温度 800℃、900℃、1000℃，各自下方为它们的 mapping 图。通过 SEM 图像可以看到，$\gamma\text{-}Al_2O_3$ 纤维连续未出现碎裂，走向呈现混乱无序的状态，这是由于纺丝过程中的收集装置是一块儿铁板的原因。由小图像可以看出，$\gamma\text{-}Al_2O_3$ 纤维的直径在 200~400μm 之间，且表面十分光滑。通过 mapping 图像可看出，Al 元素十分丰富，已经难以观察出纤维了，O 元素则主要富集在纤维上面，C 元素与 N 元素密度较小，而根据 EDS 分析，Al、O 这两种元素的重量百分比在 93% 以上。

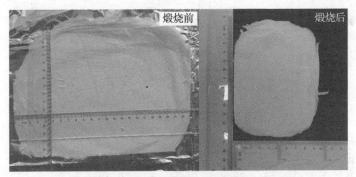

图 4-3-3　800℃煅烧前后纤维膜尺寸对比

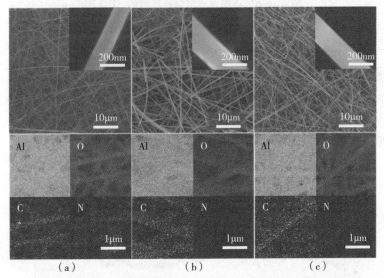

图 4-3-4　不同温度煅烧后纤维膜的 SEM 图和 mapping 图

### 3.3.2　XRD

图 4-3-5 展示了经过 700℃、800℃、900℃和 1000℃煅烧后纤维膜的 XRD 衍射图。从图 4-3-5 中可以看出，在 700℃煅烧的纤维膜是非晶的，而 800~1000℃煅烧的，在 19.347°、31.854°、37.538°、39.276°、45.666°、60.545°和 66.6°呈现出 $\gamma\text{-}Al_2O_3$ 的特征衍射峰（PDF#50-

0741）。并且煅烧温度为900℃和1000℃的纤维膜在45.666°和66.6°的衍射峰强度明显高于锻烧温度为800℃的样品，这两个衍射峰是$\gamma\text{-}Al_2O_3$的主要衍射峰[7-10]，符合煅烧温度越高样品的结晶程度越高的规律。

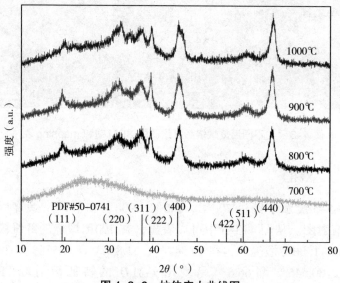

图 4-3-5 不同温度煅烧纤维膜的 XRD 图

### 3.3.3 拉伸应力

图 4-3-6 是使用电子万能试验机对纤维膜进行拉伸测试的结果。测试时根据仪器情况，将纤维薄膜剪裁成长 3cm，宽 1.5cm，厚度在 0.45~0.5mm 之间的条状。从图中可以看出，拉伸强度随着煅烧温度的升高逐渐增大，断裂伸长率则是逐渐减小，具体数值见表 4-3-1。

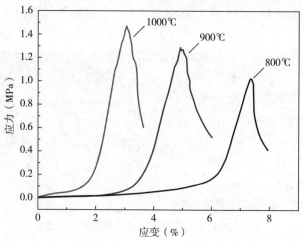

图 4-3-6 拉伸应力曲线图

表4-3-1 应力测试数据

| 煅烧温度 | 弹性模量/MPa | 断裂伸长率/% | 拉伸断裂应力/MPa | 拉伸强度/MPa | 最大力/N |
|---|---|---|---|---|---|
| 800℃ | 86.79 | 7.96 | 0.41 | 1.03 | 5.16 |
| 900℃ | 96.20 | 6.04 | 0.52 | 1.30 | 5.91 |
| 1000℃ | 149.22 | 3.66 | 0.60 | 1.48 | 6.78 |

### 3.3.4 比表面积及孔径分析

图4-3-7所示为不同煅烧温度纤维膜的$N_2$吸附等温线和孔径对数分布图。其中，图（a）为$N_2$吸脱附等温线。从图中可以看出，吸附曲线和脱附曲线不一致，这是Ⅳ型等温线的特点[11-13]，吸脱附曲线在$P/P_0$值较高的区域观察到一个平台，与吸附曲线形成了明显的滞后环。Ⅳ型等温线是由介孔固体产生的，而图（b）显示，孔径大小主要在4nm左右。三个温度煅烧过后的纤维膜由BET多点法得到的比表面积，800℃的最大，为38.7932$m^2$/g，而900℃和1000℃的相近，分别是15.5821$m^2$/g、19.3383$m^2$/g。制备MOFs纤维膜选择的是800℃煅烧的纤维膜，因为其比表面积相对来说最大，在溶剂热反应中可提供更多的活性位点[14]。

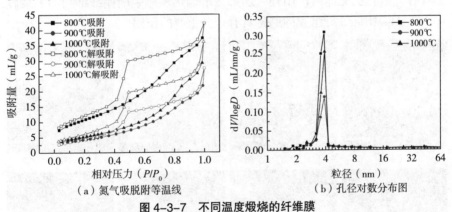

(a) 氮气吸脱附等温线　　(b) 孔径对数分布图

图4-3-7 不同温度煅烧的纤维膜

## 3.4 Al-MIL-53纤维膜的表征及分析

使用溶剂热法制备纤维膜，溶剂是DMF和去离子水的混合溶液，体积固定为100mL。首先，DMF的体积含量以10%的增量，从0增至30%，通过表征分析后进一步细化DMF的用量，分别是9%、8%、7%和6%。

### 3.4.1 DMF 体积含量为 30%、20%、10% 和 0% 的表征分析

（1）SEM。图 4-3-8 中展示了 DMF 体积含量分别为 30%、20%、10%、0% 时制备的样品拍摄的 SEM 图片。观察图 4-3-8（a）、(b)、(c) 发现，交织的纤维结构保持不变，只是纤维表面逐渐变得粗糙，在 DMF 的体积含量为 30% 时[图 4-3-8（a）]，其表面结构并不明显，但是当 DMF 的含量减少，即 20%、10% 时，可以在其[图 4-3-8（b）、(c)]表面清楚地发现有产物出现，在体积含量为 10% 时最明显。图 4-3-8（e）、(f)、(g) 是放大倍数拍摄的，我们可以清晰地观察到纤维膜表面紧密排列着条状产物，并且这些条状产物的大小是肉眼可见的，随着 DMF 体积含量减小而逐次增大，这也是为什么在图 4-3-8（a）、(b)、(c) 中纤维膜的粗糙程度逐渐显现的原因。通过对这三个样品 SEM 图片的观察，我们发现 DMF 含量越少，越有利于条状产物的生长。但是，当 DMF 的体积含量为 0 时，观察图 4-3-8（d），我们发现已经不是纤维结构了，整个纤维膜变成了一个块状，由不规则颗粒组成，还可见到极少的断裂纤维。图 4-3-8（h）是放大倍数拍摄后的块状产物形貌。因此，在本组实验中，DMF 除了具有分散有机配体的作用外，还可在溶剂热反应中确保纤维结构不被破坏，对 Al-MIL-53 纤维膜的制备具有十分重要的作用。

图 4-3-8 DMF 和水不同体积比制备 MOF 纤维膜的 SEM 图[30%（a 和 e），20%（b 和 f），10%（c 和 g），0%（d 和 h）]

（2）XRD。图 4-3-9 所示为 DMF 体积含量分别为 30%、20%、10%、

0%时，制备的样品 XRD 图片。观察发现，当溶剂中含有 DMF 时，在约为 9.3°处有衍射峰，衍射强度随着 DMF 体积含量的减少而逐渐增强，并且在体积含量为 10%的时候，在约 17.5°的位置又出现了一个小峰。这三个样品在 45.6°、66.6°的位置还保留有 $\gamma$-$Al_2O_3$ 的特征衍射峰，但是其衍射强度随着 DMF 体积含量的减少而减小。由此可以得出，DMF 在溶剂中的含量对样品的结晶度有影响，其含量越少，样品的结晶度越高。制备该 MOF 纤维膜需要在酸性溶液中，溶液中的 $H^+$ 由有机配体 BDC-H 的（—COOH）提供，其与纤维膜表面的 $\gamma$-$Al_2O_3$ 反应形成 $AlO_4(OH)_2$，然后与—COO 连接形成 MIL-53 的结构[15, 16]。而 DMF 呈碱性，对这一过程有抑制作用，所以使用的 DMF 用量以少为好。我们已经从 SEM 图片分析得到，在 DMF 的体积含量为 8%、7%、6%，条状样品的致密程度逐渐下降，现在它们的 XRD 图像也由强到弱。当 DMF 在溶剂中的含量为 0 时，该样品的 XRD 图像符合 MIL-53 lt 模式，$\gamma$-$Al_2O_3$ 的特征衍射峰已不可见。

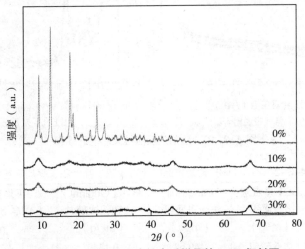

图 4-3-9　溶剂热反应结束后样品的 XRD 衍射图

（3）氮气吸附分析。图 4-3-10 所示为 DMF 体积含量分别为 30%、20%、10%、0%时，制备样品测得的氮气吸附等温线与 BJH 孔径对数分布图。其中，图 4-3-10（a）为溶剂热反应后样品的 $N_2$ 吸附等温线。DMF 体积含量为 30%、20%和 10%时，吸脱附曲线整体呈现 S 型，在低相对压力（$P/P_0$）区曲线凸向上，说明样品与 $N_2$ 之间存在较强相互作用；在相对压力为 0.5~1.0 时，可观察到迟滞回线。因此，样品的吸脱附曲线Ⅳ型等温线特征明显，主要是由介孔固体产生的。当 DMF 体积含量为 0 时，该样品在 $P/P_0$ 等于零的地方，氮气吸附量竖直向上，这归因于微孔填充；在高相对压力区又可观察到一个滞后环，意味着发生了毛细管凝聚现象，是介孔吸附的特征。图 4-3-10（b）为样品的孔径对数分布图，当 DMF 体积含量为 30%、20% 和 10% 时，样品的孔径分布主要有三个区域，分别是 2nm 以下，4nm 左右和 32nm 左右；当 DMF 体积含量为 0 时，孔径分布主要有两个区域，分别为 2nm 以下和 16nm 左右。表 4-3-2 列出了上述四个样品测得的比表面积，微孔体积以及平均孔直径。从表中数据能容易地看出，随着 DMF 体积含量的减少，比表面积依次增加，平均孔直径依次减小。MOFs 对 VOCs 的吸附性能的影响是，比表面积、孔体积越大，孔直径越小（0.7nm 以下最好），其吸附性能越强。简言之，DMF 的用量不要超过 10%，否则影响 MOFs 生长；但也不能没有，否则纤维结构易被破坏。因此，有必要将 DMF 的用量细化进一步研究。

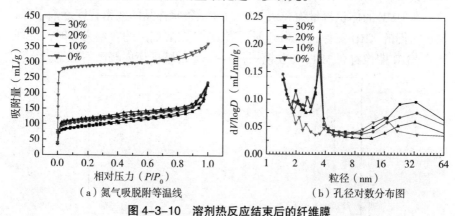

（a）氮气吸脱附等温线　　　　（b）孔径对数分布图

图 4-3-10　溶剂热反应结束后的纤维膜

表 4-3-2　不同 DMF 含量样品的比表面积、孔体积、平均孔直径

| DMF 体积含量 | BET 多点法比表面积 /（m²/g） | Langmuir 法比表面积 /（m²/g） | H-K（Original）法微孔体积 /（mL/g） | 平均孔直径（4V/A by BET）/ nm |
|---|---|---|---|---|
| 30% | 296.5257 | 449.68 | 0.1349 | 4.7834 |
| 20% | 343.1121 | 522.44 | 0.1608 | 4.2470 |
| 10% | 362.3298 | 547.50 | 0.1716 | 3.8628 |
| 0% | 857.8477 | 1277.65 | 0.4389 | 2.6005 |

### 3.4.2　DMF 体积含量进一步优化后的表征分析

（1）SEM。图 4-3-11 中展示了 DMF 体积含量分别为 9%、8%、7%、6% 时，制备样品拍摄的 SEM 图片。观察图 4-3-11（a）、（b）、（c）、（d）可以发现，样品均保持着纤维结构，其粗糙程度却是随着 DMF 体积含量的减少而逐渐变得不可见。当 DMF 的体积含量为 9% 时，在纤维膜表面生长的样品最为致密，以至其纤维结构都将要被掩盖。但是当 DMF 含量

减少为8%、7%时，样品表面的粗糙程度明显下降，在DMF的含量为6%时，竟依稀可见有裸露着的纤维表面。放大拍摄倍数[图4-3-11（e）、（f）、（g）、（h）]可以清晰地看到纤维表面的柱状样品。图4-3-11（e）中柱状样品的大小参差不齐，且排列相当密集，已经看不出纤维结构。而图4-3-11（f）、（g）、（h）中的各柱状样品大小均匀，可是密集程度逐渐降低。图4-3-11（f）中柱状样品排列还是十分密集的，纤维结构不甚清晰。图4-3-11（g）的柱状样品在纤维表面覆盖得较为紧密，但已经可以看到有裸露在外的纤维表面。图4-3-11（h）则是外层有着大量的纤维表面裸露着，内层的还是覆盖得很密集，还可在图中间纤维的裸露表面上发现白色斑点和白色细痕，应该是洗涤过程中柱状样品掉落后留下的。

图4-3-11　DMF和水不同体积比制备MOF纤维膜的SEM图[9%(a和e)，8%(b和f)，7%(c和g)，6%(d和h)]

（2）XRD。图4-3-12所示为DMF体积含量分别为9%、8%、7%、6%时，制备的MOFs纤维膜XRD图片。其中，衍射强度最强的是DMF含量为9%制备的样品。然后随着DMF体积含量的减少，其衍射强度明显减弱，且当DMF含量为6%时，在位置约为12°的衍射峰弱到几不可见，在25.5°的衍射峰已经消失不见了。这四个样品的衍射峰型都有MIL-53模拟衍射特征峰，尤其是在DMF含量为9%时，样品的各衍射峰强度与MIL-53 lt一致。其他三个样品最高的衍射峰是在8°~9°之间，在12°位置的次之，所以它们应该是介于MIL-53 ht与MIL-53 lt之间的一种状态。另外，在45.6°、66.6°的位置还保留有$\gamma$-$Al_2O_3$的特征衍射峰，其衍射强度随着DMF体积含量的减少而减小。

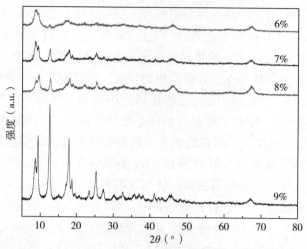

图 4-3-12 溶剂热反应结束后纤维膜的 XRD 衍射图

（3）FT-IR。傅里叶变换红外光谱如图 4-3-13 所示。有机配体 BDC 羧酸基团的振动带通常出现在（1400±1700）$cm^{-1}$ [17]。位于 1578~1507$cm^{-1}$ 的吸收峰对应 -$CO_2$ 的非对称伸缩对称峰，而位于 1445~1415$cm^{-1}$ 处的吸收峰对应 -$CO_2$ 的对称伸缩对称峰[18]，分别由图中的虚线（左边 2 条）和虚线（右边 3 条）标识。在低波数范围，470~580$cm^{-1}$ 的振动峰是由于 MIL-53 中 Al—O 的存在造成的[19]。从理论上讲，Al—O—Al 的吸收峰在 945~990$cm^{-1}$ 之间，而 Al—O—C 的吸收峰在 1028~1070$cm^{-1}$ 之间[20]。同时，C—O—C 键也有 900~1150$cm^{-1}$ 之间的吸收，这可以理解为添加剂 PEO 引入的[21]。此外，730~1100$cm^{-1}$ 之间的吸收峰属于 C—H 的伸缩振动峰[22]。

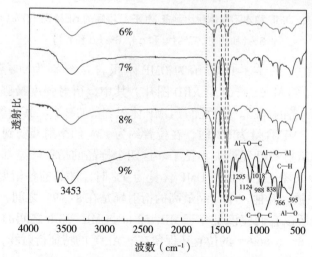

图 4-3-13 Al-MIL-53 纤维膜的 FT-IR 图

（4）氮气吸附分析。图 4-3-14 所示为 DMF 体积含量分别为 9%、8%、7%、6% 时，制备样品测得的氮气吸附等温线与 BJH 孔径对数分布图。观察图 4-3-14（a），四个样品的氮气吸附等温线在低相对压力区域，氮气吸附量快速增长，属于微孔吸附作用；在高相对压力区曲线凹向下结束，脱附曲线还和吸附曲线形成一条细长的回滞环，归因于氮气在介孔中发生了毛细管凝聚现象。图 4-3-14（b）呈现的是溶剂热反应结束后纤维膜的孔径对数分布，从中可以看出，Al-MIL-53 纤维膜既有微孔又有介孔，与等温线呈现的结果一样。这四个不同 DMF 体积含量制备的样品孔径主要分布在 2nm 以下，4nm 和 32nm 左右，除了 DMF 体积含量为 6% 这一样品，其余的在 8nm 左右也有分布。表 4-3-3 列出了上述四个样品测得的比表面积，微孔体积以及平均孔直径。比表面积和微孔体积最大、平均孔直径最小的是 DMF 体积含量为 9% 的 Al-MIL-53 纤维膜，其 langmuir 法测得比表面积为 1114.09m²/g，7% 的为 1103.65m²/g，与文献[13]中利用微波法制备的粉末状 MIL-53 大小相近。而 DMF 体积含量为 8% 和 6% 的 langmuir 法制得的样品比表面积分别为 719.23m²/g 和 697.86m²/g。

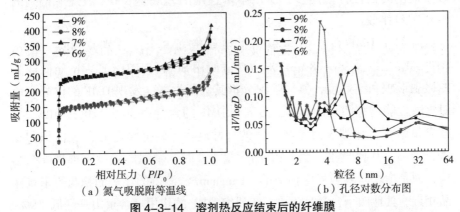

（a）氮气吸脱附等温线　　　　　（b）孔径对数分布图

图 4-3-14　溶剂热反应结束后的纤维膜

表 4-3-3　不同 DMF 含量样品的比表面积、孔体积、平均孔直径

| DMF 体积含量 | BET 多点法比表面积 / (m²/g) | Langmuir 法比表面积 / (m²/g) | H-K(Original) 法微孔体积 / (mL/g) | 平均孔直径 (4V/A by BET) / nm |
|---|---|---|---|---|
| 9% | 748.6094 | 1114.09 | 0.3757 | 3.1958 |
| 8% | 479.2584 | 719.23 | 0.2333 | 3.4704 |
| 7% | 736.3279 | 1103.65 | 0.3700 | 3.4316 |
| 6% | 450.1053 | 697.86 | 0.2234 | 3.5947 |

## 3.5 本章小结

本章探究了以 DMF 和去离子水的混合溶液作为溶剂，利用溶剂热法制备 Al–MIL–53 纤维膜。

首先制备基底 $\gamma$–$Al_2O_3$ 纤维膜。利用静电纺丝技术电纺出铝溶胶纤维膜，通过高温煅烧形成 $\gamma$–$Al_2O_3$ 纤维薄膜。其中分别使用了 700℃、800℃、900℃和 1000℃进行煅烧，经过 XRD 表征发现，700℃煅烧的干凝胶纤维是非晶态的，其余三个温度均成功煅烧出 $\gamma$–$Al_2O_3$ 膜。通过 SEM 观察 $\gamma$–$Al_2O_3$ 膜的纤维表面和结构，并拍摄 mapping 和进行 EDS 分析，得出纤维膜连续无碎裂情况，纤维表面光滑，主要由 Al 元素和 O 元素组成。使用 $N_2$ 吸附测量 $\gamma$–$Al_2O_3$ 膜的孔径和比表面积，其孔径主要分布在 4nm，比表面积最大的是 800℃煅烧所得到的薄膜。考虑到比表面积越大，在反应时可提供的活性位点越多，所以本章选用的基底是 800℃煅烧所得到的 $\gamma$–$Al_2O_3$ 纤维膜。

溶剂中 DMF 和水的体积比主要研究了 8 个，分别是 30%、20%、10%、0%，以及 9%、8%、7%、6%。使用 SEM、XRD、FT–IR 分析样品的微观形貌和结晶度，氮气吸附分析其吸附性能，发现 DMF 的体积含量对这些性能均有明显的影响。溶剂中 DMF 的含量为 30%、20%、10% 时，其含量越少，纤维表面条状产物的尺寸越大，结晶度越好，表面积和孔体积越高，孔径越小。当 DMF 的含量为 0 时，微观形貌已不再是纤维结构，而是由块状颗粒堆叠而成的，Langmuir 法测得的比表面积与粉末状样品相近。其他四个含量是为进一步研究 DMF 的作用。含量由高到低（9%、8%、7%、6%）所制备样品的 XRD 的衍射强度由高到低，SEM 图片发现条状样品在纤维表面排列由密集到稀疏。但是在 DMF 含量为 6% 时制备纤维膜的纤维上，观察到条状样品掉落后留下的白斑和白痕，猜测应当是由于在低 DMF 含量下条状样品生长得过大，在洗涤过滤中导致它们掉落，所以出现这种由密到疏的情况。

总之，DMF 在溶剂中不仅具有分散有机配体的作用，还对纤维表面条状产物的尺寸结晶度有很大影响。综合分析这 8 个 DMF 体积含量制备样品的表面密集程度、结晶度以及比表面积、孔体积、孔径大小，最优异的含量是 9%。

## 参考文献

[1] Biemmi E, Scherb C, Bein T. Oriented Growth of the Metal Organic Framework $Cu_3(BTC)_2(H_2O)_3 \cdot xH_2O$ Tunable with Functionalized Self-Assembled Monolayers[J]. Am. Chem. Soc., 2007, 129 (26), 8054–8055.

[2] Stassen I, Styles M, Grenci G, et al. Chemical vapour deposition of zeolitic imidazolate framework thin films[J]. Nat. Mater., 2016, 15 (3): 304–310.

[3] Li M, Dinca M. Selective formation of biphasic thin films of metal-organic frameworks by potential-controlled cathodic electrodeposition[J]. Chem. Sci., 2014, 5 (1): 107–111.

[4] Li W J, Gao S Y, Liu T F, et al. In Situ Growth of Metal-Organic Framework Thin Films with Gas Sensing and Molecule Storage Properties[J]. Langmuir, 2013, 29 (27): 8657–8664.

[5] Huixin Liang, Xiuling Jiao, Cheng Li et al. Flexible self-supported metal-organic framework mats with exceptionally high porosity for enhanced separation and catalysis[J]. Journal of Materials Chemistry A, 2018, 6: 334–341.

[6] Xinquan Cheng, Anfeng Zhang, Keke Hou, et al. Size- and morphology-controlled $NH_2$-MIL-53 (Al) prepared in DMF-water mixed solvents[J]. Dalton Trans., 2013, 42: 13698–13705.

[7] Yan Wang, Wei Li, Yuguo Xia, et al. Electrospun flexible self-standing g-alumina fibrous membranes and their potential as highefficiency fine particulate filtration media[J]. J. Mater. Chem. A, 2014, 2: 15124–15131.

[8] Kang W, Cheng B, Li Q, et al. A new method for preparing alumina nanofibers by electrospinning technology[J]. Text. Res. J., 2011, 81 (2): 145–155.

[9] Azad A M. Fabrication of transparent alumina ($Al_2O_3$) nanofibers by electrospining[J]. Mater. Sci. Eng. A., 2006: 435–473.

[10] Yu P, Yang R, Tsai Y, et al. Growth mechanism of single-crystal $\alpha$-$Al_2O_3$ nanofibers fabricated by electrospinning techniques [J]. J. Eur. Cer. Am. Soc, 2011, 31 (5): 723–731.

[11] Xingjie Wang, Chen Ma, Jing Xiao, et al. Benzene/toluene/water vapor adsorption and selectivity of novel C-PDA adsorbents with high uptakes of benzene and toluene[J]. Chem. Eng. J., 2018, 335: 970–978.

[12] Xuejiao Sun, Tingting Wu, Zhimin Yan, et al. Novel MOF-5 derived porous carbons as excellent adsorption materials for n-hexane[J]. Journal of Solid State Chemistry, 2019, 217: 354–360.

[13] Vera I Isaeva, Andrey L Tarasov, Vladimir V, et al. Control of morphology and size of microporous framework MIL-53 (Al) crystals by synthesis procedure[J]. Mendeleev

Commun., 2015, 25: 466–467.

[14] Xiuquan Li, Li Zhang, Zhongqing Yang, et al. Adsorption materials for volatile organic compounds (VOCs) and the key factors for VOCs adsorption process: A review[J]. Separation and Purification Technology, 2020.

[15] Thomas Devic, Patricia Horcajada, Christian Serre, et al. Functionalization in Flexible Porous Solids: Effects on the Pore Opening and the Host-Guest Interactions[J]. J. AM. CHEM. SOC., 2010, 132: 1127–1136.

[16] Shyam Biswas, Tim Ahnfeldt, Norbert Stock, et al. New Functionalized Flexible Al–MIL–53–X [X = –Cl, –Br, –$CH_3$, –$NO_2$, –(OH)$_2$] Solids: Syntheses, Characterization, Sorption, and Breathing Behavior[J]. Inorg. Chem. 2011 (50): 9518–9526.

[17] Thierry Loiseau, Christian Serre, Clarisse Huguenard, et al. A Rationale for the Large Breathing of the Porous Aluminum Terephthalate (MIL–53) Upon Hydration[J]. Chem. Eur. J., 2004, 10: 1373–1382.

[18] Phani Rallapalli, nesh Patil, P Prasanth, et al. An alternative activation method for the enhancement of methane torage capacity of nanoporous aluminium terephthalate, MIL–53 (Al) [J]. J Porous Mater, 2010 (17): 523–528.

[19] Chen Li, Zhenhu Xiong, Jinmiao Zhang, et al. The Strengthening Role of the Amino Group in Metal–Organic Framework MIL–53 (Al) for Methylene Blue and Malachite Green Dye Adsorption[J]. J. Chem. Eng. Data, 2019.

[20] D L Guertin, S E Wiberley, W H Bauer, et al. The infrared spectra of three aluminum alkoxides[J]. J. Phys. Chem., 1956 (60): 1018–1019.

[21] Yan Wang, Wei Li, Yuguo Xia, et al. Electrospun flexible self-standing g–alumina fibrous membranes and their potential as high-efficiency fine particulate filtration media[J]. J. Mater. Chem. A, 2014, 2: 15124–15131.

[22] Ehsan Rahmani, Mohammad Rahmani. Al–based MIL–53 Metal Organic Framework (MOF) as the New Catalyst for Friedel–Crafts Alkylation of Benzene[J]. Ind. Eng. Chem. Res., 2017, 12: 1–23.

# 第五篇

## 多孔材料/聚合物复合纤维制备及其在苯吸附中的应用研究

  多孔材料具有独特的孔道结构以及较大的比表面积，展现出优异的挥发性有机气体（VOCs）吸附性能，是环境污染治理及预防领域较为广泛使用的材料之一。首先，基于新型微孔结构NaY分子筛，通过优化静电纺丝技术工艺参数，如纺丝电压和喷速等，制备了形貌均匀、大比表面积的NaY/聚乙烯吡咯烷酮（PVP）分级多孔复合纤维（NaY/PVP），并揭示了分级多孔结构复合纤维的协同吸附作用机制。进一步选用成本较低且制备工艺简单的ZIF-8分子筛，利用静电纺丝技术制备了ZIF-8/聚丙烯腈（PAN）分级多孔纤维结构（ZIF-8/PAN）。继而利用化学气相沉积（CVD）技术对ZIF-8/PAN复合纤维进行热解氮掺杂，得到了氮掺杂分级多孔碳纤维。

# 第1章 静电纺丝合成 NaY 嵌入多孔 PVP 复合纤维及其性能研究

## 1.1 引言

石油化工或相关行业产生的挥发性有机化合物（VOCs）由于具有毒性、危险性和致癌性而逐渐恶化了我们的生活环境[1-4]。另外，挥发性有机化合物可以间接作为气体前体，通过光化学反应促进有害的二次有机气溶胶的形成[5, 6]。在这些挥发性有机化合物中，苯在化学工业中作为原料或溶剂的普遍使用受到了特别的关注[7, 8]。但是，已经证明，空气中极低浓度的苯会对环境产生严重的负面影响，甚至有致癌的危险[9]。因此，人们付出了很多努力，通过使用有效的吸附剂从污染的空气中除去苯。

由于分子筛具有较大的比表面积、高离子交换能力和尺寸选择能力，不同的分子筛作为吸附剂已被广泛用于工业中[10-14]。在过去几年中，人们对分子筛的迁移和吸附机理的研究引起了极大的关注。此外，这些理论见解预示了在提高挥发性有机化合物吸附性能方面的巨大潜力[15, 16]。但是，单个分子筛不能满足吸附应用的要求，因为其微孔孔径大约为 0.5nm，这阻碍了大动力学直径的挥发性有机化合物有效扩散到吸附位点[17, 18]。因此，基于分子筛设计具有不同结构的复合材料可以有效提高吸附剂的性能[19, 20]。例如，具有微孔/大孔分级结构的硅藻土/MFI 型（Silicate–1）分子筛复合材料，由于这种分级结构的协同效应而具有较高的苯吸附能力[17]。另外，具有 MFI 型分子筛膜的结构和分子筛/金属有机骨架滤膜的复合材料分别具有独特的苯吸附能力[21, 22]。最近，通过静电纺丝方法制备的分子筛–聚合物复合多孔纤维为寻找更加高效的吸附剂提供了新的方向[23-27]。一般来说，静电纺丝是一种可以合成直径从几十纳米到微米可调的分子筛基复合纤维的简单有效的技术[28, 29]。同时，聚丙烯酰胺（PAM）和聚乙烯吡咯烷酮（PVP）等聚合物由于具有低成本、低毒性、良好的拉伸强度和生物相容性，以及优异的亲水性等优点，在制备分子筛基复合纤维中起着至关重要的作用[30-34]。因此，由于具有上述优点，利用静电纺丝技术吸附挥发性有机化合物来开发新颖的分子筛 – 聚合物复合纤维是可行的。

在此，我们采用简单的静电纺丝技术设计了一种新型的分级结构 NaY 分子筛/PVP 复合纤维来作为苯的吸附剂。通过嵌入两种平均粒径分别为 0.75μm 和 0.4μm 的 NaY 分子筛，优化静电纺丝的电压和喷速来实现具有均匀形貌的分级多孔结构的复合纤维。最终，嵌入平均粒径为 0.4μm 的 NaY 分子筛复合纤维，在 25kV 的最佳静电纺丝电压和 1.5mL/h 的喷速下合成的复合纤维表现出令人印象深刻的 667mg/g 的苯吸附能力，这归因于由多孔 PVP 和微孔 NaY 分子筛组成的分级结构产生的协同作用。据我们所知，这是首次将这种具有分级结构的 NaY 分子筛/PVP 复合纤维用于苯吸附。所有这些结果表明，NaY 分子筛/PVP 复合纤维可以有效地协同吸附污染空气中的苯。更重要的是，这种探索将为高性能分子筛 – 聚合物复合材料吸附剂的设计思路提供重要的参考。

## 1.2 NaY 分子筛，NaY/PVP 复合纤维制备

### 1.2.1 实验试剂

本节实验所用主要试剂见表 5-1-1。

表 5-1-1 主要试剂

| 试剂名称 | 规格 | 生产厂家 |
| --- | --- | --- |
| PVP | $M_w$=1300000 | 上海阿拉丁生化科技股份有限公司 |
| NaY 分子筛 | 平均粒径：0.75μm | 天津元立化工有限公司 |
| 硫酸铝 | AR | 西陇化工股份有限公司 |
| 偏铝酸钠 | AR | 上海麦克林生化科技有限公司 |
| 氢氧化钠 | AR | 西陇科学股份有限公司 |
| 浓硝酸 | 65%~68% | 西陇科学股份有限公司 |
| 30% 硅溶胶 | AR | 德州市晶火技术玻璃有限公司 |
| 无水乙醇 | AR | 西陇化工股份有限公司 |

### 1.2.2 采用无导向剂法合成平均粒径为 0.4μm 的 NaY 分子筛

实验具体步骤如下：

根据摩尔比为 $16Na_2O : Al_2O_3 : 16SiO_2 : 360H_2O$ 称取各个药品。

第一步：将氢氧化钠溶于一部分去离子水中形成溶液 A，偏铝酸钠溶于另一部分去离子水中形成溶液 B，都溶解后将溶液 A 倒入溶液 B 中形成溶液 C。

第二步：将溶液 C 搅拌均匀后加入 30% 硅溶胶形成溶液 D。

第三步：将浓硝酸溶于一定量的去离子水中得到稀硝酸后加入硫酸铝，搅拌直至完全溶解后，形成溶液 E。

第四步：将溶液 E 加入溶液 D 中搅拌 1h 后，置于 60℃水浴锅中连续搅拌 4h，得到混合液 F。

第五步：将混合液 F 转移到高压反应釜中，放在干燥箱中于 90℃下静态晶化 4h 后拿出直至反应釜冷却至室温。

第六步：从反应釜中取出沉淀物，用去离子水抽滤，直至悬浮液 pH 约等于 7 为止。

第七步：将滤膜上的固体颗粒倒入烧杯中后放在 100℃的干燥箱中干燥过夜。

第八步：将干燥后的固体颗粒置于马弗炉中，在 550℃下煅烧 6h 后，经过研磨得到平均粒径为 0.4μm 的 NaY 分子筛。

### 1.2.3 NaY/PVP 复合纤维制备

称取 2g NaY 分子筛，分散在 7mL 无水乙醇中，超声震荡 2h 后形成均匀的溶液，然后将 1g PVP 添加到悬浮液中并且在室温下搅拌 12h 后获得均匀的黏稠溶液。需要说明的是，对于平均粒径为 0.75μm 和 0.4μm 的 NaY 分子筛，上述制造过程均一致。接下来，将 NaY/PVP 混合黏稠溶液转移到 5mL 带有不锈钢针头的医用塑料注射器中进行静电纺丝。纺丝参数：电压设置为 20kV 和 25kV，喷速在 0.5~3.5mL/h 之间进行调整，针头到铝箔纸的距离为 15cm，相对湿度为 35%。将收集到的部分纤维进一步在 550℃下煅烧 4h。

### 1.2.4 NaY 分子筛，NaY/PVP 复合纤维的结构与性能测试

（1）扫描电子显微镜（SEM, Quanta 200 FEG）。NaY 分子筛和 NaY/PVP 复合纤维的几何形态通过扫描电子显微镜观察。

（2）能量色散 X 射线光谱仪（EDS）。煅烧后的 NaY/PVP 复合纤维的元素分布通过能量色散 X 射线光谱仪进行测试。

（3）X 射线衍射仪（XRD, Rigake Mini Flex 600）。NaY 分子筛和 NaY/PVP 复合纤维的结晶度通过 X 射线衍射仪进行测试，$\lambda=1.54056\text{Å}$。

（4）傅里叶红外光谱仪（FTIR, Agilent Cary 630）。NaY 分子筛和

NaY/PVP 复合纤维的结构通过傅里叶红外光谱仪测试，分辨率为 1cm$^{-1}$，测试范围为 400~2000cm$^{-1}$。

（5）比表面及孔径分析仪（3H-2000PS4）。NaY 分子筛和 NaY/PVP 复合纤维的比表面积，孔径分布及等温线曲线通过比表面及孔径分析仪测试。

（6）多站重量法蒸汽吸附仪（3H-2000PW）。NaY 分子筛和 NaY/PVP 复合纤维的最高苯吸附量通过多站重量法蒸汽吸附仪测试。

## 1.3 NaY 分子筛，NaY/PVP 复合纤维测试结果与分析

### 1.3.1 不同粒径 NaY 分子筛的形貌表征及平均粒径为 0.4μm 的 EDS 图谱

通过静电纺丝法制备的复合纤维，在可调的静电纺丝电压和喷速下，构成了商品化的 NaY 分子筛/PVP 和合成的 NaY 分子筛/PVP 两种复合纤维结构。对于平均粒径为 0.75μm 的商用 NaY 分子筛，其颗粒形态如图 5-1-1（a）所示。可以观察到，不均匀的 NaY 分子筛颗粒彼此聚集，粒径范围为 0.5~1μm。与商业化的 NaY 分子筛相比，在制造过程可控参数下合成的 NaY 分子筛颗粒具有均匀的形态和狭窄的尺寸分布。如图 5-1-1（b）所示，合成的 NaY 分子筛的平均粒径为 0.4μm，粒径范围为 0.3~0.5μm。此外，如图 5-1-1（c）~（f）所示，利用 EDS 分析来测试合成的 NaY 分子筛颗粒的元素分布。相应的 EDS 图谱清楚地描绘了 O、Na、Al 和 Si 元素的分布，证实了 NaY 分子筛的合成成功。

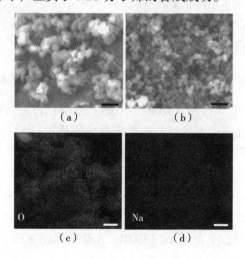

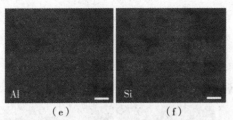

图 5-1-1　NaY 分子筛的 SEM 图像

［其平均粒径为 0.75μm（a）和 0.4μm（b）。平均粒径为 0.4μm 的 NaY 分子筛的 EDS 图谱，O（c），Na（d），Al（e）和 Si（f）元素。所有的比例尺均为 2μm］

## 1.3.2　NaY/PVP 复合纤维和煅烧后的 NaY/PVP 复合纤维的形貌表征，NaY 分子筛的平均粒径均为 0.75μm

通过使用简单有效的静电纺丝技术，获得了分级结构的 NaY 分子筛/PVP 多孔复合纤维。在制备过程中，静电纺丝电压和喷速对于合成后的复合纤维的表面形态至关重要。图 5-1-2 显示了在不同的纺丝电压和喷速下制备的 NaY 分子筛/PVP 复合纤维的 SEM 图，其中 NaY 分子筛平均粒径为 0.75μm。如图 5-1-2（a）~（d）所示，在 20kV 的恒定静电纺丝电压下，这些复合纤维的表面形态是不均匀的，随着静电纺丝喷速从 0.5mL/h 增加到 3.5mL/h，呈现出明显的变化。这可以归因于市售 NaY 分子筛颗粒的大粒径分布，范围为 0.5~1μm，导致复合纤维的表面起伏不定。类似地，如图 5-1-2（e）~（h）所示，对于在 25kV 的高静电纺丝电压下制备的复合纤维，均匀性仍然很差。然而，如图 5-1-2（a）和（e）所示，在恒定电压下，复合纤维的平均直径随着静纺丝喷速的增加而略有增加。

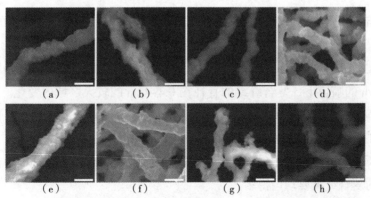

图 5-1-2　在 20kV（a）~（d）和 25kV（e）~（h）的静电纺丝电压下制备的
NaY 分子筛/PVP 复合纤维的 SEM 图

［NaY 分子筛平均粒径为 0.75μm，静电纺丝喷速为 0.5mL/h（a, e），1.5mL/h（b, f），2.5mL/h（c, g）和 3.5mL/h（d, h）。所有比例尺均为 5μm］

当将NaY/PVP复合纤维煅烧后，从SEM图像可以看出，复合纤维都出现了断裂现象，这是由于在煅烧过程中PVP有所损失而出现的现象，而且可以看出，NaY分子筛颗粒随着静电纺丝电压和喷速的增加而结合得更牢固，这可由煅烧复合纤维后的形态证实，如图5-1-3所示。

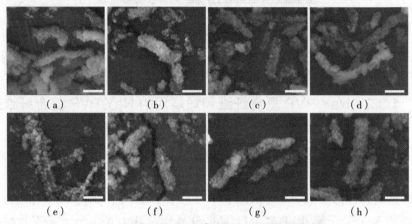

图5-1-3 复合纤维在550℃煅烧4h得到的平均粒径为
0.75μm的NaY分子筛纤维的SEM图像

［制备的NaY分子筛/PVP复合纤维的静电纺丝电压为20kV（a）~（d）和25kV（e）~（h），静电纺丝喷速为0.5mL/h（a,e），1.5mL/h（b,f），2.5mL/h（c,g）和3.5mL/h（d,h）。所有比例尺均为5μm］

### 1.3.3 NaY/PVP复合纤维和煅烧后的NaY/PVP复合纤维的形貌表征，NaY分子筛的平均粒径均为0.4μm

与市售的NaY分子筛颗粒相比，图5-1-4描绘了由粒径更小的NaY分子筛组成的复合纤维，其平均粒径为0.4μm，由于粒径相对均匀，因此表面波动较小。然而，如图5-1-4（a）所示，在20kV的静电纺丝电压和0.5mL/h的喷速下，复合纤维的直径在0.4~4μm的较大区域内变化。同时，随着静电纺丝喷速从0.5mL/h增加到3.5mL/h，在20kV的恒定电压下复合纤维的形态趋于均匀，如图5-1-4（a）~（d）所示。如图5-1-4（e）~（h）所示，通过将静电纺丝电压提高到25kV，纤维形态比在20kV电压下制造的复合纤维要均匀得多。

如图5-1-5所示，复合纤维煅烧后的NaY分子筛颗粒的结合强度在25kV的高压下也很强，而且在煅烧过后出现了纤维断裂的情况。

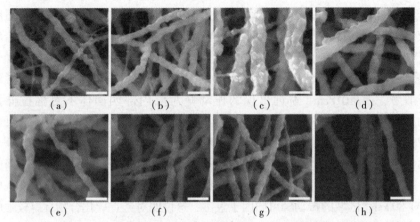

图 5-1-4　在 20kV（a）~（d）和 25kV（e）~（h）的纺丝电压下制备的
NaY 分子筛 /PVP 复合纤维的 SEM 图像

［NaY 分子筛平均粒径为 0.4μm。静电纺丝喷速为 0.5mL/h（a，e），1.5mL/h（b，f），2.5mL/h（c，g）和 3.5mL/h（d，h）。所有比例尺均为 5μm］

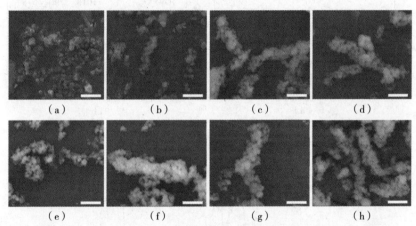

图 5-1-5　复合纤维在 550℃煅烧 4h 得到的平均粒径为 0.4μm 的
NaY 分子筛纤维的 SEM 图像

［制成的 NaY 分子筛 /PVP 复合纤维的纺丝电压为 20kV（a）~（d）和 25kV（e）~（h），静电纺丝喷速为 0.5mL/h（a，e），1.5mL/h（b，f），2.5mL/h（c，g）和 3.5mL/h（d，h）。所有比例尺均为 5μm］

### 1.3.4　NaY 分子筛、PVP 纤维和 NaY/PVP 复合纤维的结构表征

如图 5-1-6（a）所示，利用 X 射线衍射仪（XRD）测试和分析了制备的 NaY 分子筛颗粒和 NaY/PVP 复合纤维的结晶度。很明显，商品化和合成的 NaY 分子筛的 XRD 峰与以前的文献一致[32-34]。就 NaY/PVP 复合

纤维而言，与纯的 NaY 分子筛相比，XRD 峰显示出相同的分布，但强度较低，表明 NaY 分子筛颗粒已成功嵌入 PVP 纤维中。图 5-1-6（b）给出了在 400~1800cm$^{-1}$ 范围内获得的复合纤维和 NaY 分子筛颗粒的 FT-IR 光谱。1640cm$^{-1}$ 处的吸收峰对应于水分子中质子振动引起的羟基的弯曲振动吸收[35]。在 1018cm$^{-1}$ 附近出现的振动峰对应内部四面体不对称拉伸振动，而外部连接的对称拉伸振动吸收带分别对应于 790cm$^{-1}$ 和 1708cm$^{-1}$ [36]。578cm$^{-1}$ 附近的吸收峰对应于一个双环外链振动吸收峰，该峰是 NaY 分子筛的六元环振动。可以将 458cm$^{-1}$ 处的振动峰与 NaY 分子筛的内部四面体 T—O（T＝Si 或 Al）弯曲振动吸收峰对应起来[37]。尤其是图 5-1-6（c）中 700~800cm$^{-1}$ 区域的振动峰可归因于氢键，这说明对芳香族化合物具有较强的结合力[38-40]。

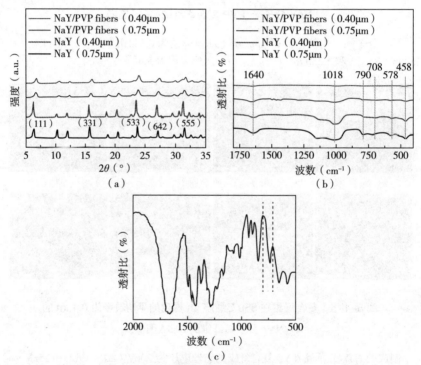

图 5-1-6　NaY 分子筛/PVP 复合纤维以及相应的平均粒径为 0.75μm 和 0.4μm 的 NaY 分子筛颗粒的 XRD 图谱（a）和 FT-IR 光谱（b），在 25kV 的静电纺丝电压和 1.5mL/h 的喷速下制备复合纤维，PVP 纤维的 FT-IR 光谱（c）

### 1.3.5　NaY 分子筛、PVP 纤维和 NaY/PVP 复合纤维的吸附能力表征

为了分析制备的复合纤维的吸附能力，进行了比表面积等测试。

图5-1-7（a）显示了在不同静电纺丝电压和喷速下制备的NaY分子筛颗粒，PVP纤维和NaY分子筛/PVP纤维的苯吸附曲线。可以看出，由于表面存在氢键，PVP纤维表现出一定的苯吸附能力。对于NaY分子筛平均粒径为0.4μm，在25kV的静电纺丝电压和1.5mL/h的喷速下制备的复合纤维的最大苯吸附能力为667mg/g［图5-1-7（a）］。图5-1-7（b）显示了在25kV的静电纺丝电压下制备的平均粒径为0.75μm和0.4μm的NaY分子筛/PVP复合纤维的氮气吸附脱附等温线，静电纺丝电压均为25kV，静电纺丝喷速分别为3.5mL/h和1.5mL/h。对于分子筛平均粒径为0.75μm和0.4μm的复合纤维，其BET比表面积分别为192m²/g和262m²/g。此外，可以看出嵌入PVP纤维中的NaY分子筛具有Ⅰ型等温线，通过低分压区的吸附量（$P/P_0$<0.01）有一段急剧的上升证明了这一点，这进一步表明复合纤维结构中存在大量的微孔结构。与单个NaY分子筛的氮气吸附量相比，复合纤维对氮气的吸附量更低，这归因于聚合物层对氮气气体的扩散阻挡作用[41]。

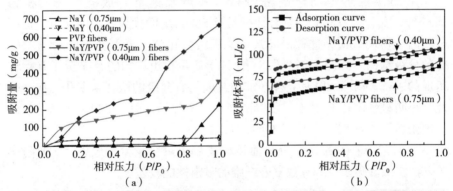

图5-1-7　NaY分子筛颗粒，NaY分子筛/PVP复合纤维以及PVP纤维的苯吸附曲线（a），在25kV的纺丝电压下制得的平均粒径为0.75μm和0.4μm的NaY分子筛/PVP复合纤维的氮气吸附脱吸等温线（b）（静电纺丝电压均为25kV，静电纺丝喷速分别为3.5mL/h和1.5mL/h）

如图5-1-8所示，平均粒径不同的NaY分子筛/PVP复合纤维，由于分子筛孔径均为0.71nm，因此具有几乎相同的苯吸附量，为322mg/g。与PVP纤维和NaY分子筛颗粒相比，NaY分子筛/PVP复合纤维的苯吸附能力可以大大提高。对于平均粒径为0.75μm的NaY分子筛，在25kV的静电纺丝电压和3.5mL/h的喷速下制备的复合纤维，其苯吸附能力最优为359mg/g。

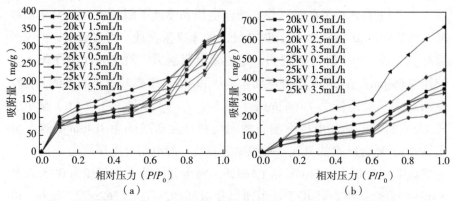

图 5-1-8 在不同的纺丝电压（20/25kV）和喷速（0.5~3.5mL/h）下制得的平均粒径分别为 0.75μm（a）和 0.4μm（b）的 NaY 分子筛/PVP 复合纤维的苯吸附曲线

### 1.3.6 不同粒径的 NaY 分子筛制备的复合纤维的单根纤维及其横截面形貌表征

在 25kV 的静电纺丝电压和 1.5mL/h 的喷速下合成的比表面积为 262m²/g、孔径为 0.8nm 的复合纤维具有 667mg/g 的优异苯吸附能力。这可以归因于协同效应，这种协同效应源于由多孔 PVP 和微孔 NaY 分子筛构成的分级结构。如图 5-1-9（a）和（b）所示，由均匀的 NaY 分子筛颗粒组成的 NaY 分子筛/PVP 复合纤维构造成具有分级的微孔-多孔结构。因此，很明显，多孔 PVP 不仅可以协同吸收苯分子，而且可以促进苯有效地扩散到微孔 NaY 分子筛中。然而，如图 5-1-9（c）和（d）所示，具有大且不均匀粒径嵌入的 NaY 分子筛颗粒被 PVP 聚合物紧密包裹，从而阻碍了苯的扩散和吸附，并导致复合纤维的吸附性能较差。

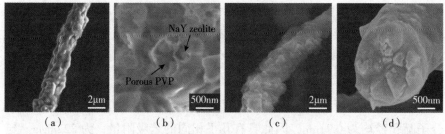

图 5-1-9 平均粒径为 0.4μm 的 NaY 分子筛，在 25kV 的静电纺丝电压和 1.5mL/h 的喷速下（a）制备的 NaY 分子筛/PVP 复合纤维的 SEM 图像和相应的横截面 SEM 图像（b）。平均粒径为 0.75μm 的 NaY 分子筛，在 25kV 的静电纺丝电压和 3.5mL/h 的喷速下（c）制备的 NaY 分子筛/PVP 复合纤维的 SEM 图像和相应的横截面 SEM 图像（d）

## 1.4 本章小结

本章采用经济有效的简单静电纺丝技术设计并制备了新型的 NaY 分子筛/PVP 复合纤维，并用于苯吸附。结果表明，平均粒径为 0.4μm 的 NaY 分子筛，在 25kV 的最佳静电纺丝电压和 1.5mL/h 的喷速下合成的复合纤维，有多孔 PVP 和微孔 NaY 分子筛构成的分级结构，由于其协同作用，苯吸附量显著提高到了 667mg/g。所有这些结果清楚地表明，NaY 分子筛/PVP 复合纤维在苯和其他挥发性有机化合物吸附应用中具有广阔的发展前景。将来，期望可以基于分子筛－聚合物纤维设计和探索更多创新的层次结构复合材料，以用作高性能吸附剂。

**参考文献**

[1] Kamal M S, Razzak S A, Hossain M M. Catalytic oxidation of volatile organic compounds (VOCs)–A review[J]. Atmos. Environ, 2016, 140: 117-134.

[2] Cheng Y, He H, Yang C, et al. Challenges and solutions for biofiltration of hydrophobic volatile organic compounds[J]. Biotechnol. Adv, 2016, 34 (6): 1091-1102.

[3] Zhao Q, Li Y, Chai X, et al. Interaction of inhalable volatile organic compounds and pulmonary surfactant: Potential hazards of VOCs exposure to lung[J]. J. Hazard. Mater, 2019, 369: 512-520.

[4] Zhang G, Liu Y, Zheng S, et al. Adsorption of volatile organic compounds onto natural porous minerals[J]. J. Hazard. Mater, 2019, 364: 317-324.

[5] Saini V K, Pires J. Development of metal organic framework-199 immobilized zeolite foam for adsorption of common indoor VOCs[J]. J. Environ. Sci, 2017, 55: 321-330.

[6] Dang S, Zhao L, Yang Q, et al. Competitive adsorption mechanism of thiophene with benzene in FAU zeolite: The role of displacement[J]. Chem. Eng. J, 2017, 328: 172-185.

[7] Talibov M, Sormunen J, Hansen J, et al. Benzene exposure at workplace and risk of colorectal cancer in four Nordic countries[J]. Cancer Epidemiol, 2018, 55: 156-161.

[8] Lee K X, Tsilomelekis G, Valla J A. Removal of benzothiophene and dibenzothiophene from hydrocarbon fuels using CuCe mesoporous Y zeolites in the presence of aromatics[J]. Appl. Catal. B-Environ, 2018, 234: 130-142.

[9] Tran Y T, Lee J, Kumar P, et al. Natural zeolite and its application in concrete composite production[J]. Compos. Pt. B-Eng, 2019, 165: 354-364.

[10] Terzić A, Pezo L, Andrić L. Chemometric assessment of mechano-chemically activated zeolites for application in the construction composites[J]. Compos. Pt. B-Eng, 2017, 109: 30-44.

[11] Kajtár D A, Kenyó C, Renner K, et al. Interfacial interactions and reinforcement in thermoplastics/zeolite composites[J]. Compos. Pt. B-Eng, 2017, 114: 386-394.

[12] Liang J, Li J, Li X, et al. The sorption behavior of CHA-type zeolite for removing radioactive strontium from aqueous solutions[J]. Sep. Purif. Technol, 2020, 230: 115874.

[13] Wu X, Yang Y, Zhao S, Li Y, Shan G. Research Progress of the Enrichment and Detection Technology of Marine Radionuclide[J]. Nucl. Electron. Detect. Techno, 2017, 37(12): 1266-1274.

[14] Liao J, Zhang Y, Fan L, et al. Insight into the acid sites over modified NaY zeolite and their adsorption mechanisms for thiophene and benzene[J]. Ind. Eng. Chem. Res, 2019, 58(11): 4572-4580.

[15] Zhu J, Wang Y, Tian T, et al. First-principles study of pollutant molecules absorbed on polymeric adsorbents using the vdW-DF2 functional[J]. Mater. Res. Express, 2018, 5(3): 035516.

[16] Yu W, Yuan P, Liu D, et al. Facile preparation of hierarchically porous diatomite/MFI-type zeolite composites and their performance of benzene adsorption: the effects of NaOH etching pretreatment[J]. J. Hazard. Mater, 2015, 285: 173-181.

[17] Zeng Y, Moghadam P Z, Snurr R Q. Pore size dependence of adsorption and separation of thiophene/benzene mixtures in zeolites[J]. J. Phys. Chem. C, 2015, 119(27): 15263-15273.

[18] Wang L, Shen C, Cao Y. PVP modified $Fe_3O_4$@$SiO_2$ nanoparticles as a new adsorbent for hydrophobic substances[J]. J. Phys. Chem. Solids, 2019, 133: 28-34.

[19] Nešić A R, Veličković S J, Antonović D G. Modification of chitosan by zeolite A and adsorption of Bezactive Orange 16 from aqueous solution[J]. Compos. Pt. B-Eng, 2013, 53: 145-151.

[20] Zhang Y, Yuan S, Feng X, et al. Preparation of nanofibrous metal-organic framework filters for efficient air pollution control[J]. J. Am. Chem. Soc, 2016, 138(18): 5785-5788.

[21] Zhang G, Song A, Duan Y, et al. Enhanced photocatalytic activity of $TiO_2$/zeolite composite for abatement of pollutants[J]. Microporous Mesoporous Mat, 2018, 255: 61-68.

[22] Xue J, Wu T, Dai Y, et al. Electrospinning and electrospun nanofibers: Methods,

materials and applications[J]. Chem. Rev, 2019, 119（8）: 5298-5415.

[23] Deng L, Du P, Yu W, et al. Novel hierarchically porous allophane/diatomite nanocomposite for benzene adsorption[J]. Appl. Clay Sci, 2019, 168: 155-163.

[24] Martín-Alfonso J E, Číková E, Omastová M. Development and characterization of composite fibers based on tragacanth gum and polyvinylpyrrolidone[J]. Compos. Pt. B-Eng, 2019, 169: 79-87.

[25] Habiba U, Siddique T A, Lee J J L, et al. Adsorption study of methyl orange by chitosan/polyvinyl alcohol/zeolite electrospun composite nanofibrous membrane[J]. Carbohydr. Polym, 2018, 191: 79-85.

[26] Asadi M, Shahabuddin S, Mollahosseini A, et al. Electrospun magnetic zeolite/polyacrylonitrile nanofibers for extraction of PAHs from waste water: optimized with central composite design[J]. J. Inorg. Organomet. Polym. Mater, 2019, 29（4）: 1057-1066.

[27] Chao S, Li X, Li Y, et al. Preparation of polydopamine-modified zeolitic imidazolate framework-8 functionalized electrospun fibers for efficient removal of tetracycline[J]. J. Colloid Interface Sci., 2019, 552: 506-516.

[28] Zhao Y, Lai Q, Zhu J, et al. Controllable Construction of Core-Shell Polymer @ Zeolitic Imidazolate Frameworks Fiber Derived Heteroatom - Doped Carbon Nanofiber Network for Efficient Oxygen Electrocatalysis[J]. Small, 2018, 14（19）: 1704207.

[29] Osman Y B, Liavitskaya T, Vyazovkin S. Polyvinylpyrrolidone affects thermal stability of drugs in solid dispersions[J]. Int. J. Pharm, 2018, 551（1-2）: 111-120.

[30] Chowdhury P, Nagesh P K B, Khan S, et al. Development of polyvinylpyrrolidone/paclitaxel self-assemblies for breast cancer[J]. Acta Pharm. Sin. B, 2018, 8（4）: 602-614.

[31] Shi Y, Liu C, Liu L, et al. Strengthening, toughing and thermally stable ultra-thin MXene nanosheets/polypropylene nanocomposites via nanoconfinement[J]. Chem. Eng. J, 2019, 378: 122267.

[32] Soares O S G P, Marques L, Freitas C M A S, et al. Mono and bimetallic NaY catalysts with high performance in nitrate reduction in water[J]. Chem. Eng. J, 2015, 281: 411-417.

[33] Ferreira L, Almeida-Aguiar C, Parpot P, et al. Preparation and assessment of antimicrobial properties of bimetallic materials based on NaY zeolite[J]. RSC Adv, 2015, 5（47）: 37188-37195.

[34] Mohamed R M, Mkhalid I A, Barakat M A. Rice husk ash as a renewable source for the production of zeolite NaY and its characterization[J]. Arab. J. Chem, 2015, 8（1）:

48–53.

[35] Zhao J, Yin Y, Li Y, et al. Synthesis and characterization of mesoporous zeolite Y by using block copolymers as templates[J]. Chem. Eng. J, 2016, 284: 405–411.

[36] Wang J, Huang Y, Pan Y, et al. New hydrothermal route for the synthesis of high purity nanoparticles of zeolite Y from kaolin and quartz[J]. Microporous Mesoporous Mat, 2016, 232: 77–85.

[37] Ríos R C A, Oviedo V J A, Henao M J A, et al. A NaY zeolite synthesized from Colombian industrial coal by-products: Potential catalytic applications[J]. Catal. Today, 2012, 190(1): 61–67.

[38] Molyneux P, Frank H P. The Interaction of Polyvinylpyrrolidone with Aromatic Compounds in Aqueous Solution. Part I. Thermodynamics of the Binding Equilibria and Interaction Forces1[J]. J. Am. Chem. Soc, 1961, 83(15): 3169–3174.

[39] Li Z, Matoska S J, Rohrer H. Effects of solution pH on adsorption of chlorophenols by cross-linked polyvinyl pyrrolidone (PVP XL) polymers[J]. Environ. Prog. Sustain. Energy, 2011, 30(3): 416–423.

[40] Wu W, He H, Liu T, et al. Synergetic enhancement on flame retardancy by melamine phosphate modified lignin in rice husk ash filled P34HB biocomposites[J]. Compos. Sci. Technol, 2018, 168: 246–254.

[41] Ren J, Musyoka N M, Annamalai P, et al. Electrospun MOF nanofibers as hydrogen storage media[J]. Int. J. Hydrog. Energy, 2015, 40(30): 9382–9387.

[42] Shi Y, Yu B, Duan L, et al. Graphitic carbon nitride/phosphorus-rich aluminum phosphinates hybrids as smoke suppressants and flame retardants for polystyrene[J]. J. Hazard. Mater, 2017, 332: 87–96.

[43] Shi Y, Yu B, Zheng Y, et al. Design of reduced graphene oxide decorated with DOPO-phosphanomidate for enhanced fire safety of epoxy resin[J]. J.Colloid Interface Sci, 2018, 521: 160–171.

# 第 2 章 氮掺杂分级多孔碳纤维制备及其在苯吸附中的应用研究

## 2.1 引言

金属有机骨架（MOF）材料受益于其大的比表面积，已被用作吸附剂广泛用于工业中。在过去的几年中，MOF 的运输和吸附机理的研究已经引起了很大的关注。此外，这些理论见解预示了在提高 VOC 吸附性能方面的巨大潜力[10, 11]。但是，单个 ZIF-8 不能满足吸附应用的要求，因为其微孔通道的直径为 1.16nm，从而阻碍了具有大动力学直径的 VOC 有效扩散到吸附位点[11]。因此，合理设计具有多种分级结构的 MOF 基复合材料，以提高吸附剂的性能。其次，聚丙烯酰胺和聚乙烯吡咯烷酮之类的聚合物由于低成本、低毒性、良好的拉伸强度和生物相容性，以及优异的亲水性而在制备复合纤维中起着至关重要的作用[12-14]。因此，通过静电纺丝吸附 VOCs 来开发新颖的 MOF-聚合物复合纤维是可行的。

在此，我们采用简单的静电纺丝技术设计了 ZIF-8 / PAN 复合材料衍生的氮掺杂分级多孔碳纳米纤维。通过嵌入粒径小于 100nm 的 ZIF-8 粉末，利用优化后的静电纺丝电压和喷速来实现具有均匀形态的分级多孔结构的复合纤维。然后，采用化学气相沉积（CVD）技术对 ZIF-8 / PAN 复合纤维进行热解氮掺杂，得到氮掺杂分级多孔碳纤维。最终，在优化的 25kV 静电纺丝电压和 1.5mL/h 的喷速下合成的中空 ZIF-8 氮掺杂分级多孔碳纤维表现出 694mg/g 的苯吸附能力，这归因于分级产生的协同效应，即由中空 ZIF-8 构成的多孔碳纤维结构以及吡啶氮的存在。据我们所知，这是首次设计这种氮掺杂分级多孔碳纤维用于苯吸附。所有这些结果表明，氮掺杂的分级多孔碳纤维可以有效地协同对污染空气中的苯进行吸附。更重要的是，这一探索将为高性能吸附剂的氮掺杂分级多孔碳纤维的设计考虑提供重要的参考。

## 2.2 ZIF-8 纳米颗粒、PAN 纤维、ZIF-8/PAN 纤维制备

### 2.2.1 实验试剂

本节实验所用主要试剂见表 5-2-1。

表 5-2-1 主要试剂

| 名称 | 纯度 | 生产厂家 |
| --- | --- | --- |
| 甲醇 | AR | 广东光华科技有限公司 |
| N，N- 二甲基甲酰胺（DMF） | AR | 西陇科学股份有限公司 |
| 六水合硝酸锌 | AR | 西陇科学股份有限公司 |
| 2- 甲基咪唑 | AR | 上海麦克林生化科技有限公司 |
| 聚丙烯腈（PAN） | $Mw=150000$ | 上海麦克林生化科技有限公司 |

### 2.2.2 采用搅拌法合成 ZIF-8 纳米颗粒

将 2.2304g 六水合硝酸锌溶解在 50mL 甲醇中并搅拌 5min 作为溶液 A。然后将 5.2808g 2- 甲基咪唑溶解在 50mL 甲醇并搅拌 5min 作为溶液 B。将溶液 A 和 B 在室温下搅拌 3h。将搅拌好的悬浮液通过离心（8000r/min，5min）后收集白色产物，并用甲醇洗涤 3 次。最后，将 ZIF-8 粉末在 80℃下真空干燥 12h。

### 2.2.3 PAN 纤维制备

在磁力搅拌下，将 0.8g 聚丙烯腈溶解在 8mL DMF 中，并水浴超声处理 2h，以获得均匀分散的溶液。静电纺丝是在 Nanon-01A 设备（日本 MECC）中在室温、相对湿度 30% 的条件下进行的。针头到铝箔纸的工作距离为 15cm。静电纺丝电压设置为 25kV，纺丝喷速将设置为 1.5mL/h。最后，将 PAN 纤维用镊子从铝箔纸上取出。

### 2.2.4 ZIF-8/PAN 复合纤维制备

首先，在磁力搅拌下，将 0.6g ZIF-8 粉末在 8mL DMF 中超声水浴处理 2h，以获得均匀分散的溶液。然后将 0.8g PAN 加入悬浮液中，然后将溶液

剧烈搅拌4h以获得ZIF-8粉末和PAN的重量比为3:4的均匀悬浮液。静电纺丝是于室温、相对湿度30%的条件下进行的。针头到铝箔纸的工作距离为15cm。静电纺丝电压设置为25kV，纺丝喷速设置为1.5mL/h。最后，将ZIF-8/PAN复合纤维用镊子从铝箔上取出。

### 2.2.5 氮掺杂分级多孔碳纤维制备

将得到的ZIF-8/PAN纤维从铝箔上直接剥离，在以下条件下进行热处理。首先在氩气氛围条件下将其在240℃下稳定1h，然后在800℃下碳化3h，冷却后从石英舟上收集得到在氩气氛围下的氮掺杂分级多孔碳纤维，命名为N-C-fibers-Ar。氮掺杂碳纤维与上述碳纤维制备流程一致，将氩气换为氮气即可，冷却后即可从石英舟上收集得到在氮气氛围下的氮掺杂分级多孔碳纤维，命名为N-C-fibers-N$_2$。程序升温条件均为5℃/min。

### 2.2.6 ZIF-8纳米颗粒、PAN纤维、ZIF-8/PAN复合纤维及氮掺杂分级多孔碳纤维的结构与性能测试

（1）扫描电子显微镜（SEM，Quanta 200 FEG）。PAN纤维，ZIF-8/PAN复合纤维及氮掺杂分级多孔碳纤维的几何形态通过扫描电子显微镜测试。

（2）能量色散X射线光谱仪（EDS）。氮掺杂分级多孔碳纤维的元素分布通过能量色散X射线光谱仪进行测试。

（3）透射电子显微镜（TEM，Talos 200S）。ZIF-8纳米颗粒，碳纤维及氮掺杂分级多孔碳纤维的几何形态通过透射电子显微镜测试。

（4）X射线光电子能谱（XPS，Thermo ESCALAB 250XI）。氮掺杂分级多孔碳纤维的元素定量分析均通过X射线光电子能谱测试。

（5）X射线衍射仪（XRD，Rigake Mini Flex 600）。ZIF-8纳米颗粒、PAN纤维、ZIF-8/PAN复合纤维及氮掺杂分级多孔碳纤维的结晶度通过X射线衍射仪进行测试，$\lambda=1.54056$Å。

（6）傅里叶红外光谱仪（FTIR，Agilent Cary 630）。ZIF-8纳米颗粒、PAN纤维、ZIF-8/PAN复合纤维及氮掺杂分级多孔碳纤维的结构通过傅里叶红外光谱仪测试，分辨率为1cm$^{-1}$，测试范围为500~4000cm$^{-1}$。

（7）比表面及孔径分析仪（3H-2000PS4）。ZIF-8纳米颗粒、ZIF-8/PAN复合纤维及氮掺杂分级多孔碳纤维的比表面积，孔径分布及等温线曲线通过比表面剂孔径分析仪测试。

（8）多站重量法蒸汽吸附仪（3H-2000PW）。ZIF-8纳米颗粒、PAN

纤维、ZIF-8/PAN复合纤维及氮掺杂分级多孔碳纤维的最高苯吸附量通过多站重量法蒸汽吸附仪测试。

（9）热重分析仪（TG）。ZIF-8纳米颗粒、PAN纤维、ZIF-8/PAN复合纤维及氮掺杂分级多孔碳纤维的热稳定性通过热重分析仪测试。

## 2.3 ZIF-8纳米颗粒、PAN纤维、ZIF-8/PAN纤维测试结果与分析

### 2.3.1 ZIF-8纳米颗粒、PAN纤维、ZIF-8/PAN纤维、N-C-fibers-Ar以及N-C-fibers-N$_2$的形貌表征及元素分析

如图5-2-1（a）和（b）所示，合成的ZIF-8纳米颗粒呈现出典型的菱形结构，尺寸均小于100nm。通过使用简单有效的静电纺丝技术，可以获得分级结构的ZIF-8/PAN复合纤维。在制备过程中，纺丝时的电压和喷速对于合成后的复合纤维的表面形态有至关重要的影响。图5-2-1（c）~（f）显示了PAN纤维，ZIF-8/PAN纤维，N-C-fibers-Ar以及N-C-fibers-N$_2$的SEM图像。可以看出，PAN纤维的平均直径为100~200nm。ZIF-8/PAN纤维、C纤维和N-C纤维的平均直径均约为500nm。

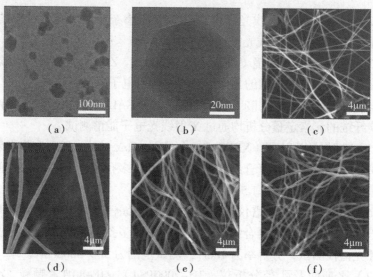

图5-2-1 ZIF-8纳米颗粒的TEM图像（a, b），PAN纤维（c），ZIF-8/PAN纤维（d），N-C-fibers-Ar（e）和N-C-fibers-N$_2$（f）的SEM图像（所有纤维均在25kV的纺丝电压和1.5mL/h的喷速下制造）

## 2.3.2 PAN 纤维、ZIF-8/PAN 纤维、N-C-fibers-Ar 以及 N-C-fibers-N$_2$ 的形貌表征及元素分析

如图 5-2-2（a）和（b）所示，N-C-fibers-Ar 具有核壳结构，由中空的 ZIF-8 纳米颗粒构成，且纤维直径大约为 500nm。图 5-2-2（c）~（e）为 N-C-fibers-N$_2$ 的 TEM 图像。可以看出，N-C-fibers-N$_2$ 平均直径为 300~400nm，且与 N-C-fibers-Ar 一样，同样由中空的 ZIF-8 纳米颗粒组成。此外，如图 5-2-2（f）~（h）所示，利用 EDS 分析来测试合成的 N-C-fibers-N$_2$ 的元素分布。相应的 EDS 图谱清楚地描绘了 C，N 和 O 元素的分布，证实了 ZIF-8 纳米颗粒的金属中心 Zn 在高温热解条件下已经被完全去除。

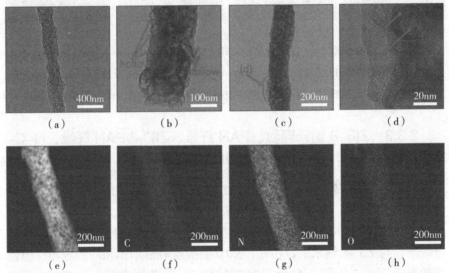

图 5-2-2 N-C-fibers-Ar（a，b）的 TEM 图像，N-C-fibers-N$_2$（c）~（e）的 TEM 图像以及 C（f），N（g）和 O（h）的相应元素映射（所有纤维均在纺丝电压为 25kV，流速为 1.5mL/h）

从图 5-2-3（a）可以看出，单根 PAN 纤维的形貌非常均匀，且直径不到 200nm。图 5-2-3（b）~（d）分别显示了单根 ZIF-8/PAN 复合纤维、N-C-fibers-Ar 以及 N-C-fibers-N$_2$ 的单根纤维 SEM 图像，由图可知，三种单根纤维的形貌都不均匀且直径均在 500nm 左右，这与在 SEM 图像上观察到的一致。而且由 N-C-fibers-Ar 的 TEM 图像以及相应的元素分布图可知，ZIF-8 纳米颗粒的金属中心 Zn 在氩气氛围下进行热解的时候也同样被完全去除。

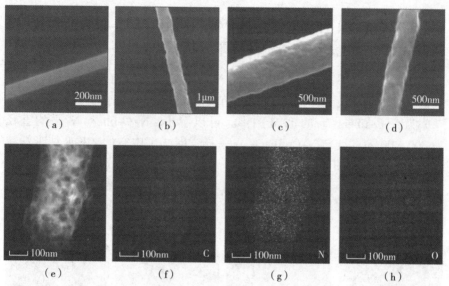

图 5-2-3 PAN 纤维（a）、ZIF-8/PAN 纤维（b）、N-C-fibers-Ar（c）以及 N-C-fibers-N$_2$（d）的 SEM 图像。N-C-fibers-Ar（e）的 TEM 图像以及 C（f），N（g）和 O（h）的相应元素映射（所有纤维均在 25kV 的纺丝电压和 1.5mL/h 的喷速下制造）

### 2.3.3 ZIF-8 纳米颗粒、PAN 纤维、ZIF-8/PAN 纤维、N-C-fibers-Ar 以及 N-C-fibers-N$_2$ 的结构表征

如图 5-2-4（a）所示，利用 XRD 测试了制备的 ZIF-8 纳米颗粒和复合纤维的结晶度。显然，ZIF-8 纳米颗粒，PAN 纤维，N-C-fibers-Ar 以及 N-C-fibers-N$_2$ 的 XRD 峰与以前的文献一致[15, 16]。对于 ZIF-8/PAN 复合纤维，与 ZIF-8 纳米颗粒相比，XRD 的吸收峰显示出相同的分布，但强度较低。图 5-2-4（b）显示了在 500~4000cm$^{-1}$ 范围内获得的 ZIF-8 纳米颗粒，PAN 纤维，N-C-fibers-Ar 以及 N-C-fibers-N$_2$ 的 FTIR 图谱。ZIF-8 纳米颗粒，ZIF-8/PAN 纤维和 PAN 纤维的图谱显示出高度的相似性。对于 ZIF-8 纳米颗粒，观察到在 3626cm$^{-1}$ 处的吸收峰为 O—H 键[17]，在 3135cm$^{-1}$ 和 2929cm$^{-1}$ 处的吸收峰分别归因于咪唑的芳香族和脂肪族的 C—H 键。在 1584cm$^{-1}$ 处的吸收峰为 C═N 键，而在 1350~1500cm$^{-1}$ 处的强而曲折的吸收峰与整个环的拉伸有关。在 900~1350cm$^{-1}$ 的吸收峰区域是指环的平面内弯曲，而低于 800cm$^{-1}$ 则被认为平面外的弯曲[18]。对于 PAN 纤维，其吸附峰在 2926~2935cm$^{-1}$ 范围内，与 CH，CH$_2$ 和 CH$_3$ 中的 C—H 键有关。在 2240cm$^{-1}$ 处观察到另一个峰，该峰与腈键（C≡N）的存在有关，表明腈基存在于聚丙烯腈链中。在 1170cm$^{-1}$ 处的吸收峰与 C═O 键

或 C–O 键有关。在 1455cm$^{-1}$ 处的吸收峰与拉伸振动有关[16]。对于 N—C—fibers–Ar 以及 N–C–fibers–N$_2$，在 1595cm$^{-1}$ 处的吸收峰与 C═N 和 C═C 键的拉伸以及稳定 PAN 的梯形框架结构的 N—H 面内弯曲有关[20]，并且在 1240cm$^{-1}$ 处的吸收峰为给不同模式的脂肪族 CH 基团振动，CH、CH$_2$ 以及 CH$_3$[21]。

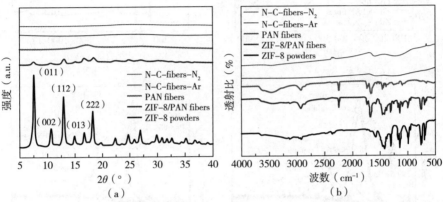

图 5-2-4　ZIF–8 纳米颗粒、ZIF–8/PAN 纤维、PAN 纤维、N–C–fibers–Ar 以及 N–C–fibers–N$_2$ 的 XRD 图谱（a）和 FT–IR 光谱（b）（所有纤维均在 25kV 的纺丝电压和 1.5mL/h 的喷速下制造）

### 2.3.4　ZIF–8 纳米颗粒、PAN 纤维、ZIF–8/PAN 纤维、N–C–fibers–Ar 以及 N–C–fibers–N$_2$ 的结构分析

通过热重分析仪（TG）测试所制备样品的热稳定性。由图 5-2-5（a）可知，ZIF–8 纳米颗粒的热重分析数据显示，在 200℃时，ZIF–8 纳米颗粒的重量在一步一步地损失，这对应于从腔体中去除客体分子（MeOH）以及未反应的配体从纳米晶体表面脱附。在 200~575℃的温度范围内显示出一个较长的平稳期，这可以归因于 2- 甲基咪唑配体的分解，表明样品在空气中具有很高的热稳定性。一直到 950℃，可以看到总质量一共损失了约 70%[22]。PAN 纤维在 500℃时几乎可以完全转变碳纤维，因此形成了空心的核壳结构。并且可以看到，N–C–fibers–Ar 以及 N–C–fibers–N$_2$ 在 800℃下非常稳定。XPS 光谱显示 N–C–fibers–Ar 以及 N–C–fibers–N$_2$ 存在 C，N 和 O［图 5-2-5（b）］。如图 5-2-5（c）和（d）所示，高分辨率 N1s 光谱被去卷积后分为四种类型：吡啶氮（398.2~398.4eV），吡咯氮（399.6eV），石墨氮（400.6eV）和氧化氮（401.4eV）[15, 23-26]。根据以上分析结果，已知 N–C–fibers–Ar 以及 N–C–fibers–N$_2$ 具有由中空的核以及碳外壳组成的核壳结构并且是氮掺杂的，这可以显著增强苯的吸附。

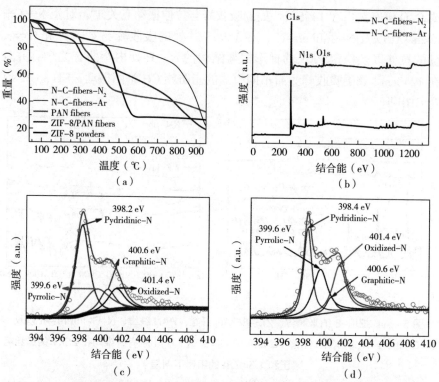

图 5-2-5　ZIF-8 纳米颗粒、PAN 纤维、ZIF-8/PAN 纤维、N-C-fibers-Ar 以及 N-C-fibers-$N_2$ 的 TG 图案（a），N-C-fibers-Ar 以及 N-C-fibers-$N_2$ 的 XPS 总能谱（b），N-C-fibers-Ar 的 N 元素的分峰（c）以及 N-C-fibers-$N_2$ 的 N 元素分峰（d）（所有纤维均在 25kV 的纺丝电压和 1.5mL/h 的喷速下制造）

### 2.3.5　ZIF-8 纳米颗粒、PAN 纤维、ZIF-8/PAN 纤维、N-C-fibers-Ar 以及 N-C-fibers-$N_2$ 的吸附能力表征

图 5-2-6 显示了在相同静电纺丝电压和喷速下制备的 N-C-fibers-Ar 以及 N-C-fibers-$N_2$ 的氮气吸附等温线以及苯吸附曲线。可以看出，由于大量微孔、介孔以及吡啶氮的存在，N-C-fibers-$N_2$ 表现出较好的苯吸附性能 [图 5-2-5（d）、图 5-2-6（a）和图 5-2-6（b）]。由于 ZIF-8 纳米颗粒的微孔比表面积为 893.17$m^2$/g（表 5-2-2），从苯吸附图可以看出，在低分压部分有一段急剧的上升，因此具有 381mg/g 的苯吸附能力 [图 5-2-6（b）]。与 PAN 纤维和 ZIF-8 / PAN 纤维相比，由于吡啶氮的存在，N-C-fibers-Ar 以及 N-C-fibers-$N_2$ 的苯吸附能力可以大大提高。对于纯 PAN 纤维，苯吸附能力为 37mg/g，对于 ZIF-8 / PAN 纤维，苯吸附能力为 41mg/g，均在 25kV 的纺丝电压和 1.5mL/h 的喷速下制备，而在相同纺丝电压和喷速下制

备的纤维在经过 CVD 后得到的 N–C–fibers–$N_2$ 的最高苯吸附能力为 694mg/g [图 5-2-6（b）]。图 5-2-6（a）展示了 N–C–fibers–Ar 以及 N–C–fibers–$N_2$ 的 $N_2$ 吸附脱附等温线。发现在不同的气体气氛下，复合纤维的 BET 比表面积分别为 124$m^2$/g 和 331$m^2$/g（表 5-2-2），可能由于 $N_2$ 与 PAN 纤维发生了某种反应，导致产生了大量的微孔。此外，可以看出 N–C–fibers–Ar 以及 N–C–fibers–$N_2$ 均具有 IV 型等温线特征，即在低分压区（$P/P_0$ < 0.01）有一段急剧的吸附量，这进一步表明在 N–C–fibers–Ar 以及 N–C–fibers–$N_2$ 中存在许多微孔结构。与表 5-2-2 中 ZIF-8 纳米颗粒的比表面积相比，N–C–fibers–Ar 以及 N–C–fibers–$N_2$ 的比表面积较低，这归因于微孔结构的损失，而在图 5-2-6（a）中可以观察到曲线后一段再次凸起，且中间段出现了吸附回滞环，其对应的是多孔吸附剂出现毛细凝聚现象，这是由于 N–C–fibers–Ar 以及 N–C–fibers–$N_2$ 中存在介孔结构，相应的苯吸附曲线图也在持续上升。N–C–fibers–Ar 以及 N–C–fibers–$N_2$ 的介孔回滞环均属于 H2 类型。

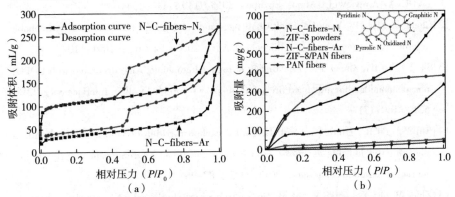

图 5-2-6　N–C–fibers–Ar 以及 N–C–fibers–$N_2$ 的 $N_2$ 吸附–解吸等温线（a）。ZIF-8 纳米颗粒、PAN 纤维、ZIF-8/PAN 纤维、N–C–fibers–Ar 以及 N–C–fibers–$N_2$ 的苯吸附图（所有纤维均在 25kV 的纺丝电压和 1.5mL/h 的喷速下制备）

表 5-2-2　ZIF-8 纳米颗粒等样品的比表面积等相关数据

| 样品 | BET 表面积 / ($m^2$/g) | 微孔面积 / ($m^2$/g) | 孔容 / (mL/g) | 平均孔径 / nm |
| --- | --- | --- | --- | --- |
| ZIF-8 powders | 959.5923 | 893.17 | 0.7433 | 3.0984 |
| ZIF-8/PAN fibers | 346.2491 | 314.16 | 0.2342 | 2.7056 |
| N–C–fibers–Ar | 124.4972 | 40.20 | 0.2914 | 9.3625 |
| N–C–fibers–$N_2$ | 331.5630 | 229.04 | 0.4162 | 5.0211 |

## 2.4 本章小结

综上所述，ZIF-8/PAN 纤维采用经济高效且简单的静电纺丝方法制备。然后，将化学气相沉积（CVD）技术用于 ZIF-8/PAN 纤维，以获得氮掺杂分级多孔碳纤维。由于大量微孔、介孔以及吡啶氮的存在增加了吸附活性位点和比表面积，氮掺杂分级多孔碳纤维表现出优异的苯吸附能力（694mg/g）。这些结果清楚地表明，氮掺杂分级多孔碳纤维在苯和其他 VOC 吸附应用中具有广阔的发展前景。将来，期望可以基于 MOF-聚合物纤维设计和探索更多创新的层次结构复合材料，以用作高性能吸附剂。

**参考文献**

[1] Kamal M S, Razzak S A, Hossain M M. Catalytic oxidation of volatile organic compounds (VOCs) -A review[J]. Atmos. Environ, 2016, 140：117-134.

[2] Cheng Y, He H, Yang C, et al. Challenges and solutions for biofiltration of hydrophobic volatile organic compounds[J]. Biotechnol. Adv, 2016, 34（6）：1091-1102.

[3] Shi Y, Yu B, Zheng Y, et al. Design of reduced graphene oxide decorated with DOPO-phosphanomidate for enhanced fire safety of epoxy resin[J]. J.Colloid Interface Sci, 2018, 521：160-171.

[4] Shi Y, Yu B, Duan L, et al. Graphitic carbon nitride/phosphorus-rich aluminum phosphinates hybrids as smoke suppressants and flame retardants for polystyrene[J]. Journal of hazardous materials, 2017, 332：87-96.

[5] Zhao Q, Li Y, Chai X, et al. Interaction of inhalable volatile organic compounds and pulmonary surfactant：Potential hazards of VOCs exposure to lung[J]. Journal of hazardous materials, 2019, 369：512-520.

[6] Zhang G, Liu Y, Zheng S, et al. Adsorption of volatile organic compounds onto natural porous minerals[J]. Journal of hazardous materials, 2019, 364：317-324.

[7] Saini V K, Pires J. Development of metal organic framework-199 immobilized zeolite foam for adsorption of common indoor VOCs[J]. J. Environ. Sci, 2017, 55：321-330.

[8] Dang S, Zhao L, Yang Q, et al. Competitive adsorption mechanism of thiophene with benzene in FAU zeolite：The role of displacement[J]. Chem. Eng. J, 2017, 328：172-185.

[9] Talibov M, Sormunen J, Hansen J, et al. Benzene exposure at workplace and risk of colorectal cancer in four Nordic countries[J]. Cancer Epidemiol, 2018, 55：156-161.

[10] Khudozhitkov A E, Arzumanov S S, Kolokolov D I, et al. Mobility of Aromatic Guests and Isobutane in ZIF-8 Metal-Organic Framework Studied by 2H Solid State NMR Spectroscopy[J]. J. Phys. Chem. C, 2019, 123 (22): 13765-13774.

[11] Ueda T, Yamatani T, Okumura M. Dynamic Gate Opening of ZIF-8 for Bulky Molecule Adsorption as Studied by Vapor Adsorption Measurements and Computational Approach[J]. J. Phys. Chem. C, 2019, 123 (45): 27542-27553.

[12] Osman Y B, Liavitskaya T, Vyazovkin S. Polyvinylpyrrolidone affects thermal stability of drugs in solid dispersions[J]. Int. J. Pharm, 2018, 551 (1-2): 111-120.

[13] Chowdhury P, Nagesh P K B, Khan S, et al. Development of polyvinylpyrrolidone/paclitaxel self-assemblies for breast cancer[J]. Acta Pharm. Sin. B, 2018, 8 (4): 602-614.

[14] Shi Y, Liu C, Liu L, et al. Strengthening, toughing and thermally stable ultra-thin MXene nanosheets/polypropylene nanocomposites via nanoconfinement[J]. Chem. Eng. J, 2019, 378: 122267.

[15] Jiang M, Cao X, Zhu D, et al. Hierarchically porous N-doped carbon derived from ZIF-8 nanocomposites for electrochemical applications[J]. Electrochim. Acta, 2016, 196: 699-707.

[16] Wang C, Liu C, Li J, et al. Electrospun metal-organic framework derived hierarchical carbon nanofibers with high performance for supercapacitors[J]. Chem. Commun, 2017, 53 (10): 1751-1754.

[17] Zhang Z, et al. Improvement of $CO_2$ adsorption on ZIF-8 crystals modified by enhancing basicity of surface[J]. Chem. Eng. Sci, 2011, 66 (20): 4878-4888.

[18] Hu Y, et al. In situ high pressure study of ZIF-8 by FTIR spectroscopy[J]. Chem Commun (Camb), 2011. 47 (47): 12694-12696.

[19] Farsani R E, Raissi S, Shokuhfar A, et al. FT-IR study of stabilized PAN fibers for fabrication of carbon fibers[J]. World Acad. Sci. Eng. Technol, 2009, 50: 430-433.

[20] Shimada I, Takahagi T, Fukuhara M, et al. FT-IR study of the stabilization reaction of polyacrylonitrile in the production of carbon fibers[J]. J. Polym. Sci. Pol. Chem, 1986, 24 (8): 1989-1995.

[21] Wang Z, Jie L, Gang W. Evolution of structure and properties of PAN precursors during their conversion to carbon fibers[J]. Carbon, 2003, 41 (14): 2805-2812.

[22] Liu Q, Low Z X, Li L, et al. ZIF-8/$Zn_2GeO_4$ nanorods with an enhanced $CO_2$ adsorption property in an aqueous medium for photocatalytic synthesis of liquid fuel[J]. J. Mater. Chem. A, 2013, 1 (38): 11563-11569.

[23] Ye L, Ying Y, Sun D, et al. Highly Efficient Porous Carbon Electrocatalyst with

Controllable N - Species Content for Selective $CO_2$ Reduction[J]. Angew. Chem, 2020, 132 (8): 3270–3277.

[24] Zhang L, Su Z, Jiang F, et al. Highly graphitized nitrogen-doped porous carbon nanopolyhedra derived from ZIF-8 nanocrystals as efficient electrocatalysts for oxygen reduction reactions[J]. Nanoscale, 2014, 6 (12): 6590–6602.

[25] Stańczyk K, Dziembaj R, Piwowarska Z, et al. Transformation of nitrogen structures in carbonization of model compounds determined by XPS[J]. Carbon, 1995, 33 (10): 1383–1392.

[26] Sheng Z, Shao L, Chen J, et al. Catalyst-free synthesis of nitrogen-doped graphene via thermal annealing graphite oxide with melamine and its excellent electrocatalysis[J]. ACS nano, 2011, 5 (6): 4350–4358.

# 第六篇

# 金属有机骨架化合物 MOF-5 及其对苯系物的吸附性能分析

　　由于生产及生活污染，苯系物在人类居住和生存环境中广泛存在，对人体的血液、神经、生殖系统具有较强危害。发达国家一般已把大气中苯系物的浓度作为大气环境常规监测的内容之一，并规定了严格的室内外空气质量标准。在所有处理苯系物污染的方法中，物理吸附效果较为理想。金属有机骨架化合物 MOF-5 因具有大比表面、高孔隙率等特点，在苯系物吸附方面具有一定优势，故其在气体吸附分离、气体储存等方面不断发展。

# 第1章 六水合硝酸锌为锌源制备 MOF-5

## 1.1 引言

MOFs 是一种以过渡金属离子为金属中心、有机配体桥联的新型多孔材料，因具有较大的比表面积、可控的结构、可调的孔径等优点，引起了各领域的广泛关注。MOF-5 是 MOFs 中具有代表性的材料之一[1]，因为具有超高的孔隙率、有序的结构、高的热稳定性等优点，在气体吸附分离、气体储存（尤其是储氢方面）、催化、传感等方面具有广泛的应用。

影响 MOF-5 材料结构、形貌、热稳定性、吸附能力的因素有很多，如金属中心的配位能力、有机配体的配位能力、有机溶剂的极性、晶化时间、晶化温度、金属离子与有机配体的摩尔比、合成方法、活性方式等。Wu Y 等[2]将 $Zn(NO_3)_2·6H_2O$、PVP 和 $H_2BDC$ 溶解于 DMF 和酒精的混合液体中，利用溶剂热法制备出了棒状 MOF-5 材料。Zheng-Ping 等[3]将 $Zn(NO_3)_2·6H_2O$ 和 $H_2BDC$ 分别溶于不同溶剂（DMF、NMP）中，用 DMF 作为有机溶剂合成的 MOF-5 热稳定性更高，用 NMP 作为溶剂合成的 MOF-5 改善了样品的吸附性能。在制备 MOF-5 过程中，尤其是在过滤、洗涤这个步骤，需要大量有机溶剂，而 DMF 相对其他有机溶剂具有经济实惠的优势。Burgaz E 等[4]将 $Zn(NO_3)_2·6H_2O$ 和 $H_2BDC$ 分别溶解于 DMF 中，连续用超声-微波法获得了纯度高、孔径均匀的球形 MOF-5 材料。但是，这种合成方法相对耗能较大。王胜等[5]探究了合成温度对 MOF-5 材料的热稳定性影响，但没有探究合成温度对 MOF-5 材料吸附性能的影响。

目前，不同金属离子与有机配体的摩尔比、不同晶化温度、不同晶化时间对合成 MOF-5 材料的影响在部分文献中出现过，但是对于它们系统的研究报道却很少。考虑到经济、耗能等问题，本章主要以 $Zn(NO_3)_2·6H_2O$ 为金属中心、$H_2BDC$ 为有机配体、DMF 为有机溶剂，采用溶剂热法合成金属有机骨架化合物 MOF-5 材料。研究在不同金属离子与有机配体的摩尔比、不同晶化温度、不同晶化时间对制备材料的氮气、苯等吸附性能的影响及规律，通过 XRD、FT-IR、TG、氮气吸附脱附分析仪、苯吸附分析仪等测试手段对合成的材料进行表征。

## 1.2　MOF-5 实验制备

以 Zn（NO$_3$）$_2$·6H$_2$O 为金属中心，利用溶剂热法制备金属有机骨架化合物 MOF-5，其具体步骤如下。

第一步：将六水合硝酸锌和对苯二甲酸粉末倒入 N, N- 二甲基甲酰胺中，其中六水合硝酸锌与对苯二甲酸的摩尔比分别为 2∶1、3∶1、4∶1，在恒温磁力搅拌器中搅拌至澄清，大约 5~10min。

第二步：取出上述澄清液，装入聚四氟乙烯反应釜中，套入不锈钢反应釜体，拧紧，放入干燥箱中，分别用 140℃、150℃、160℃晶化 5h、7h、9h。

第三步：将晶化后的固液混合物倒入抽滤玻璃仪器中，加入 N, N- 二甲基甲酰胺搅拌、洗涤、过滤，重复 3~5 次，收集粉末。

第四步：将上述粉末浸泡于三氯甲烷中，静置 24h。

第五步：滤去剩余的三氯甲烷，放置于真空干燥箱中，真空度为 0.08MPa，150℃干燥 10h。

第六步：取出真空干燥箱中的样品，研磨，装入离心管中，并用封口膜将离心管口封住，放入防潮箱。

用 Zn（NO$_3$）$_2$·6H$_2$O 制备 MOF-5 的工艺流程如图 6-1-1 所示。

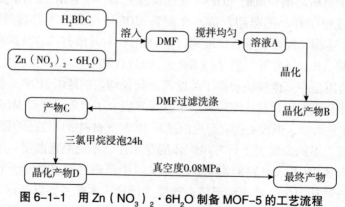

图 6-1-1　用 Zn（NO$_3$）$_2$·6H$_2$O 制备 MOF-5 的工艺流程

本章样品命名说明：用 ZB 代表 Zn（NO$_3$）$_2$·6H$_2$O 与 H$_2$BDC 的摩尔比，按照"摩尔比－晶化温度－晶化时间"来命名，如 Zn$^{2+}$ 与 BDC$^-$ 的摩尔比为 2∶1，150℃晶化 7h 得到的样品，命名为 MOF-5-ZB2-150℃-7h。MOF-5 标准峰如图 6-1-2 所示。

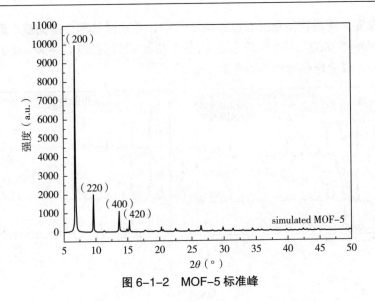

图 6-1-2　MOF-5 标准峰

## 1.3　MOF-5 结果及分析

### 1.3.1　ZB=2 时样品的表征及吸附性能分析

当 ZB=2（晶化 5h、7h、9h）时，不同温度制备的样品 XRD 如图 6-1-2 所示。图中 6.8°、9.6°、13.7°、15.1° 处的衍射峰是 MOF-5 晶体的特征峰，分别归属于（200）、（220）、（400）、（420）晶面[6-8]，与 MOF-5 标准峰所在角度一致，说明成功合成了 MOF-5 晶体。目前，MOF-5 标准峰无具体的 PDF 卡片号，图 6-1-2 中的 MOF-5 标准峰是利用 cif 文件拟合得到的，目前关于 MOF-5 的报道都是以该图中的峰型为标准，如文献 [9-11] 等。

标准峰中 6.8° 处衍射峰高于 9.6° 处衍射峰，而所有样品在这两处的峰强正好相反，文献 [10，12，13] 也出现相同的情况，Burgaz E 等[4] 认为是合成 MOF-5 后没有经过热处理，部分溶剂分子残留在骨架中，导致晶格扭曲。在制备 MOF-5 材料时，最后一步是将样品在 150℃ 条件下真空干燥 10h，以除去样品中的 DMF 溶剂分子，而 DMF 的沸点为 153℃，晶体中可能存在微量 DMF 溶剂分子。

图 6-1-3（a）中晶化 160℃ 样品和图 6-1-3（b）图中晶化 140℃、150℃ 的样品在 2θ=8.8° 出现了一个杂峰，如图中"★"标注，Yang J M 等[14] 的研究中也出现相同的情况，可能是样品在浸泡的后期，由于三氯甲

烷挥发完，使得样品暴露在潮湿的空气中，导致样品部分结构被水解。另外，MOF-5-ZB2-140℃-5h样品的各个特征峰强度较弱，8.8°处的衍射峰较强，说明样品结构坍塌严重[15]。

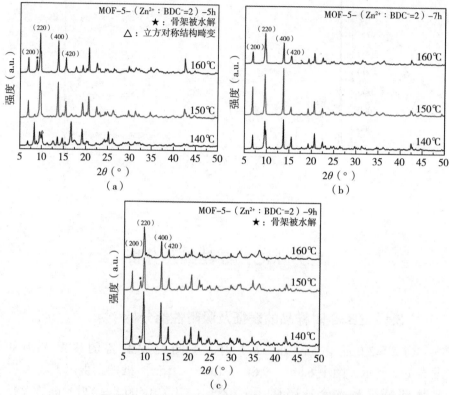

图6-1-3　ZB=2时不同温度制备的样品XRD图

当ZB=2（晶化5h、7h、9h）时，不同晶化温度制备的样品FT-IR如图6-1-4所示。在657cm$^{-1}$、747cm$^{-1}$、815cm$^{-1}$处有3个较强的峰，1011cm$^{-1}$、1097cm$^{-1}$、1145cm$^{-1}$处有3个较弱的峰，Wu Y等[2]认为，在600~1200cm$^{-1}$范围之间的波段是对苯二甲酸酯类化合物的指纹区。Sabouni R等[16]认为在此范围之间的峰值归因于苯基的平面内振动。Sun X等[17]在此范围内也出现了相同的情况，他们认为3个较强的吸收峰是由于连接苯环的C—H键的面外弯曲振动引起的，3个较弱的吸收峰是由于连接苯环的C—H键的面内弯曲振动引起的。1388cm$^{-1}$和1581cm$^{-1}$处的吸收峰是对苯二甲酸（$H_2BDC$）中羧酸基（—COO）的对称和非对称的伸缩振动，Zheng-Ping等[3]也得到了相同的结论。在1506cm$^{-1}$处的吸收峰是由BDC中的C＝C键伸缩振动引起的，在Biserčić M S等[18]的实验中，1500cm$^{-1}$附近出现了一个吸收峰，他们认为该吸收峰与BDC中芳香环的C＝C键伸缩振动相对应。1650cm$^{-1}$和2892cm$^{-1}$处的峰归属于DMF中的C=O键和C—H键,刘倩等[19]认为是晶体内还残有DMF溶剂分子的原因,与图6-1-3中分析样品XRD所得结果一致。Feng Y等[20]认为3603cm$^{-1}$和3408cm$^{-1}$的宽峰,是大气水分中O—H键的拉伸振动,Hausdorf S[21]认为3603cm$^{-1}$的尖峰属于O—H基团的拉伸振动,脱质子的—COO基中的一个氧原子与对苯二甲酸单元中剩余的—COOH基团之间形成了O…H—O,从而形成了聚对苯二甲酸氢链结构。对比同一条件下不同晶化温度得到的样品,发现它们在3408cm$^{-1}$和3603cm$^{-1}$处的吸收峰强度不同,这是因为样品中结晶水的含量不同[11]。523cm$^{-1}$处的峰是由于四面体配位$Zn_4O$团簇中Zn—O的拉伸振动引起的[22]。在2356cm$^{-1}$处有一个微弱向上的峰,Gonzalez J等[23]在报道中也出现了向上的突峰,这是由于在测试前的研磨过程中,环境中的$H_2O$或者人体呼出的$CO_2$引起的。

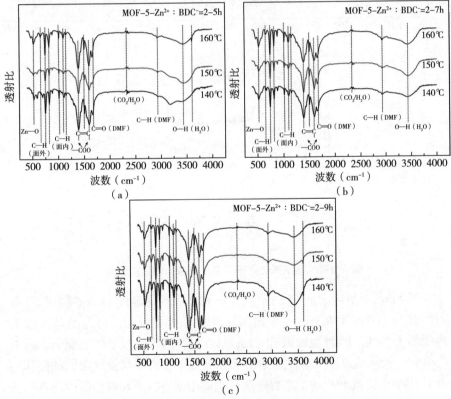

图6-1-4　ZB=2时不同温度制备的样品FT-IR图

当ZB=2(晶化5h、7h、9h)时,不同温度制备的样品热重曲线如图6-1-5所示。在40~220℃之间有一段质量损失,约为20%,这一区间的质量损失主要是因为样品表面的水和内部的结晶水、溶剂分子的质量损失[24]，与Rowsell J等[25]的结论一致。在440~560℃的温度范围内样品急剧失重，此范围内分解的是合成样品的有机连接物[26]，即样品的结构在此范围内开始分解，与Tranchemontagne D J等[27]的结论一致。550℃之后样品质量不再发生改变，Aykac Ozen H等[28]认为，此时结构已完全坍塌，最终留下的是金属氧化物[29]。从热重曲线图可以看出，样品的热稳定温度在400~450℃之间。

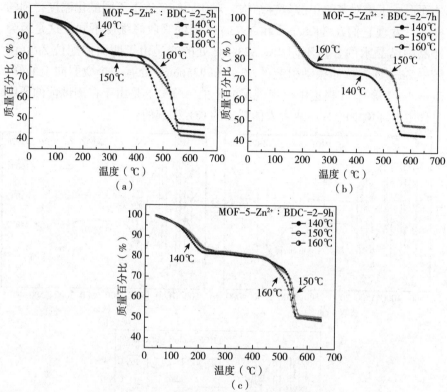

图6-1-5 当ZB=2时不同温度制备的样品热重曲线

当ZB=2（晶化时间为5h、7h、9h）时，不同温度制备的样品$N_2$吸附等温线如图6-1-6所示。根据国际IUPAC分类可知，样品的等温线为典型的Ⅰ型线，即典型的微孔（Langmuir）吸附等温线[30]。在低压段（$P/P_0<0.1$），吸附量急剧上升，这是由于在低压下，样品与氮气之间的强作用力引起的[31]；当$P/P_0>0.1$之后等温线趋向于水平，说明样品吸附逐渐达到饱和，等温线没有出现滞后环，说明材料孔道不含介孔或大孔[32]。

样品的氮气吸附参数如表6-1-1所示，BET多点法和Langmuir法是两种不同的计算比表面积的理论方法，因样品属于微孔，所以在以下分析中，选用更适合微孔吸附理论的Langmuir法。由表6-1-1的数据可知，样品的比表面积在 700~1100m²/g 之间，而 140℃晶化 5h 样品的比表面积仅为 198.31m²/g，可能是该样品结构崩塌的缘故。

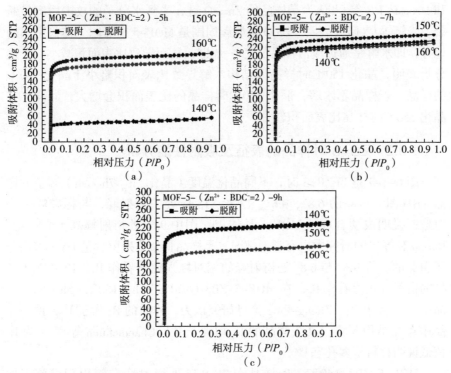

图 6-1-6  当 ZB=2 时不同温度制备的样品等温线

表 6-1-1  当 ZB=2 时不同晶化温度、晶化时间制备的 MOF-5 材料吸附参数

| 样品名称 | BET 多点法 /（m²/g） | Langmuir /（m²/g） | 孔容 $V_{HK}$ /（cm³/g） |
| --- | --- | --- | --- |
| MOF-5-ZB2-140℃-5h | 131.8372 | 198.31（坍塌） | 0.0650 |
| MOF-5-ZB2-150℃-5h | 581.0546 | 850.94 | 0.2892 |
| MOF-5-ZB2-160℃-5h | 529.0743 | 774.02（水解） | 0.2632 |
| MOF-5-ZB2-140℃-7h | 659.8381 | 965.70 | 0.3287 |
| MOF-5-ZB2-150℃-7h | 708.2002 | 1038.89 | 0.3530 |
| MOF-5-ZB2-160℃-7h | 644.9022 | 951.32 | 0.3213 |
| MOF-5-ZB2-140℃-9h | 646.5112 | 951.03 | 0.3222 |
| MOF-5-ZB2-150℃-9h | 643.0792 | 938.83（水解） | 0.3195 |
| MOF-5-ZB2-160℃-9h | 497.2890 | 730.54（水解） | 0.2478 |

由表 6-1-1 可知，当晶化时间为 7h 时所制备的 3 个样品均未被水解，且均具有较大的比表面积，对比不同晶化时间得到样品的比表面积可知，晶化 7h 得到的样品优于另外两个晶化时间；对比不同晶化温度对样品比表面积的影响，晶化 150℃样品的比表面积相对较大，在 ZB=2，晶

化 9h 的条件下，晶化 150℃样品的比表面积略小于晶化 140℃的样品，由图 6-1-3（c）的 XRD 分析可知，晶化 150℃时样品被水解，Calleja G 等[12]和 Decoste J B 等[33]认为是样品的 Zn—O 键在受到水分子的攻击后容易断裂。朱娜等[34]研究表明，$Zn_4O$ 金属簇周围是 MOF-5 中吸附气体最密集的地方，即水解是通过攻击样品的 Zn—O 键，从而导致比表面积减小。上述分析表明，晶化 150℃时样品因结构水解导致比表面积略小于晶化 140℃的样品，若样品不水解，晶化 150℃时样品的比表面积会增大，同样存在晶化 150℃时样品比表面积较大。

### 1.3.2　ZB=3 时样品的表征及吸附性能分析

图 6-1-7 是当 ZB=3 时，不同晶化温度（晶化 5h、7h、9h）制备的样品 XRD 图。样品的 6.8°、9.6°、13.7°、15.1°处的衍射峰，与标准峰一一对应，说明成功合成了 MOF-5 晶体[19]。图中 9.6°处衍射峰高于 6.8°处，Burgaz E 等[4]的研究中也有类似情况，是样品骨架中残留少量 DMF 溶剂分子引起的。将 9.6°与 6.8°处衍射峰的相对峰强比值看作 $R_1$，13.7°与 6.8°处的衍射峰比值看作 $R_2$，在 MOF-5-ZB3（150℃-5h、160℃-5h）两个样品中，$R_2$ 大于 $R_1$。Zheng-Ping 等[3]研究认为，样品的 $R_2$ 大于 $R_1$，说明样品中存在结构互穿。其余样品的 $R_1$ 均大于 $R_2$，Chaemchuen 等[35]认为 $R_1$ 值低说明材料呈多孔态[36]。

MOF-5-ZB3-140℃-7h 样品在 $2\theta$=9.6°处衍射峰右侧出现劈裂，如图 6-1-7（b）中"△"标注，Chen B 等[37]认为是 DMF 溶剂残留在样品中，导致立方结构对称畸变成三角对称的结果。另外，样品在 $2\theta$=8.8°出现了一个杂峰，如图 6-1-7 中"★"标注，说明样品的部分结构被水解，与 Li H 等[38]的研究结论一致。根据 Kaye 等[39]的研究，样品结构被水解，会降低样品的吸附能力。

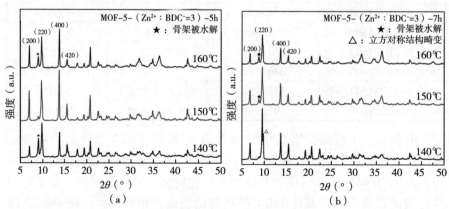

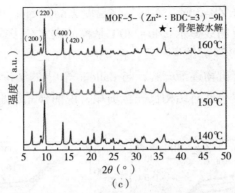

图 6-1-7　在 ZB=3 时不同晶化温度的样品 XRD 图

图 6-1-8 是在 ZB=3 时，不同晶化温度（晶化 5h、7h、9h）制备的样品 FT-IR 图。样品的光谱图与文献[40]所得到的 FT-IR 情况一致。刘丽丽等[41]认为，1650cm$^{-1}$、2892cm$^{-1}$ 处的吸收峰表明样品残留少量溶剂分子，与 XRD 出现 9.6° 处衍射峰强于 6.8° 的分析一致。观察到样品没有出现 3200cm$^{-1}$ 的吸收峰，但 3408cm$^{-1}$ 处的宽峰仍然存在，Petit 等[42]研究表明，波数在 3408cm$^{-1}$ 的吸收峰是样品中的结晶水或者配位水引起的。

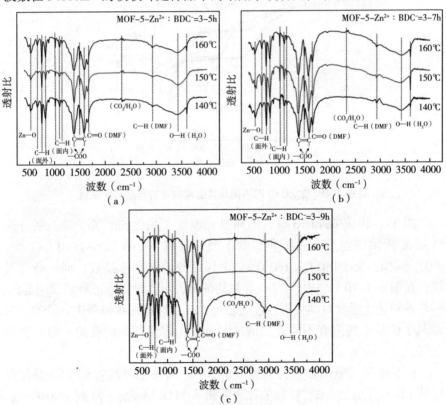

图 6-1-8　在 ZB=3 时不同晶化温度制备的样品 FT-IR 图

图 6-1-9 是在 ZB=3 时，不同晶化温度（晶化 5h、7h、9h）制备的样品热重曲线。热重曲线显示，40~240℃是样品内水分子或者是溶剂分子的分解，与赵玲[43]的研究结果一致。在 450~570℃之间，样品失重急剧，表示样品结构中的有机物逐渐分解，与 Calleja 等[12]的结论一致。570℃之后样品重量不再改变，此时结构已完全坍塌，说明样品能承受的最高温度为 420℃。

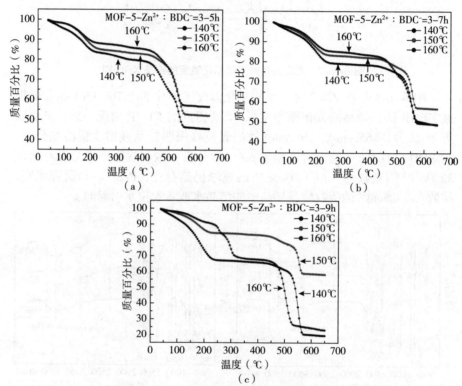

图 6-1-9 在 ZB=3 时不同晶化温度制备的样品热重曲线

图 6-1-10 是在 ZB=3 时，不同晶化温度（晶化 5h、7h、9h）制备的样品 $N_2$ 吸附等温线，属于典型的 I 型等温线[30]。在图 6-1-10（a）中，MOF-5-ZB3-5h（140℃、160℃）2 个样品等温线非常接近，似一条等温线，在图 6-1-10（c）中也存在类似的情况，可能是以下三种情况引起的：一是不同晶化温度对其吸附性能的影响；二是样品的水解程度导致的；三是两个样品中残留有不同含量的溶剂分子，占据样品的孔道，阻碍吸附氮气。

样品的氮气吸附参数列于表 6-1-2 中，当晶化时间为 9h 时，晶化温度从 140℃升至 150℃，样品的比表面积从 1118.74m²/g 下降到 745.48m²/g，下降了 373.26m²/g，从 150℃升至 160℃，样品比表面积继续下降，下降了 16.82m²/g，即从 140℃升至 160℃，样品的比表面积逐渐下降，其中 140~150℃之间的温度变化对样品的比表面积影响较大。当晶化时间为 7h 时，其样品的比表面积规律与上述（晶化时间为 9h）一致。当晶化时间为 5h 时，晶化 140℃、160℃的 2 个样品水解相对严重，可能是晶化时间较短，样品结构不稳定导致其易水解。对比不同晶化时间对样品比表面积的影响，在晶化温度相同时，晶化 9h 样品的比表面积明显较大。这说明同一晶化温度下，适当延长晶化时间，有利于合成比表面积较大的样品。

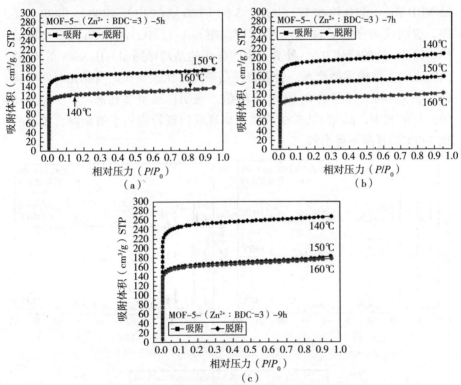

图 6-1-10　在 ZB=3 时不同晶化温度制备的样品等温线

表 6-1-2　在 ZB=3 时，不同晶化温度、不同晶化时间制备的 MOF-5 材料吸附参数

| 样品名称 | BET 多点法/（m²/g） | Langmuir/（m²/g） | 孔容 $V_{HK}$/（cm³/g） |
| --- | --- | --- | --- |
| MOF-5-ZB3-140℃-5h | 372.2795 | 550.78（水解） | 0.1869 |
| MOF-5-ZB3-150℃-5h | 499.6912 | 731.28 | 0.2494 |
| MOF-5-ZB3-160℃-5h | 374.8462 | 554.10（水解） | 0.1889 |
| MOF-5-ZB3-140℃-7h | 584.6313 | 859.65 | 0.2925 |
| MOF-5-ZB3-150℃-7h | 443.6640 | 650.87 | 0.2210 |
| MOF-5-ZB3-160℃-7h | 338.5809 | 499.38 | 0.1699 |

续表

| 样品名称 | BET多点法 / (m²/g) | Langmuir / (m²/g) | 孔容 $V_{HK}$ / (cm³/g) |
|---|---|---|---|
| MOF-5-ZB3-140℃-9h | 768.1545 | 1118.74 | 0.3818 |
| MOF-5-ZB3-150℃-9h | 503.4524 | 745.48 | 0.2526 |
| MOF-5-ZB3-160℃-9h | 489.8372 | 728.66 | 0.2467 |

### 1.3.3　ZB=4时样品的表征及吸附性能分析

图6-1-11是当ZB=4时，用不同晶化温度（晶化5h、7h、9h）的样品XRD图。图中均出现了MOF-5的（200）、（220）、（400）、（420）晶面，说明成功合成了MOF-5晶体[20]。图6-1-11中，晶化5h的3个样品中，13.7°处的峰比9.6°处高，说明样品的结构穿插多，Decoste等[44]的研究表明，结构穿插严重，会阻碍样品获得大比表面积。当晶化时间相同时，晶化140℃样品的$R_1$值大于$R_2$值，表明样品呈多孔态[37]。3个不同的晶化时间中，晶化140℃的样品未出现或出现较弱的水解杂峰，说明晶化140℃的样品不易水解[20]。

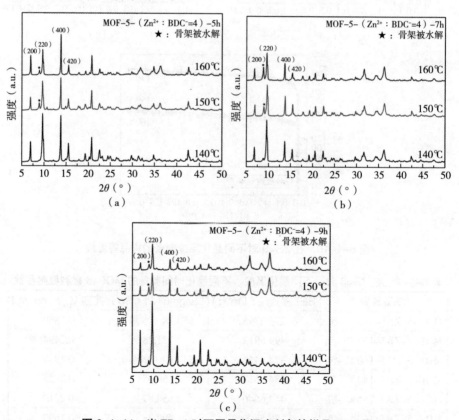

图6-1-11　当ZB=4时不同晶化温度制备的样品XRD图

图6-1-12是当ZB=4时，用不同晶化温度（晶化5h、7h、9h）制备得到的FT-IR图。样品都存在1650cm$^{-1}$和2892cm$^{-1}$处吸收峰，表示样品中残留少量溶剂分子，与XRD分析样品残留DMF溶剂分子的结论一致。Petit[42]等研究表明，3200~3700cm$^{-1}$的吸收峰说明样品中含有部分结晶水或者配位水，9个样品均在3408cm$^{-1}$处有宽峰，部分样品样品还存在3603cm$^{-1}$的吸收峰，如MOF-5-ZB4（140℃-5h、150℃-5h）等，说明样品中均具有部分结晶水或者配位水。在XRD分析中，部分样品未被水解，如MOF-5-ZB4-140℃（5h、7h、9h），可能这3个样品中含有的是结晶水，没有攻击样品的结构。

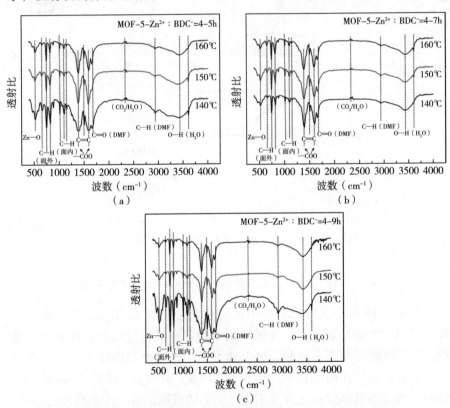

图6-1-12 当ZB=4时不同晶化温度制备的样品FT-IR图

图6-1-13是当ZB=4时，用不同晶化温度（晶化5h、7h、9h）制备得到的热重曲线。热重曲线显示，40~250℃是样品中含有的结晶水分子或者溶剂分子的分解。当测试温度达到400℃时，样品急剧失重，570℃之后样品重量保持不变，这表明在400~570℃之间，样品的结构在逐渐分解。在250~400℃之间，大部分样品的质量趋于不变，此为热稳定范围，但是MOF-5-ZB4-150℃-9h在此范围内存在质量损失，说明样品热稳定性较

差。另外，MOF-5-ZB4-160℃-5h 的失重量和留残量与其他样品相差较多，在第一阶段的失重为 10% 左右，其他样品为 20% 左右，留残量将近70%；其他样品留残量为 40%~60%，可能是样品中混有未反应的硝酸锌，导致留残量较多。

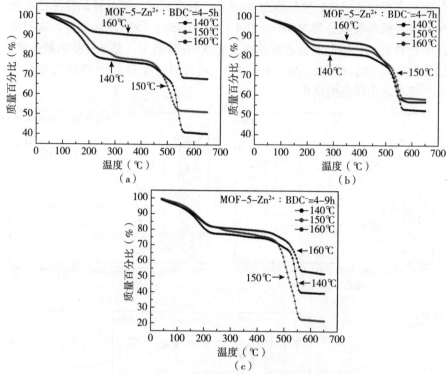

图 6-1-13　当 ZB=4 时不同晶化温度制备的样品热重曲线

图 6-1-14 是当 ZB=4 时，用不同晶化温度（晶化 5h、7h、9h）制备的等温线。等温线显示，在低压范围内，样品迅速吸附；在中高压范围，样品吸附逐渐趋于饱和，属于典型的Ⅰ型吸附等温线[45]，说明样品属于微孔材料。在高压范围，图 6-1-14（a）中的 2 个样品（140℃-5h、150℃-5h）与其他样品出现了不同，它们的吸附量有一个小幅度的上升，Chaemchuen 等[35]的报道中也出现了类似的情况，表明样品中含有少量介孔。由图 6-1-11 中的 XRD 分析可知，2 个样品均为 MOF-5 材料，且不存在结构坍塌的情况，样品中的介孔可能是晶化时间短，晶化不完全导致的。

样品的氮气吸附参数如表 6-1-3 所示。通过 $N_2$ 吸附等温线分析可知，140℃、150℃晶化 5h 的 2 个样品含有少量介孔，此处不分析晶化 5h 样品的规律。根据表中数据可知，晶化时间为 7h、晶化温度为 150℃所得的样品的比表面积（569.95m²/g）相对晶化140℃的样品（788.00m²/g）降低了218.05m²/g，约占晶化150℃样品的38.26%，而晶化160℃的样品的比表面积（481.73m²/g）相比晶化150℃的样品降低了88.22m²/g，约占晶化140℃样品的18.31%，说明在同一晶化时间，晶化温度从140℃升高到160℃，样品的比表面积呈逐渐减小的趋势，其中140~150℃之间的温度变化对样品的比表面积影响较大。当晶化时间为9h时，同样呈现出随着晶化温度升高，样品比表面积减小的规律，同样也是晶化温度在140~150℃之间的变化对样品的比表面积影响较大。

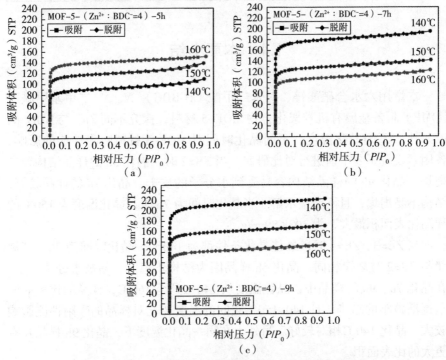

图 6-1-14 当 ZB=4 时不同晶化温度制备的样品等温线

另外，当晶化温度为160℃、150℃、140℃时，晶化9h样品比晶化7h样品的比表面积分别高141m²/g、130.97m²/g、56.03m²/g，即在晶化温度相同的条件下，晶化9h样品具有更大的比表面积。

表 6-1-3 当 ZB=4 时，不同晶化温度、不同晶化时间制备的 MOF-5 材料吸附参数

| 样品名称 | BET 多点法/（m²/g） | Langmuir/（m²/g） | 孔容 $V_{HK}$/（cm³/g） |
| --- | --- | --- | --- |
| MOF-5-ZB4-140℃-5h | 270.9979 | 400.43 | 0.1345 |
| MOF-5-ZB4-150℃-5h | 355.2599 | 525.23 | 0.1771 |
| MOF-5-ZB4-160℃-5h | 418.1505 | 620.32 | 0.2116 |

续表

| 样品名称 | BET 多点法 / (m²/g) | Langmuir / (m²/g) | 孔容 $V_{HK}$/ (cm³/g) |
|---|---|---|---|
| MOF-5-ZB4-140℃-7h | 539.8157 | 788.00 | 0.2674 |
| MOF-5-ZB4-150℃-7h | 381.9143 | 569.95 | 0.1927 |
| MOF-5-ZB4-160℃-7h | 323.7876 | 481.73 | 0.1622 |
| MOF-5-ZB4-140℃-9h | 629.6971 | 929.00 | 0.3148 |
| MOF-5-ZB4-150℃-9h | 476.5477 | 700.92 | 0.2374 |
| MOF-5-ZB4-160℃-9h | 365.1083 | 537.76 | 0.1818 |

## 1.4 本章小结

本章用六水合硝酸锌、对苯二甲酸（$H_2BDC$）、$N,N$-二甲基甲酰胺（DMF）制备金属有机骨架化合物 MOF-5 材料，探究不同 $Zn^{2+}$ 与 $BDC^-$ 的摩尔比、不同晶化温度、不同晶化时间对 MOF-5 材料吸附性能的影响，各因素设置了 3 个值进行对比研究。当 ZB=2 时，晶化 5h 的样品结构容易坍塌，晶化 9h 的样品结构容易受到水分子的攻击，晶化 7h 的样品较好，结构不易坍塌，且不会被水解。当晶化时间为 7h 时，晶化温度为 150℃的样品比表面积最大，为 1038.89m²/g。

当 ZB=3、ZB=4 时，最佳晶化条件都为 140℃、晶化时间为 9h，其规律与 ZB=2 时规律相同。晶化 5h 样品因为结构不稳定，易被水分子攻击。在晶化 7h、9h 的样品中，晶化温度从 140℃升至 160℃，样品的比表面积呈逐渐减小的趋势，且 140~150℃之间的温度变化对样品的吸附性能影响较大，晶化 140℃相对较好。另外，在同一晶化温度下，晶化 9h 样品具有更大的比表面积。

通过以上分析可知，当 ZB=2 时，150℃晶化 7h 样品的比表面积最大（1038.89m²/g）；当 ZB=3 时，140℃晶化 9h 的样品具有最大的比表面积（1118.74m²/g）；当 ZB=4 时，140℃晶化 9h 制备样品的比表面积最大（929.00m²/g）。在 $Zn^{2+}$ 与 $BDC^-$ 的摩尔比为 2 时，其制备最大比表面积样品的条件与另外两个摩尔比不同，可能是因为该比例中，对苯二甲酸的含量较多，需要更高的晶化温度，从能量的角度来看，晶化温度越高，则所需要的晶化时间越短。将 3 个不同摩尔比中吸附性能最好的样品作比较，当 $Zn^{2+}$ 与 $BDC^-$ 的摩尔比为 3 时，样品的比表面积最大，研究表明，合成 MOF-5 材料的 $Zn^{2+}$ 与 $BDC^-$ 最佳摩尔比在 2~3 之间。

参考文献

[1] Li H L, Eddaoudi M M, O'Keeffe M, et al. Design and Synthesis of an Exceptionally Stable and Highly Porous Metal–Organic Framework [J]. Nature, 1999, 402（6759）: 276-279.

[2] Wu Y, Hongwei P, Wen Y, et al. Synthesis of rod-like metal-organic framework（MOF-5）nanomaterial for efficient removal of U（VI）: batch experiments and spectroscopy study [J]. Science Bulletin, 2018, 63（13）: 831-839.

[3] Zheng-Ping W U, Wang M X, Zhou L J, et al. Framework-solvent interactional mechanism and effect of NMP/DMF on solvothermal synthesis of $[Zn_4O(BDC)_3]_8$ [J]. Transactions of Nonferrous Metals Society of China, 2014, 24（11）: 3722-3731.

[4] Burgaz E, Erciyes A, Andac M, et al. Synthesis and characterization of nano-sized metal organic framework-5（MOF-5）by using consecutive combination of ultrasound and microwave irradiation methods [J]. Inorganica Chimica Acta, 2019, 485: 118-124.

[5] 王胜, 马志伟, 杜雪岩, 等. 合成温度对 MOF-5 材料热稳定性的影响 [J]. 兰州理工大学学报, 2018, 44（4）: 21-25.

[6] Ma M, Zacher D, Zhang X, et al. A Method for the Preparation of Highly Porous, Nanosized Crystals of Isoreticular Metal?Organic Frameworks [J]. Crystal Growth & Design, 2011, 11（1）: 185-189.

[7] Huang L, Wang H, Chen J, et al. Synthesis, Morphology Control, and Properties of Porous Metal-Organic Coordination Polymers [J]. Microporous & Mesoporous Materials, 2003, 58（2）: 105-114.

[8] Lu C M, Liu J, Xiao K, et al. Microwave enhanced synthesis of MOF-5 and its $CO_2$ capture ability at moderate temperatures across multiple capture and release cycles [J]. Chemical Engineering Journal, 2010, 156（2）: 465-470.

[9] 姜宁, 邓志勇, 刘绍英, 等. 常压合成 MOF-5 及其吸附 $CO_2$ 的研究 [J]. 应用化工, 2016, 45（11）: 2013-2016.

[10] Mirsoleimani-azizi S M, Setoodeh P, Zeinali S, et al. Tetracycline antibiotic removal from aqueous solutions by MOF-5: Adsorption isotherm, kinetic and thermodynamic studies [J]. Journal of Environmental Chemical Engineering, 2018, 6（5）: 6118-6130.

[11] 周丽姣, 吴争平, 李洁, 等. MOF-5_NMP 的合成、表征及钌炭掺杂研究 [J]. 中国稀土学报, 2012（8）: 425-431.

[12] Calleja G, Botas J A, Sanchez-Sanchez M, et al. Hydrogen adsorption over Zeolite-like MOF materials modified by ion exchange [J]. International Journal of Hydrogen Energy, 2010, 35（18）: 9916-9923.

[13] 翟燕, 胡洋, 梁淑君, 等. MOF-5/PI 混合基质膜成膜性的研究 [J]. 山西化工,

2016, 36（2）: 9-11.

[14] Yang J M, Liu Q, Sun W-Y. Shape and size control and gas adsorption of Ni（Ⅱ）-doped MOF-5 nano/microcrystals [J]. Microporous & Mesoporous Materials, 2014, 190: 26-31.

[15] Junmin Li, Jiangfeng Yang, Libo Li, et al. Separation of $CO_2/CH_4$ and $CH_4/N_2$ mixtures using MOF-5 and $Cu_3$（BTC）$_2$ [J]. Journal of Energy Chemistry, 2014, 23（4）: 453.

[16] Sabouni R, H. K, S. R. A novel combined manufacturing technique for rapid production of IRMOF-1 using ultrasound and microwave energies [J]. Chemical Engineering Journal Lausanne, 2010, 165（3）: 966-973.

[17] Sun X, Wu T, Yan Z, et al. Novel MOF-5 derived porous carbons as excellent adsorption materials for n-hexane [J]. Journal of Solid State Chemistry, 2019, 271: 354-360.

[18] Biserčić M S, Marjanović B, Vasiljević B N, et al. The quest for optimal water quantity in the synthesis of metal-organic framework MOF-5 [J]. Microporous and Mesoporous Materials, 2019, 278: 23-29.

[19] 刘倩, 申言同, 刘伯潭. 不同方法合成金属有机骨架材料 MOF-5 的比较研究 [J]. 化学工业与工程, 2018, 35（6）: 7-12.

[20] Feng Y, Jiang H, Chen M, et al. Construction of an interpenetrated MOF-5 with high mesoporosity for hydrogen storage at low pressure [J]. Powder Technology, 2013, 249（Complete）: 38-42.

[21] Hausdorf S, Wagler J r, Moβig R, et al. Proton and Water Activity-Controlled Structure Formation in Zinc Carboxylate-Based Metal Organic Frameworks [J]. Journal of Physical Chemistry A, 2008, 112（33）: 7567-7576.

[22] Yekta S, Sadeghi M. Investigation of the Sr~（2+）Ions Removal from Contaminated Drinking Water Using Novel CaO NPs@MOF-5 Composite Adsorbent [J]. Journal of Inorganic & Organometallic Polymers & Materials, 2018, 28（3）: 1049-1064.

[23] Gonzalez J, Devi R N, Tunstall D P, et al. Deuterium NMR studies of framework and guest mobility in the metal-organic framework compound MOF-5, $Zn_4O(O_2CC_6H_4CO_2)_3$ [J]. Microporous & Mesoporous Materials, 2005, 84（1-3）: 97-104.

[24] Zhang L, Hu Y H. Structure distortion of $Zn_4O_{13}C_{24}H_{12}$ framework（MOF-5）[J]. Materials Science & Engineering b, 2011, 176（7）: 573-578.

[25] Rowsell J, Spencer E, Eckert J, et al. Gas adsorption sites in a large-pore metal-organic framework [J]. Science, 2005, 309（5739）: 1350-1354.

[26] 袁渠淋, 贾挺挺, 祁昊, 等. 金属有机框架（MOF-5）材料对苏丹红Ⅰ吸附能研

究[J]. 食品研究与开发, 2019, 40 (11): 21-24.

[27] Tranchemontagne D J, Hunt J R, Yaghi O M. Room temperature synthesis of metal-organic frameworks: MOF-5, MOF-74, MOF-177, MOF-199, and IRMOF-0 [J]. Tetrahedron, 2008, 64 (36): 8553-8557.

[28] Aykac Ozen H, Ozturk B. Gas separation characteristic of mixed matrix membrane prepared by MOF-5 including different metals [J]. Separation and Purification Technology, 2019, 211: 514-521.

[29] Yang J, Grzech A, Mulder F M, et al. Methyl modified MOF-5: a water stable hydrogen storage material [J]. Chemical Communications, 2011, 47 (18): 5244-5246.

[30] Brunauer S, Deming L S, Deming W E, et al. On a Theory of the van der Waals Adsorption of Gases [J]. Journal of the American Chemical Society, 1940, 62 (7): 1723-1732.

[31] Ryu Z, Zheng J, Wang M, et al. Characterization of pore size distributions on carbonaceous adsorbents by DFT [J]. 1999, 37 (8): 1257-1264.

[32] Chaemchuen S, 周奎, 姚宸, 等. 锂参与合成MOF-5用于$CO_2/CH_4$混合气体分离[J]. 无机化学学报, 2015, 31 (3): 509-513.

[33] Decoste J B, Peterson G W, Smith M W, et al. Enhanced Stability of Cu-BTC MOF via Perfluorohexane Plasma-Enhanced Chemical Vapor Deposition [J]. Journal of the American Chemical Society, 2012, 134 (3): 1486-1489.

[34] 朱娜, 石玉美. 金属有机骨架材料MOF-5宽温区储氢性能模拟研究[J]. 低温与超导, 2011, 039 (10): 7-11.

[35] 周奎, 姚宸, 罗志雄. 碱性金属修饰金属有机骨架材料MOF-5吸附位点及其常态下分离二氧化碳/甲烷的应用[J]. 应用化学, 2015, 32 (5): 552-556.

[36] Hafizovic J, Bj?rgen M, Olsbye U, et al. The Inconsistency in Adsorption Properties and Powder XRD Data of MOF-5 Is Rationalized by Framework Interpenetration and the Presence of Organic and Inorganic Species in the Nanocavities [J]. Journal of the American Chemical Society, 129 (12): 3612-3620.

[37] Chen B, Wang X, Zhang Q, et al. Synthesis and characterization of the interpenetrated MOF-5 [J]. Journal of Materials Chemistry, 2010, 20 (18): 3758.

[38] Li H, Shi W, Zhao K, et al. Enhanced Hydrostability in Ni-Doped MOF-5 [J]. Inorganic Chemistry, 51 (17): 9200-9207.

[39] Kaye S S, Dailly A, Yaghi O M, et al. Impact of Preparation and Handling on the Hydrogen Storage Properties of $Zn_4O$ (1, 4-benzenedicarboxylate)$_3$ (MOF-5) [J]. Journal of the American Chemical Society, 2007, 129 (46): 14176-14177.

[40] 汤凯,金哲,杨清香,等. MWCNTs/MOF-5 杂化材料的制备及 $N_2$ 吸附性能 [J]. 功能材料, 2015, 46 (13): 13062-13065.

[41] 刘丽丽,台夕市,刘美芳,等. Au/MOF-5 催化剂在三组分偶联反应中的催化性能 [J]. 化工学报, 2015, 66 (05): 1738-1747.

[42] Petit C, Bandosz T J. Enhanced Adsorption of Ammonia on Metal-Organic Framework/ Graphite Oxide Composites: Analysis of Surface Interactions [J]. Advanced Functional Materials, 2010, 20 (1): 111-118.

[43] 赵玲,刘恒恒,胡晴,等. 金属有机骨架材料 MOF-5 催化吸附 $SO_2$ [J]. 环境化学, 2017, 36 (9): 1914-1922.

[44] Decoste J B, Peterson G W, Smith M W, et al. Enhanced Stability of Cu-BTC MOF via Perfluorohexane Plasma-Enhanced Chemical Vapor Deposition [J]. Journal of the American Chemical Society, 134 (3): 1486-1489.

[45] Sing K S W. Reporting physisorption data for gas/solid systems with special reference to the determination of surface area and porosity (Provisional) [M]. 1990.

# 第 2 章 六水合硝酸锌和二水合乙酸锌为混合锌源制备 MOF-5

## 2.1 引言

自 Li 和 Rosi 等[1, 2]于 1999 年在 *Nature* 上报道了 MOF-5 微孔材料，2003 年在 *Science* 上报道了 MOF-5 在储氢方面的应用以来，MOF-5 受到了研究者们的青睐。随着研究的进一步推进，研究者们开始对 MOF-5 用金属离子或者金属氧化物进行掺杂改性[3-7]，或者用不同的金属离子或官能团对 MOF-5 材料进行修饰[8-12]，以增强 MOF-5 的稳定性、储存气体、吸附分离等性能。例如：Juan A. Botas 等[13]探究了 Co 掺杂的 MOF-5 材料，根据钴的取代含量不同，得到了不同程度的粉红色立方型晶体。Deng 等[14]用—$NH_2$、—Br、—Cl、—$NO_2$、—$CH_3$、—$C_4H_4$、—$OC_3H_5$、—$OC_7H_7$ 等官能团中的两个及两个以上混合修饰 MOF-5 晶体，结果发现这些结构的主链（氧化锌和苯环）是有序的，但官能团的分布是无序的，且孔隙中几个官能团的复杂排列可以导致样品的一些性质，如用—$NO_2$、—$OC_3H_5$、—$OC_7H_7$ 三个官能团修饰的 MOF-5 材料对二氧化碳的选择性比其最好的同链对应物高 4 倍。根据本篇第 3 章的分析，无论是在 MOF-5 样品的制备过程中还是在样品的储存过程中，水对样品的影响都很大，在一些文献[15]中也提到过水对 MOF-5 的影响问题，Li[16]等和 Nouar 等[17]的研究表明，样品水解会导致结构分解、吸附性能降低[18, 19]。而 Marjetka Savić Biserčić 等[20]以乙酸锌为金属中心，探究了合成 MOF-5 材料的最佳水量问题，合成完全纯净的结晶相 MOF-5 的最佳配水量为每摩尔锌加入 0.25~0.5 mol 水。

我们也尝试过使用二水合乙酸锌制备 MOF-5 材料，能够得到 MOF-5 纯相。考虑到制备成本的问题，结合官能团修饰 MOF-5 的实验思路，本章使用二水合乙酸锌与六水合硝酸锌混合制备纯相 MOF-5 材料，研究不同摩尔比[$Zn(NO_3)_2 \cdot 6H_2O : Zn(CH_3COO)_2 \cdot 2H_2O$]以及不同晶化温度、不同晶化时间对制备纯相 MOF-5 的影响，探究用 2 种不同锌离子化合物作为金属中心制备 MOF-5 的方法，目前使用该方法制备 MOF-5 的报道较少。

## 2.2 MOF-5实验制备

以六水合硝酸锌、二水合乙酸锌为混合金属中心,采用溶剂热法制备金属有机骨架化合物MOF-5,其具体步骤如下。

第一步:将六水合硝酸锌、二水合乙酸锌和对苯二甲酸混合倒入 $N,N$-二甲基甲酰胺中,控制 $Zn^{2+}$ 与 $BDC^-$ 摩尔比为 3∶1,在恒温磁力搅拌器中,搅拌至完全溶解,大约需要10~20min,搅拌后溶液呈白色。

第二步:取出上述白色溶液,装入聚四氟乙烯反应釜中,放入干燥箱,静置,晶化温度为150℃、160℃、170℃,晶化时间为6h、8h、10h。

第三步:将晶化后的固液混合物倒入真空抽滤玻璃仪器中,加入 $N,N$-二甲基甲酰胺搅拌过滤,重复3~5次,收集滤膜上的白色粉末。

第四步:将白色粉末浸泡于三氯甲烷中,静置24h。

第五步:滤去剩余的三氯甲烷后,放置于真空干燥箱中,设置真空度为0.08MPa,干燥温度150℃,干燥时间10h。

第六步:取出真空干燥箱中的样品,研磨,装入离心管中,并用封口膜将离心管口封住,放入防潮箱。

用六水合硝酸锌和二水合乙酸锌混合制备MOF-5的工艺流程如图6-2-1所示。

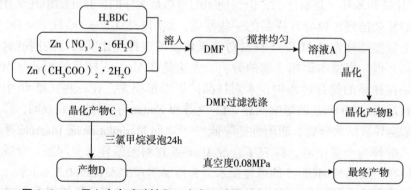

图6-2-1 用六水合硝酸锌和二水合乙酸锌混合制备MOF-5的工艺流程

为了方便描述,本章中 $Zn(NO_3)_2·6H_2O$ 由 $Zn_1$ 表示,$Zn(CH_3COO)_2·2H_2O$ 由 $Zn_2$ 表示,用ZZ表示 $Zn(NO_3)_2·6H_2O$ 与 $Zn(CH_3COO)_2·2H_2O$ 的摩尔比。样品按照"摩尔比-晶化温度-晶化时间"的规则命名,例如:$Zn_1$ 与 $Zn_2$ 摩尔比为0.5,晶化温度为150℃,晶化时间为6h,则该样品命名为:MOF-5-ZZ0.5-150℃-6h。

## 2.3 MOF-5实验结果及分析

### 2.3.1 ZZ=0.5时样品的吸附性能分析

图 6-2-2 是当 $Zn_1$ ：$Zn_2$=0.5 时，不同晶化温度、不同晶化时间制备的样品 XRD 图。从图 6-2-2 中可以看出，9 个样品不仅有 6.8°、9.6°、13.7°、15.1° 四处有 MOF-5 的特征峰，还存在 11.3°、17.7°、19.2°、20.3°、31.5°、34.5° 等各小峰，峰型与 MOF-5 标准峰完全相同，说明成功合成了 MOF-5 材料[21]。图中仍然存在 9.6° 处衍射峰高于 6.8° 处衍射峰的情况，Burgaz 等[22]认为是样品中残留有少量 DMF 溶剂分子。图 6-2-2 中样品均不存在 8.8° 处衍射峰，说明样品结构没有被水解[20]。可以观察到，170℃晶化 10h 样品的各个衍射峰强度较低，齐雪梅等[23]认为，这说明样品结晶性能较差。

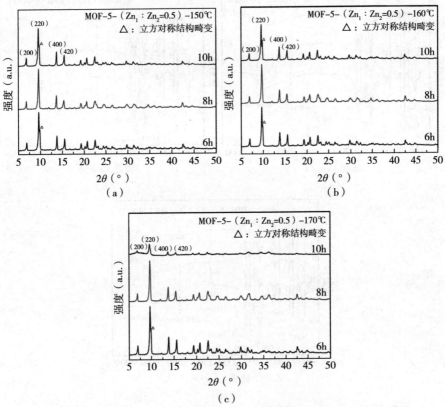

图 6-2-2 当 ZZ=1 时不同晶化温度、不同晶化时间制备的样品 XRD

图 6-2-3 是当 $Zn_1 : Zn_2=0.5$ 时，不同晶化温度、不同晶化时间制备的样品 FT-IR 图。图中大致可以分为 3 个光谱区，第 1 光谱区为 500~1200cm$^{-1}$，523cm$^{-1}$ 处的吸收峰是四面体 Zn—O 键的拉伸振动引起的，与 Qiang Y 等[24]的研究一致。对比图（a）、（b）、（c）中不同晶化时间样品在 523cm$^{-1}$ 处的吸收峰强度，晶化 6h 样品的吸收峰较强，晶化 8h、10h 样品的吸收峰较弱，说明晶化 6h 样品中的 Zn—O 键的电势较强，赵晓坤等[25]也得到类似的结论。Biserčić 等[20]的研究表明，波数在 600~1200cm$^{-1}$ 之间的吸收峰是对苯二甲酸酯类化合物的指纹区，由 BDC 的平面内振动引起。此范围内，晶化 6h 样品的吸收峰最强，随着晶化时间延长到 10h，该范围内的吸收峰强度逐渐减弱。张美云等[26]认为该范围内的吸收峰强度增强是因为受其他来源的 C—H 键影响。可能是 $Zn(CH_3COO)_2 \cdot 2H_2O$ 中的 C—H 键使得该范围内吸收峰强度加强，说明在晶化 6h 样品中，起主要作用的是 $Zn(CH_3COO)_2 \cdot 2H_2O$，而随着晶化时间的延长，吸收峰强度逐渐减弱，说明晶化 10h 样品中，起主要作用的锌源是 $Zn(NO_3)_2 \cdot 6H_2O$。

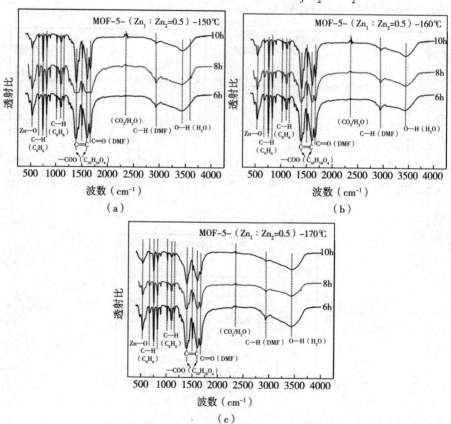

图 6-2-3 当 ZZ=1 时不同晶化温度、不同晶化时间制备的样品 FT-IR 图

第 2 光谱区为 1390~1690cm$^{-1}$，Sabouni 等[27]认为在 1388cm$^{-1}$、1581cm$^{-1}$ 两处的吸收峰是 $H_2BDC$ 中—COO 的对称和非对称伸缩振动引起的。1506cm$^{-1}$ 处的吸收峰归因于 BDC 中 C=C 键振动，与 Biserčić 等[20]的报道一致。1650cm$^{-1}$ 处的吸收峰是 DMF 中的 C—H 键的伸缩振动引起的，刘丽丽等[28]的解释是由于样品内残留了 DMF 溶剂分子。观察 3 个图中的 1388cm$^{-1}$、1581cm$^{-1}$、1650cm$^{-1}$ 处的吸收峰，可以看到晶化 8h 的样品在这 3 处的吸收峰相对较弱，且不够尖锐，尤其是 150℃晶化 8h 的样品，可能是少量—COO 键、C—H 键断裂的缘故。第 3 光谱区为 2000~3750m$^{-1}$，3603cm$^{-1}$ 和 3408cm$^{-1}$ 处的宽峰是样品中结晶水或者配位水中 O—H 键的拉伸振动，与 Hausdorf 等[29]的观点一致。2356cm$^{-1}$ 左右有一个微弱的凸峰，这是环境中的 $H_2O$ 或者人体呼出 $CO_2$ 引起的，与 Gonzalez 等[30]的观点一致。

图 6-2-4 是当 $Zn_1 : Zn_2=0.5$ 时，不同晶化温度、不同晶化时间制备的样品热重曲线。3 个图中第一阶段的失重发生在 250℃之前，Aykac Ozen 等[31]的研究表明，该阶段失重的原因主要是溶剂分子的损失，这些溶剂分子被包裹在骨架内，需要不同的温度来释放，本章中的溶剂分子可能是 DMF。除了 170℃晶化 10h 的样品，其他样品在第一阶段的失重为 25%左右，结合 XRD 分析推测，可能是 170℃晶化 10h 样品的结构崩塌，样品中残留的溶剂分子在真空干燥时已经释放出来。第二阶段的失重发生在 450~600℃，这阶段的失重是因为骨架在高温下分解，YANG H-m 等[32]也得到类似的结论，此阶段最开始发生的温度为该样品的热稳定温度。9 个样品中，170℃晶化 10h 样品没有稳定的温度范围，可能是该样品本身结构崩塌的原因。150℃、170℃晶化 8h 的两个样品，其热稳定性在 450℃左右，其他样品的热稳定性在 520℃左右，说明晶化 8h 获得的样品热稳定性相对较差。

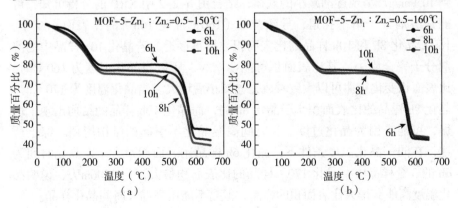

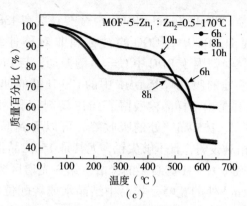

图 6-2-4　当 ZZ=1 时不同晶化温度、不同晶化时间制备的样品热重曲线

图 6-2-5 是当 $Zn_1：Zn_2=0.5$ 时，不同晶化温度、不同晶化时间制备的等温线。图 6-2-5 中，在低压段，是 $N_2$ 分子的单层吸附，此阶段样品的吸附量急速增加，赵玲等[33]认为这是因为微孔填充引起的。之后样品逐渐达到饱和，等温线趋于水平，说明合成的样品属于微孔材料，这与汤凯等[34]的结论一致。另外，在晶化温度为 160℃时，晶化 8h、10h 样品的等温线重合，可能是因为两个样品的吸附量、比表面积参数相似。在晶化时间为 170℃时，晶化 6h、8h 样品与上述情况类似。另外，170℃晶化 10h 样品的等温线末端微微上翘，在脱附过程中出现滞后现象，Sun X 等[35]的研究中也出现了同样的情况，他们认为这是样品中微孔与介孔共存引起的。

样品的吸附性能参数见表 6-2-1。当晶化温度为 150℃时，晶化 6h、8h、10h 的样品比表面积分别为 $1136m^2/g$、$960m^2/g$、$1095m^2/g$，即随着晶化时间从 6h 延长至 10h，样品的比表面积先减小后增大。当晶化温度为 160℃时，随着晶化时间的延长，样品从 $1135m^2/g$ 减小到 $1061m^2/g$，再减小到 $1059m^2/g$，呈现逐渐减小的规律，结合图 6-2-2 中 XRD 的分析可知，可能是溶剂分子堵塞孔道，导致样品（160℃晶化 10h）的比表面积减小。160℃晶化 8h 和 10h 样品的比表面积数据很接近，若晶化 10h 样品中的溶剂分子完全除去，其比表面积可能会增大，所以当晶化温度为 160℃时，比表面积变化规律可以大致看成是先减小后增大。当晶化温度为 170℃时，晶化 8h 样品的比表面积小于晶化 6h 的，而晶化 10h 样品的结构出现了坍塌，可能是因为晶化过度（长时间高温晶化）引起的结构坍塌。综上所述，在同一晶化温度条件下，晶化 6h 样品比表面积最大。在晶化时间为 6h 的 3 个样品中，晶化 170℃样品的比表面积最大，为 $1206m^2/g$，说明晶化温度高能获得大比表面积的样品，但是不能用高温长时间晶化样品。

第六篇　金属有机骨架化合物 MOF-5 及其对苯系物的吸附性能分析

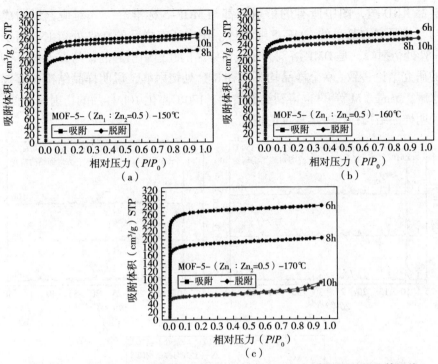

图 6-2-5　当 ZZ=0.5 时不同晶化温度、不同晶化时间制备得到的样品等温线

表 6-2-1　当 ZZ=0.5 时，不同晶化温度、不同晶化时间制备的 MOF-5 材料吸附参数

| 样品名称 | BET 多点法 /（$m^2/g$） | Langmuir /（$m^2/g$） | 孔容 $V_{HK}$ /（$cm^3/g$） |
| --- | --- | --- | --- |
| MOF-5-ZZ0.5-150℃-6h | 775.6478 | 1136.00 | 0.3880 |
| MOF-5-ZZ0.5-150℃-8h | 654.4983 | 960.51 | 0.3269 |
| MOF-5-ZZ0.5-150℃-10h | 748.5019 | 1095.63 | 0.3727 |
| MOF-5-ZZ0.5-160℃-6h | 778.1240 | 1135.71 | 0.3872 |
| MOF-5-ZZ0.5-160℃-8h | 720.3574 | 1061.49 | 0.3585 |
| MOF-5-ZZ0.5-160℃-10h | 717.6762 | 1059.78 | 0.3612 |
| MOF-5-ZZ0.5-170℃-6h | 823.6268 | 1206.75 | 0.4086 |
| MOF-5-ZZ0.5-170℃-8h | 568.4344 | 837.06 | 0.2840 |
| MOF-5-ZZ0.5-170℃-10h | 180.0964 | 270.72（坍塌） | 0.0883 |

### 2.3.2　ZZ=1 时样品的吸附性能分析

图 6-2-6 是当 $Zn_1 : Zn_2 = 1$ 时，不同晶化温度、不同晶化时间制备的

样品 XRD 图，图中所有的衍射峰都与 MOF-5 标准峰一一对应，说明成功合成了立方晶系的 MOF-5 纯相[31]。图中所有样品的 9.6°处衍射峰高于 6.8°处衍射峰，是 DMF 溶剂分子残留样品的孔道中引起的，与袁长福等[36]的研究结论一致。9 个样品均不存在 8.8°处衍射峰，说明样品结构没有被水解，Yang J M 等[37]也得到类似结论。170℃晶化 10h 样品的衍射峰较低，说明样品结构存在一定程度的坍塌。

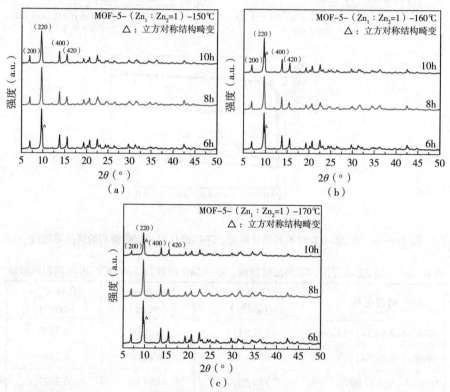

图 6-2-6 当 ZZ=1 时不同晶化温度、不同晶化时间制备得到的样品 XRD 图

图 6-2-7 是当 $Zn_1 : Zn_2=1$ 时，不同晶化温度、不同晶化时间制备的样品 FT-IR 图。对比不同晶化时间获得样品的红外图，晶化 6h 样品在 523cm$^{-1}$ 处的吸收峰强度最强，说明晶化时间为 6h 样品的 Zn—O 键电势最高。在 600~1200cm$^{-1}$ 之间的吸收峰归属于 BDC 的平面内振动，Sabouni 等[27]的研究也得到了类似的结论。该范围内，晶化 6h 样品在苯环的 C—H 键电势最高，推测是 $Zn(CH_3COO)_2 \cdot 2H_2O$ 中的 C—H 键的缘故，即晶化时间为 6h，$Zn(CH_3COO)_2 \cdot 2H_2O$ 是合成材料的主要 Zn 源。另外，晶化时间为 8h 时，样品在 1388cm$^{-1}$、1581cm$^{-1}$ 两处的吸收峰不够尖锐，说明—COO 键断裂的情况相对严重。根据文献[38]的研究结果，$Zn_4O$ 是

MOF-5 样品的最佳吸附位点,吸附气体密度最高,其次是—COO 处吸附位点,最后是苯环。所以晶化时间为 8h 样品可能会因—COO 键的断裂,阻碍样品获得较大的比表面积;晶化时间为 6h 样品的 Zn—O 吸附位点电势相对较高,且无其他键断裂,可能会获得较大的比表面积。

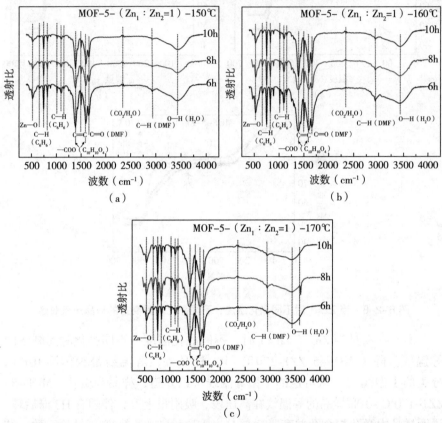

图 6-2-7　当 ZZ=1 时不同晶化温度、不同晶化时间制备的样品 FT-IR 图

图 6-2-8 是当 $Zn_1:Zn_2=1$ 时,不同晶化温度、不同晶化时间制备的样品热重曲线。第一阶段主要是 DMF 等溶剂分子的损失,质量亏损为 20% 左右,说明中所包含的溶剂量大致相等,Calleja 等[19]也得到类似的结论。下一阶段的质量亏损发生在 450℃左右,样品的结构在该温度范围内发生分解,最后残留物为 ZnO[39]。此阶段,MOF-5-ZZ1-8h(150℃、160℃、170℃)和 MOF-5-ZZ1-170℃-10h 等四个样品的热分解温度为 450℃,比其他样品(530℃左右)的热分解温度低 80℃左右。另外,在测试过程中,图 6-2-8(c)中晶化 8h、10h 两个样品没有热稳定的过程,说明在高温下晶化时间不宜过长。

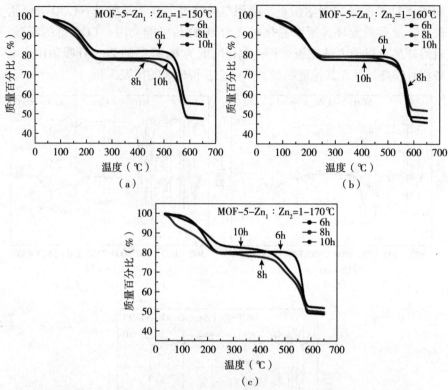

**图 6-2-8　当 ZZ=1 时不同晶化温度、不同晶化时间制备的样品热重曲线**

图 6-2-9 是当 $Zn_1 : Zn_2=1$ 时，不同晶化温度、不同晶化时间制备的等温线。除了 MOF-5-ZZ1-170℃-10h 样品外，等温线都为国际 IUPAC 分类的 I 型线[40]。从可逆的 I 型等温线可以知道，样品为微孔。MOF-5-ZZ1-170℃-10h 样品的等温线在高压段，吸附量上升，伴随有 H3 滞后环，说明样品中微孔与介孔并存，这与 Mirsoleimani-azizi 等[39]的结论一致，结合该样品的 XRD 分析，可能是部分结构坍塌的结果。

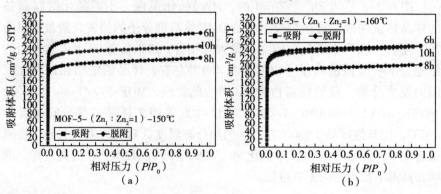

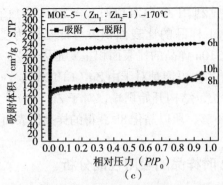

图6-2-9 当ZZ=1时不同晶化温度、不同晶化时间制备的样品等温线

样品的吸附参数见表6-2-2。当晶化温度为150℃时，晶化8h样品（904.93m²/g）相对晶化6h样品（1166.81m²/g）的比表面积减小了261.88m²/g，晶化10h（1030.30m²/g）相对晶化8h样品的比表面积增大了125.37m²/g，即随着晶化时间从6h延长至10h，样品的比表面积呈现先减小后增大的规律。当晶化温度为160℃时，样品的比表面积也是呈现先减小后增大的规律。当晶化温度为170℃时，晶化时间由6h延长至10h时，样品比表面积仍然是"先减小"，但是没有出现"后增大"的规律，可能是晶化10h样品结构坍塌，导致比表面积较小，说明在高温条件下，晶化时间较长容易损坏样品的结构。

表6-2-2 当ZZ=1时，不同晶化温度、不同晶化时间制备的MOF-5材料吸附参数

| 样品名称 | BET多点法/(m²/g) | Langmuir/(m²/g) | 孔容 $V_{HK}$/(cm³/g) |
| --- | --- | --- | --- |
| MOF-5-ZZ1-150℃-6h | 799.7649 | 1166.81 | 0.3978 |
| MOF-5-ZZ1-150℃-8h | 615.0974 | 904.93 | 0.3064 |
| MOF-5-ZZ1-150℃-10h | 615.0974 | 1030.30 | 0.3510 |
| MOF-5-ZZ1-160℃-6h | 729.0980 | 1074.25 | 0.3662 |
| MOF-5-ZZ1-160℃-8h | 585.9782 | 855.39 | 0.2923 |
| MOF-5-ZZ1-160℃-10h | 709.4228 | 1046.84 | 0.3560 |
| MOF-5-ZZ1-170℃-6h | 698.0798 | 1014.50 | 0.3472 |
| MOF-5-ZZ1-170℃-8h | 413.8284 | 616.00 | 0.2089 |
| MOF-5-ZZ1-170℃-10h | 401.4728 | 593.87（坍塌） | 0.2002 |

另外，从表6-2-2的数据可以看出，晶化6h和10h获得的样品比表面积均在1000m²/g以上，而晶化8h获得的样品比表面积均在1000m²/g以下，这可能与所用的锌源有关。由第一章的结果可知，利用$Zn(NO_3)_2 \cdot 6H_2O$单独制备MOF-5材料，获得比表面积较好的样品需要晶化9h。而

Tranchemontagne 等[41]利用 Zn（$CH_3COO$）$_2$·$2H_2O$ 单独制备 MOF-5 材料，仅需要 2.5h。晶化 6h 样品的比表面积大可能是因为受 Zn（$CH_3COO$）$_2$·$2H_2O$ 的影响，晶化 10h 样品的比表面积主要是因为 Zn（$NO_3$）$_2$·$6H_2O$ 的影响，而晶化 8h 样品，可能是对于由 Zn（$CH_3COO$）$_2$·$2H_2O$ 构成的结构来说，晶化时间较长，结构开始坍塌，对于 Zn（$NO_3$）$_2$·$6H_2O$ 构成的结构来说，晶化时间不够，所以晶化 8h 获得的样品比表面积较小。

### 2.3.3　ZZ=2 时样品的吸附性能分析

图 6-2-10 是当 $Zn_1$：$Zn_2$=2 时，不同晶化温度、不同晶化时间制备样品的 XRD 图，图中 6.8°、9.6°、13.7°、15.1° 处的衍射峰对应（200）（220）（400）（420）晶面，无 8.8° 处衍射峰，说明样品结构没有被水解，成功合成了立方晶系的纯相 MOF-5。

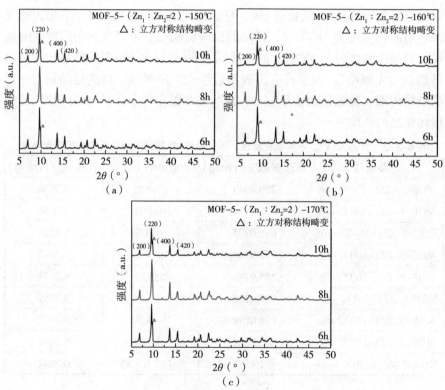

图 6-2-10　不同晶化温度、不同晶化时间（ZZ=2）制备的样品 XRD 图

图 6-2-11 是当 $Zn_1$：$Zn_2$=2 时，不同晶化温度、不同晶化时间制备样品的 FT-IR 图。1388$cm^{-1}$、1581$cm^{-1}$ 两处吸收峰是苯环中—COO 的对称和非对称伸缩振动引起的[37]，523$cm^{-1}$ 处吸收峰是 Zn—O 键的伸缩振动引

起的。对比不同晶化时间制备样品在这3处的吸收峰强度，图（a）、（b）、（c）中均有以下现象，晶化6h和10h样品的吸收峰明显强于晶化8h样品，其中，晶化6h样品在523cm$^{-1}$处的吸收峰较强，晶化10h样品在1388cm$^{-1}$和1581cm$^{-1}$两处较强。根据朱娜等[38]的研究，气体先集中吸附在金属团簇附近，金属团簇周围饱和后，在有机连接体附近开始吸附。即样品的吸附能力取决于Zn—O键、—COO键的吸附活性，所以晶化6h样品的吸附性能会优于晶化10h样品。

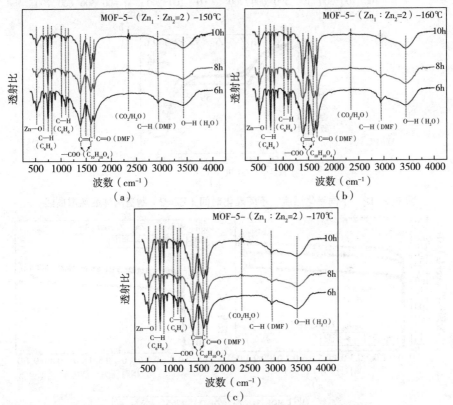

**图6-2-11 不同晶化温度、不同晶化时间（ZZ=2）制备的样品FT-IR图**

图6-2-12是当$Zn_1 : Zn_2=2$时，不同晶化温度、不同晶化时间制备样品的热重曲线。图中样品的热稳定温度范围在250~520℃，如：150℃晶化6h、10h的样品、160℃晶化6h的样品、170℃晶化6h、8h的样品，这些样品的热稳定性能较为突出。9个样品中，170℃晶化6h和150℃晶化10h的样品热稳定性较好，说明低温、短时间合成的样品热稳定性较好。

图6-2-13是当$Zn_1 : Zn_2=2$时，不同晶化温度、不同晶化时间制备样品的等温线。根据国际IUPAC分类可知，等温线为典型的Ⅰ型等温线[19]，但MOF-5-ZZ2-10h（160℃、170℃）两个样品属于Ⅰ/Ⅳ型等温线，说明

样品中既有微孔又有介孔存在。

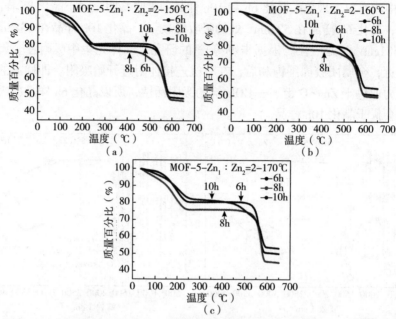

图 6-2-12　不同晶化温度、不同晶化时间（ZZ=2）制备的样品热重曲线

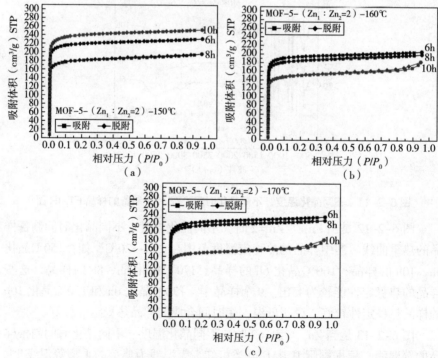

图 6-2-13　不同晶化温度、不同晶化时间（ZZ=2）制备的样品等温线

样品的吸附参数见表6-2-3。根据表中数据可知，在晶化温度为150℃的条件下，晶化6h、8h、10h获得样品的比表面积分别为972m²/g、805m²/g、1063m²/g，随着晶化时间延长，比表面积先减小后增大的规律，但是此处是"后增大"的比表面积比"先减小"的大，可能是因为$Zn_1:Zn_2=2$的条件，相对前面的两个比值所用的$Zn_1$较多（$Zn_1$单独制备MOF-5材料，所需晶化时间较长）。在晶化温度分别为160℃、170℃的条件下，晶化时间从6h延长到8h，样品比表面积减小，符合上述的"先减小"的规律，但继续延长晶化时间至10h，样品的比表面积仍旧在减小。结合图6-2-10的XRD分析，160℃晶化10h的样品可能是由于DMF分子残留，导致部分孔道被占用，所以该样品比表面积减小，而170℃晶化10h的样品可能是因为在高温下晶化时间过长，导致结构坍塌，所以该样品的比表面积较小。

表6-2-3 当ZZ=2时，不同晶化温度、不同晶化时间制备MOF-5材料的吸附参数

| 样品名称 | BET多点法/（m²/g） | Langmuir/（m²/g） | 孔容$V_{HK}$/（cm³/g） |
| --- | --- | --- | --- |
| MOF-5-ZZ2-150℃-6h | 657.1191 | 972.39 | 0.3334 |
| MOF-5-ZZ2-150℃-8h | 540.3278 | 805.27 | 0.2729 |
| MOF-5-ZZ2-150℃-10h | 723.6862 | 1063.82 | 0.3630 |
| MOF-5-ZZ2-160℃-6h | 586.2862 | 859.91 | 0.2939 |
| MOF-5-ZZ2-160℃-8h | 559.0122 | 821.29 | 0.2794 |
| MOF-5-ZZ2-160℃-10h | 459.7191 | 674.98 | 0.2272 |
| MOF-5-ZZ2-170℃-6h | 666.8397 | 978.22 | 0.3338 |
| MOF-5-ZZ2-170℃-8h | 638.5755 | 946.89 | 0.3228 |
| MOF-5-ZZ2-170℃-10h | 450.9261 | 666.75（坍塌） | 0.2257 |

## 2.4 本章小结

本章利用$Zn(NO_3)_2 \cdot 6H_2O$和$Zn(CH_3COO)_2 \cdot 2H_2O$两种锌源混合作为金属中心，$H_2BDC$为有机配体，DMF为溶剂制备金属有机骨架化合物MOF-5材料，利用混合锌源制备的MOF-5结构不易受到水分子的破坏，在$Zn^{2+}:BDC^-=3$的条件下，探究不同$Zn(NO_3)_2 \cdot 6H_2O$和$Zn(CH_3COO)_2 \cdot 2H_2O$的摩尔比、不同晶化温度、不同晶化时间对制备MOF-5材料的影响。利用2种锌的化合物制备的MOF-5材料比单独用$Zn(NO_3)_2 \cdot$

$6H_2O$ 合成的 MOF-5 相更纯，且无杂峰。本章制备得到的样品的比表面积在 270.72~1206.75$m^2$/g 之间，其中吸附性能最好的是 $Zn_1$ 与 $Zn_2$ 的摩尔比为 0.5、170℃晶化 6h 样品，其比表面积为 1206.75$m^2$/g。另外，本章所有样品的性能显示，晶化温度高（170℃）可以获得比表面积大的样品，但是高温晶化较长时间（170℃晶化 10h）会导致样品结构坍塌。

当 $Zn_1$ 与 $Zn_2$ 的摩尔比分别为 0.5、1、2 时，同一晶化温度，时间由 6h 延长至 10h，样品比表面积先减小后增大，即晶化 6h 和 10h 获得的样品比表面积较大。这可能是因为在晶化时间为 6h 时，$Zn_2$ 率先与 $H_2BDC$ 构成了 MOF-5 结构，即此时样品中的 $Zn^{2+}$ 是由 $Zn_2$ 提供的。当晶化时间为 10h 时，$Zn_1$ 提供的 $Zn^{2+}$ 与 $H_2BDC$ 构筑稳定的 MOF-5 框架。而晶化时间为 8h 时，可能是因为晶化时间不足以让 $Zn_1$ 提供的 $Zn^{2+}$ 与 $H_2BDC$ 构成稳定的框架。

当 $Zn_1$ 与 $Zn_2$ 的摩尔比为 0.5 时，其最佳合成条件为 170℃晶化 6h，该条件下的比表面积为 1206.75$m^2$/g；当 $Zn_1$ 与 $Zn_2$ 的摩尔比为 1 时，最佳合成条件为 150℃晶化 6h，比表面积为 1166.81$m^2$/g；当 $Zn_1$ 与 $Zn_2$ 的摩尔比为 2 时，其最佳合成条件为 150℃晶化 10h，比表面积为 1063.82$m^2$/g。当摩尔比为 0.5 时，制备大比表面积样品需要晶化 6h，而 $Zn_1$：$Zn_2$ 为 2 时，需要晶化 10h，这可能是因为 ZZ 为 2 时，锌源中 $Zn(NO_3)_2 \cdot 6H_2O$ 含量较多。另外，摩尔比从 0.5 升高到 2，样品的比表面积逐渐减小，说明 $Zn(CH_3COO)_2 \cdot 2H_2O$ 的含量越多，样品的比表面积越大。

**参考文献**

[1] Li H, Eddaoudi M, O'Keeffe M, et al. Design and synthesis of an exceptionally stable and highly porous metal-organic framework [J]. Nature, 1999, 402 (6759): 276-279.

[2] Rosi L N. Hydrogen Storage in Microporous Metal-Organic Frameworks [J]. Science, 2003, 300 (5622): 1127-1129.

[3] 郭誉, 刘咏. $Ni^{2+}$ 复合 MOF-5 材料的制备工艺及其电化学性能研究 [J]. 粉末冶金工业, 2017, 27 (2): 51-57.

[4] Lee D Y, Shinde D V, Kim E-K, et al. Supercapacitive property of metal-organic-frameworks with different pore dimensions and morphology [J]. Microporous & Mesoporous Materials, 2013 (171): 53-57.

[5] Díaz R, Orcajo M G, Botas J A, et al. Co8-MOF-5 as electrode for supercapacitors [J]. Materials Letters, 2012 (68): 126-128.

[6] 孙杨, 陆广明, 唐祝兴. 磁性纳米材料 $Fe_3O_4$@MOF-5 的制备及其对刚果红吸附性能的研究 [J]. 辽宁化工, 2017, 46 (11): 1052-1071.

[7] 张伊，顾奕奕，陈云琳，等. 掺杂金属离子对 MOF-5 吸附甲烷分子的影响 [J]. 化工新型材料，2015（2）：93-96.

[8] Xu Q, Liu D, Yang Q, et al. Li-modified metal-organic frameworks for $CO_2$/$CH_4$ separation: a route to achieving high adsorption selectivity [J]. J Mater Chem, 2010, 20（4）：706-714.

[9] Sang S H, Goddard W A. Lithium-Doped Metal-Organic Frameworks for Reversible $H_2$ Storage at Ambient Temperature [J]. Journal of the American Chemical Society, 2007, 129（27）：8422-3.

[10] 张毅，杨先贵，王庆印，等. 硝基修饰 MOF-5 材料的制备及催化氨基甲酸酯热分解 [J]. 高等学校化学学报，2014，35（3）：613-618.

[11] Chaemchuen S，周奎，姚宸，等. 锂参与合成 MOF-5 用于 $CO_2$/$CH_4$ 混合气体分离 [J]. 无机化学学报，2015，31（3）：509-513.

[12] 陈驰. 官能团修饰对 MOF-5 的气体分子吸附影响 [J]. 物理化学学报，2012，28（1）：189-194.

[13] Botas J A, Calleja G, Sanchez-Sanchez M, et al. Cobalt Doping of the MOF-5 Framework and Its Effect on Gas-Adsorption Properties [J]. Langmuir the Acs Journal of Surfaces & Colloids, 2010, 26（8）：5300-5303.

[14] Deng H, Doonan C J, Furukawa H, et al. Multiple functional groups of varying ratios in metal-organic frameworks [J]. Science, 2010, 327（5967）：846-850.

[15] Burtch N C, Jasuja H, Walton K S. Water Stability and Adsorption in Metal-Organic Frameworks [J]. Chemical Reviews, 2014, 114（20）：10575-10612.

[16] Li Y, Yang R T. Gas Adsorption and Storage in Metal-Organic Framework MOF-177 [J]. Langmuir the Acs Journal of Surfaces & Colloids, 2007, 23（26）：12937-12944.

[17] Nouar F, Eckert J, Eubank J F, et al. Zeolite-like metal-organic frameworks (ZMOFs) as hydrogen storage platform: Lithium and magnesium ion-exchange and H-(rho-ZMOF) interaction studies [J]. Journal of The American Chemical Society, 2009, 131（8）：2864.

[18] Huang L, Wang H, Chen J, et al. Synthesis, Morphology Control, and Properties of Porous Metal-Organic Coordination Polymers [J]. Microporous & Mesoporous Materials, 2003, 58（2）：105-114.

[19] Calleja G, Botas J A, Sanchez-Sanchez M, et al. Hydrogen adsorption over Zeolite-like MOF materials modified by ion exchange [J]. International Journal of Hydrogen Energy, 2010, 35（18）：9916-9923.

[20] Biserčić M S, Marjanović B, Vasiljević B N, et al. The quest for optimal water quantity in the synthesis of metal-organic framework MOF-5 [J]. Microporous and Mesoporous

Materials, 2019 (278): 23-29.

[21] Wu Y, Hongwei P, Wen Y, et al. Synthesis of rod-like metal-organic framework (MOF-5) nanomaterial for efficient removal of U (VI): batch experiments and spectroscopy study [J]. Science Bulletin, 2018, 63 (13): 831-839.

[22] Burgaz E, Erciyes A, Andac M, et al. Synthesis and characterization of nano-sized metal organic framework-5 (MOF-5) by using consecutive combination of ultrasound and microwave irradiation methods [J]. Inorganica Chimica Acta, 2019 (485): 118-124.

[23] 齐雪梅, 吴强, 施予, 等. 金属有机骨架材料MOF-5的制备及其吸附性能研究 [J]. 上海电力学院学报, 2018, 34 (1): 66-70.

[24] Qiang Y, Zhang M, Song S, et al. Surface modification of PCC filled cellulose paper by MOF-5 [$Zn_3(BDC)_2$] metal-organic frameworks for use as soft gas adsorption composite materials [J]. Cellulose, 2017, 24 (51): 1-10.

[25] 赵晓坤. 浅谈影响红外吸收光谱强度的因素 [J]. 内蒙古石油化工, 2007 (12): 179-181.

[26] 张美云, 杨强, 宋顺喜, 等. MCCBA-$Cu_2O$-(MOF-5) 三元复合材料抗菌性能的研究 [J]. 中国造纸, 2018, 37 (2): 8-14.

[27] Sabouni R, H. K, S. R. A novel combined manufacturing technique for rapid production of IRMOF-1 using ultrasound and microwave energies [J]. Chemical Engineering Journal Lausanne, 2010, 165 (3): 966-973.

[28] 刘丽丽, 台夕市, 刘美芳, 等. Au/MOF-5催化剂在三组分偶联反应中的催化性能 [J]. 化工学报, 2015, 66 (5): 1738-1747.

[29] Hausdorf S, Wagler J r, Moβig R, et al. Proton and Water Activity-Controlled Structure Formation in Zinc Carboxylate-Based Metal Organic Frameworks [J]. Journal of Physical Chemistry A, 2008, 112 (33): 7567-7576.

[30] Gonzalez J, Devi R N, Tunstall D P, et al. Deuterium NMR studies of framework and guest mobility in the metal-organic framework compound MOF-5, $Zn_4O(O_2CC_6H_4CO_2)_3$ [J]. Microporous & Mesoporous Materials, 2005, 84 (1-3): 97-104.

[31] Aykac Ozen H, Ozturk B. Gas separation characteristic of mixed matrix membrane prepared by MOF-5 including different metals [J]. Separation and Purification Technology, 2019 (211): 514-521.

[32] YANG H-m, LIU X, SONG X-l, et al. In situ electrochemical synthesis of MOF-5 and its application in improving photocatalytic activity of BiOBr [J]. Chinese Journal of Catalysis, 2015, 25 (12): 3987-3994.

[33] 赵玲, 刘恒恒, 胡晴, 等. 金属有机骨架材料MOF-5催化吸附$SO_2$ [J]. 环境化学, 2017, 36 (9): 1914-1922.

[34] 汤凯, 金哲, 杨清香, 等. MWCNTs/MOF-5 杂化材料的制备及 $N_2$ 吸附性能 [J]. 功能材料, 2015, 46（13）: 13062-13069.

[35] Sun X, Wu T, Yan Z, et al. Novel MOF-5 derived porous carbons as excellent adsorption materials for n-hexane [J]. Journal of Solid State Chemistry, 2019（271）: 354-360.

[36] 袁长福, 刘晋, 韩鹏飞, 等. MOF-5 对 PEO 基电解质导锂及界面稳定性能的改善 [J]. 中南大学学报（自然科学版）, 2015, 46（4）: 1189-1196.

[37] Yang J M, Liu Q, Sun W-Y. Shape and size control and gas adsorption of Ni (Ⅱ)-doped MOF-5 nano/microcrystals [J]. Microporous & Mesoporous Materials, 2014（190）: 26-31.

[38] 朱娜, 石玉美. 金属有机骨架材料 MOF-5 宽温区储氢性能模拟研究 [J]. 低温与超导, 2011, 39（10）: 7-11.

[39] Mirsoleimani-azizi S M, Setoodeh P, Zeinali S, et al. Tetracycline antibiotic removal from aqueous solutions by MOF-5: Adsorption isotherm, kinetic and thermodynamic studies [J]. Journal of Environmental Chemical Engineering, 2018, 6（5）: 6118-6130.

[40] Brunauer S, Deming L S, Deming W E, et al. On a Theory of the van der Waals Adsorption of Gases [J]. Journal of the American Chemical Society, 1940, 62（7）: 1723-1732.

[41] Tranchemontagne D J, Hunt J R, Yaghi O M. Room temperature synthesis of metal-organic frameworks: MOF-5, MOF-74, MOF-177, MOF-199, and IRMOF-0 [J]. Tetrahedron, 2008, 64（36）: 8553-8557.

# 第 3 章　MOF-5 对苯系物的吸附性能研究

## 3.1　引言

　　由于生产及生活污染，苯系物在人类居住和生存环境中广泛存在，并对人体的血液、神经、生殖系统具有较强危害。发达国家一般已把大气中苯系物的浓度作为大气环境常规监测的内容之一，并规定了严格的室内外空气质量标准。

　　如今，大气污染严重，在引起环境污染的因素中，挥发性有机化合物（VOCs）是大气污染的重要来源，如化石燃料的不完全燃烧、油漆涂料的挥发、有机化工制品的加工与使用等[1,2]。其中，苯是一种典型的挥发性有机化合物，属芳烃类，因其毒性大，排入空气后，使得空气质量下降。2017 年 10 月，世界卫生组织公布的致癌清单中，苯在一类致癌物清单中，长期接触会损坏神经中枢和免疫系统[3]。

　　目前，净化苯系物的技术主要有：吸附法、冷凝法、煅烧法、生物降解法等，其中吸附法由于设备简单、操作方便、经济实用等优点得到广泛应用[4]。可作为吸附苯的吸附剂有不少，如金属有机骨架化合物、活性炭、硅酸盐矿物等，Tong 等[5]利用载钼活性炭，Deng 等[6]利用层状硅酸，分析了样品的苯蒸气吸附性能。而金属有机骨架化合物因具有较大的比表面积，故其在挥发性有机物方面受到广泛的关注，目前，关于用 MOFs 吸附苯的报道较少，多数用来吸附甲醛等其他挥发性有机物。Xian 等[7]将制备的 MIL-101（Cr）用于苯吸附，其苯的饱和吸附量为 293.69mg/g。Eddaoudi 等[8]人对 MOF-5 进行了苯吸附研究，其苯的饱和吸附量在 800mg/g 左右。

　　本章利用第四篇中制备得到的部分样品进行苯系物蒸气吸附，旨在找出苯系物吸附性能较好的样品，并探究合成条件对苯系物吸附性能的影响及规律。

## 3.2 不同晶化时间对苯系物吸附性能的影响

选取第三、四篇中的部分样品进行苯蒸气吸附测试，它们的苯吸附等温线均符合 Langmiur 法等温线的特征，各样品的等温线类似，如图 6-3-1 所示。在等温线中，低压区（<0.1MPa）的陡峭程度反映吸附剂的单分子层吸附，Dai 等[9]的报道中表明，低压范围内吸附曲线越陡说明单分子层吸附量越大。之后，样品的吸附量逐渐达到饱和。

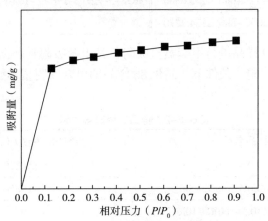

图 6-3-1 苯蒸气吸附等温线

样品的苯吸附量如表 6-3-1 所示，根据表中左侧数据可知，当 $Zn^{2+}$ 与 $BDC^-$ 的摩尔比为 2，晶化温度分别为 140℃、150℃、160℃时，晶化 7h 样品的苯蒸汽吸附量最大，与第三篇中样品的氮气吸附规律一致，说明在 $Zn^{2+}$ 与 $BDC^-$ 的摩尔比为 2 的条件下，晶化 7h 左右能够获得苯吸附性能较好的样品。MOF-5-ZB2（140℃-5h、150℃-9h）两个样品的苯吸附量偏小，跟样品本身结构坍塌有关。由表 6-3-1 右侧数据，在同一条件下（$Zn_1 : Zn_2$=0.5、1，晶化 160℃），晶化 6h、10h 样品的吸附量明显优于晶化 8h 样品，与第四篇中氮气吸附分析的结论一致，说明在用两种锌源制备 MOF-5 时，晶化 6h 和 10h 相对较好。对比用两种方法得到的样品苯吸附量可知，利用混合锌源得到的样品具有更大的苯吸附量。

表 6-3-1 样品的甲苯吸附量

| 样品名称 | 苯吸附量/（mg/g） | 样品名称 | 苯吸附量/（mg/g） |
| --- | --- | --- | --- |
| MOF-5-ZB2-140℃-5h | 53.1210 | MOF-5-ZB2-140℃-9h | 177.0030 |
| MOF-5-ZB2-140℃-7h | 190.2680 | MOF-5-ZB2-150℃-5h | 207.9860 |

续表

| 样品名称 | 苯吸附量/(mg/g) | 样品名称 | 苯吸附量/(mg/g) |
|---|---|---|---|
| MOF–5–ZB2–150℃–7h | 255.5520 | MOF–5–ZZ0.5–160℃–10h | 242.0960 |
| MOF–5–ZB2–150℃–9h | 81.5810 | MOF–5–ZZ1–160℃–6h | 188.2670 |
| MOF–5–ZB2–160℃–5h | 149.8840 | MOF–5–ZZ1–160℃–8h | 124.3970 |
| MOF–5–ZB2–160℃–7h | 256.4700 | MOF–5–ZZ1–160℃–10h | 179.7840 |
| MOF–5–ZB2–160℃–9h | 170.2700 | MOF–5–ZZ0.5–150℃–6h | 292.1980 |
| MOF–5–ZZ0.5–160℃–6h | 195.8800 | MOF–5–ZZ0.5–150℃–10h | 280.0700 |
| MOF–5–ZZ0.5–160℃–8h | 134.7270 | | |

取上述部分样品进行甲苯蒸汽吸附，其甲苯吸附量数据如表 6-3-2 所示。可以看到，同一条件下，晶化 8h 样品的甲苯吸附量不如晶化 6h 和 8h 样品。

表 6-3-2  样品的甲苯吸附量

| 样品名称 | 甲苯吸附量/(mg/g) |
|---|---|
| MOF–5–ZZ0.5–160℃–6h | 169.0290 |
| MOF–5–ZZ0.5–160℃–8h | 160.5850 |
| MOF–5–ZZ0.5–160℃–10h | 183.9750 |
| MOF–5–ZZ1–160℃–6h | 196.8410 |

## 3.3 本章小结

本章主要是将第三、四篇中部分样品用于测试苯蒸气吸附，这些样品在氮气吸附中较为出色，样品的苯吸附、甲苯吸附等温线均符合 Langmiur 法等温线的特征。分析其苯吸附量和甲苯吸附量规律，与该样品在氮气吸附分析中所得到的规律一致，在 $Zn^{2+}$ 与 $BDC^-$ 的摩尔比为 2 的条件下，晶化 7h 左右能够获得苯吸附性能较好的样品；用两种锌源制备的样品，在同一条件下，晶化 6h、10h 样品的吸附量明显优于晶化 8h 样品。其中，两个合成方法中，使用两种锌源制备的样品的苯吸附量相对较高。

在本章内容中，可以多测试几组样品的苯蒸汽吸附，找出在不同条件下合成样品的苯吸附性能规律，后期工作可以以此展开。

## 参考文献

[1] Ying L, Min S, Fu L, et al. Source profiles of volatile organic compounds (VOCs) measured in China: Part I [J]. Atmospheric Environment, 2008, 42(25): 6247-6260.

[2] Yuan B, Min S, Lu S, et al. Source profiles of volatile organic compounds associated with solvent use in Beijing, China [J]. Atmospheric Environment, 2010, 44(15): 1919-1926.

[3] Bernstein J A, Alexis N, Bacchus H, et al. The health effects of nonindustrial indoor air pollution [J]. Journal of Allergy & Clinical Immunology, 2008, 121(3): 585-591.

[4] 黄思思. 金属—有机骨架材料——MOF-5 和 MIL-101 的合成及其对 VOCs 的吸附/脱附性能 [D]. 广州: 华南理工大学, 2010.

[5] 佟国宾, 徐州, 李伟, 等. 载钼活性炭的制备、表征及其苯吸附性能 [J]. 林产化学与工业, 2018, 38(3): 33-40.

[6] 邓亮亮, 袁鹏, 刘冬, 等. 层状硅酸盐矿物的微结构对其苯吸附性的影响 [C]. 2016 年全国矿物科学与工程学术研讨会摘要集, 2016.

[7] Xian S, Yu Y, Xiao J, et al. Competitive adsorption of water vapor with VOCs dichloroethane, ethyl acetate and benzene on MIL-101(Cr) in humid atmosphere [J]. Rsc Advances, 2015, 5(3): 1827-1834.

[8] Eddaoudi M, Li H, Yaghi O M H. Highly Porous and Stable Metal-Organic Frameworks: Structure Design and Sorption Properties [J]. Journal of the American Chemical Society, 2000, 122(7): 1391-1397.

[9] 戴闽光, 郑威. 从苯的吸附等温线分析多孔性固体的孔性结构 [J]. 福州大学学报(自然科学版), 1979(4): 34-45.

# 第七篇

# 多孔功能材料研究的总结分析

## 7.1 分子筛 MCM-48 复合材料的总结分析

### 7.1.1 MCM-48 型分子筛

利用溶胶凝胶自组装技术制备出了有序介孔材料 MCM-48，该样品比表面积分布在 1030.07~1252.48m²/g，孔容分布在 0.77~1.31cm³/g，孔径分布在 2.01~3.56nm。本书研究了改变模板剂、TEOS 和 CTAB 的比值、pH 值、煅烧温度对有序介孔材料 MCM-48 合成的影响。结果表明，当模板剂选择 CTAB 时，能够制备出有序介孔材料 MCM-48，且样品的结晶度较高。通过调节 TEOS 和 CTAB 的比值，发现随着 TEOS/CTAB 的摩尔比增加，样品的有序性慢慢变高，MCM-48 的物相慢慢显现。当 TEOS/CTAB 的比值为 5 时，制备的样品比表面积高达 1229.79m²/g。通过调节 pH 值，我们发现当 pH=11 时可以制备出有序介孔材料 MCM-48。通过调节煅烧温度，我们发现随着煅烧温度升高，样品的晶胞体积不断变小，当煅烧温度为 550℃时，样品的比表面积、孔体积达到最佳。

### 7.1.2 磁性有序复合材料 $CoFe_2O_4$@MCM-48

利用溶胶凝胶自组装技术制备出了以铁酸钴为核心，MCM-48 为壳的颗粒尺寸在 350~500nm 之间的球形磁性有序介孔复合材料 $CoFe_2O_4$@MCM-48。该样品比表面积分布在 982.86~1078.46m²/g，孔容分布在 0.69~1.30cm³/g，孔径分布在 1.86~2.52nm。本书研究了改变铁酸钴的用量、TEOS 和 CTAB 的比值、乙二醇（F108）的用量对复合材料 $CoFe_2O_4$@MCM-48 合成的影响。结果表明，当铁酸钴的掺入量为 0.1g、0.2g、0.3g 时均能制备出磁性复合材料 $CoFe_2O_4$@MCM-48，但是在铁酸钴的掺入量为 0.2g 时，制备样品的有序性较高，再增加铁酸钴的掺入量，样品的有序性就会下降。这是因为铁酸钴纳米颗粒掺入二氧化硅微球的球心，降低了 MCM-48 分子筛孔道结构的有序性；通过氮气吸附测试我们发现，当铁酸钴的掺入量为 0.2g 时，样品的比表面积、孔体积、孔径达到最佳。通过 TEM 测试发现，样品磁核 $CoFe_2O_4$（深色区域）外面均匀包裹着 MCM-48（浅色区域），厚度为 20~40nm，说明采用 MCM-48 包裹修饰磁性颗粒可有效增强其化学稳定性，防止团聚；通过调节 TEOS 和 CTAB 的比值，发现随着 TEOS/CTAB 的摩尔比增加，样品的有序性慢慢变高，MCM-48 的物相慢慢显现。通过调节乙二醇（F108）的使用量，我们发现增加 F108 的使用量可以使样品晶胞体积变大，粒径也随之变大。

## 7.2 分子筛 SBA-16 复合材料的总结分析

### 7.2.1 双模板剂制备 SBA-16 分子筛

采用水热合成法制备出的分子筛的比表面积范围在 379.5484~746.9434m$^2$/g 之间，孔体积在 0.3885~0.6905mL/g 之间，孔径在 3.47~5.89nm 之间。本书探究了模板剂 F127 与模板剂 P123 的摩尔比和晶化温度对制备 SBA-16 分子筛的影响。当 F127 与 P123 的摩尔比为 1.95 时，样品的比表面积数值最大，吸附性能最好；当晶化温度为 110℃时，样品的比表面积最大；当 F127 与 P123 的摩尔比为 1.95、晶化温度为 110℃时，合成样品的比表面积最大，为 746.9434m$^2$/g。

### 7.2.2 单模板剂加助剂正丁醇制备 SBA-16 分子筛

采用水热合成法制备出比表面积范围在 704.4207~1007.5356m$^2$/g 之间，孔体积在 0.4428~1.1217mL/g 之间，孔径在 3.53~3.85nm 之间的 SBA-16 分子筛。本书探究了助剂正丁醇的用量和晶化温度对制备 SBA-16 分子筛的影响。无论正丁醇用量为多少，都是晶化温度在 110℃时比表面积和孔体积最大；当晶化温度都为 110℃时，分析样品的 SEM 可以看出，正丁醇量为 4g 和 6g 时样品的形貌较好，分析氮气吸附脱附数据可以看出，当正丁醇用量为 4g 时比表面积和孔容最大，分别为 1007.5356m$^2$/g 和 1.1217mL/g。整体来看，晶化温度在 80~110℃时样品的形貌和性能随晶化温度的升高而增强，当正丁醇的量为 4g 时样品的比表面积和孔体积为最佳值，吸附性能也最好。

将以上两种方法制备的样品进行比较，无论是从吸附性能分析还是从 SEM 的形貌图分析，都是第二种方法更优秀，进而在研究纳米磁性复合材料（Fe$_3$O$_4$@SBA-16）时，采用该制备方案，其中助剂正丁醇加入量为 4g、晶化温度为 110℃。

### 7.2.3 纳米 Fe$_3$O$_4$@SBA-16 磁性复合材料

采用 Fe$_3$O$_4$ 为核，将 SBA-16 包覆在 Fe$_3$O$_4$ 上，制备出了比表面积范围在 590.6180~756.6838m$^2$/g 之间，孔体积在 0.4438~0.8155mL/g 之间，孔径在 3.73~4.01nm 之间的 Fe$_3$O$_4$@SBA-16 复合材料。所得样品的孔容和比

表面积都比纯相 SBA-16 分子筛有所下降，并且随着 $Fe_3O_4$ 量的增多，下降越严重。当 $Fe_3O_4$ 的加入量为 0.5g 时虽然比表面积和孔容值最大，但 SEM 分析样品的形貌不规则，$Fe_3O_4$ 加入量为 1.0g 时所制得样品比加入量为 0.5g 时所制得样品的比表面积和孔容有所下降但并不明显，而 $Fe_3O_4$ 加入量为 1.5g 时，从 SEM 图中可以看出有一部分的 $Fe_3O_4$ 没有被 SBA-16 包覆，总体来看，包覆的最佳条件为 1.0g $Fe_3O_4$ 用量。

## 7.3 Al-MIL-53 多孔材料的总结分析

第一，通过分析 XRD，使用 $Al_2(SO_4)_3 \cdot 18H_2O$ 作为铝源制备的样品均符合 Al-MIL-53 的特征，其中 M 系列样品的结晶度受温度影响较大，加热温度为 180℃的样品其 XRD 衍射峰强度比 200℃和 220℃的较强。分析比较氮气吸附等温线、比表面积、孔体积等数据，M 系列中，制备时加热温度为 180℃的样品各种数据都比其余两个温度制备的样品优异，而 N 系列的样品则受时间影响较大，反应时间为 12h 制备出的样品的比表面积、孔体积等要优于 24h 和 36h。

第二，N 系列的样品产量主要受加热温度的影响，温度高的产量大；而 M 系列除个别样品外，其余样品的试剂用量大，反应温度高，加热时间长，所得样品的产量则多。

第三，样品 M3-3d-180℃因其在所选样品中的比表面积、微孔体积最大，平均孔直径最小，所以其对 BTEX 的各吸附量均最大。虽然样品 Al-MIL-53-FA 的比表面积较 N2-12h-150℃大近 $200m^2/g$，但是 N2-12h-150℃对甲苯和邻、间二甲苯的吸附量却大于它。另外，每个样品对吸附质的最大吸附量各不相同，M3-3d-180℃对邻二甲苯的吸附量最大，吸附量为 481.565mg/g，N2-12h-150℃对甲苯的最大，而 Al-MIL-53-FA 对乙基苯的最大。

同时，主要探究了以 DMF 和去离子水的混合溶液作为溶剂，利用溶剂热法制备 Al-MIL-53 纤维膜，基底是利用静电纺丝技术并于 800℃高温煅烧制备的 $\gamma$-$Al_2O_3$ 纤维膜，配体选用的是 BDC。溶剂中 DMF 和水的体积比主要研究了 8 个，分别是 30%、20%、10%、0%，以及 9%、8%、7%、6%。综合分析这 8 个 DMF 体积含量制备样品的表面密集程度、结晶度以及比表面积、孔体积、孔径大小，最优异的含量是 9%。

## 7.4 NaY/PVP 与 ZIF-8/PAN 多孔复合材料的总结分析

首先采用无导向剂法合成了粒径较小的 NaY 分子筛，然后将 NaY 分子筛利用静电纺丝技术制备了 NaY/聚乙烯吡咯烷酮（PVP）分级多孔复合纤维（NaY/PVP），同时通过优化静电纺丝技术工艺参数，制备了具有形貌均匀、大比表面积以及苯吸附值（667mg/g）较高等特点的复合纤维，并揭示了 NaY/PVP 分级多孔结构的协同作用机制。在以上基础上，本文先通过搅拌法合成了粒径小于 100nm 的 ZIF-8 金属有机框架材料，然后通过静电纺丝技术制备了 ZIF-8/聚丙烯腈（PAN）分级多孔纤维结构（ZIF-8/PAN），进一步利用化学气相沉积（CVD）技术对 ZIF-8/PAN 复合纤维进行了热解氮掺杂，得到了氮掺杂分级多孔碳纤维。由于比表面积的增大以及出现了更多的吸附位点，使得氮掺杂分级多孔碳纤维展现出了优异的苯吸附能力（694mg/g）。本研究利用静电纺丝技术制备了具有低成本、可大规模制备等特点的多孔材料/聚合物复合纤维。同时，结合 CVD 热解掺杂技术制备了氮参杂多孔分级碳纤维。其在苯吸附的应用中表现出了极优异的性能，极大地拓展了静电纺丝技术以及复合纤维在挥发性有机气体吸附中的潜在应用。

本研究制备的吸附剂还可以进行更全面的 VOCs 气体吸附研究，如甲醇、二甲苯、二氯甲烷等；调控 NaY 分子筛与 PVP 之间的比例来增大复合纤维的比表面积，从而得到吸附性能更优异的复合纤维；调控 ZIF-8 金属有机框架材料与 PAN 之间的比例以及 N 掺杂的温度等来制备吸附性能更优异的氮掺杂分级多孔碳纤维；由于吸附活性位点的存在，可以将 N 掺杂分级多孔碳纤维用于非极性 VOCs 气体的吸附研究等。

## 7.5 金属有机骨架化合物 MOF-5 的总结分析

第一，以六水合硝酸锌为金属中心，对苯二甲酸为有机配体，二甲基甲酰胺为有机溶剂，采用溶剂热法制备纯相 MOF-5。通过调控金属离子与有机配体的摩尔比、晶化温度、晶化时间等来研究影响合成 MOF-5 材料的因素。从 XRD 分析来看，合成的 MOF-5 材料容易水解。从氮气吸附分析来看，当 $Zn^{2+}$ : $BDC^-$ =2 (ZB=2)，晶化 7h 的样品比表面积相对较好。其中，晶化 150℃样品的比表面积最大，为 1038.89$m^2$/g。当 ZB=3、4 时，最佳晶化条件都为 140℃晶化 9h。其中，晶化 5h 样品易被水分子攻击，晶化 7h、9h 的样品中，晶化温度从 140℃升至 160℃，样品的比表面积呈逐渐减小的规律，且 140~150℃之间的温度变化对样品的吸附性能影响较大，晶化 140℃相对较好。另外，在同一晶化温度下，晶化 9h 样品具有更高的比表面积。比较 3 个不同摩尔比中吸附性能最好的样品，ZB=3 时，样品的比表面积最大，研究表明，合成 MOF-5 材料的最佳 $Zn^{2+}$ 与 $BDC^-$ 摩尔比在 2~3 之间。

第二，以二水合乙酸锌与六水合硝酸锌为混合锌源作为金属中心，对苯二甲酸为有机配体，二甲基甲酰胺为有机溶剂，采用溶剂热法制备纯相 MOF-5。通过改变两种锌源的摩尔比、晶化温度、晶化时间来研究合成 MOF-5 的影响因素。从 XRD 分析可以看出，样品的 XRD 图像与标准峰符合得更好，且不存在水解的情况，即利用双锌源制备的 MOF-5 相更纯。另外，XRD 图像显示 170℃晶化 10h 样品的衍射峰较低，说明高温下晶化时间过长，容易使样品的骨架坍塌。从 FT-IR 图像可以看出，晶化 6h 样品的吸收峰强于晶化 8h、10h 样品，从氮气吸附分析可以看出，晶化 6h 和 10h 样品的比表面积大于晶化 8h 样品，这可能是因为晶化 6h 时，$Zn(CH_3COO)_2 \cdot 2H_2O$ 率先与 $H_2BDC$ 构成了 MOF-5 结构，即此时样品中的 $Zn^{2+}$ 由 $Zn(CH_3COO)_2 \cdot 2H_2O$ 提供；晶化 10h 时，$Zn(NO_3)_2 \cdot 6H_2O$ 提供的 $Zn^{2+}$ 与 $H_2BDC$ 构筑 MOF-5 框架；而晶化 8h 时，可能是因为晶化时间不足以让 $Zn(NO_3)_2 \cdot 6H_2O$ 提供的 $Zn^{2+}$ 与 $H_2BDC$ 构成稳定的框架，而相对用 $Zn(CH_3COO)_2 \cdot 2H_2O$ 合成的 MOF-5 材料来说晶化时间过长。

第三，取上述部分样品进行苯系物蒸气吸附分析，并分析其苯吸附量和甲苯吸附量规律。苯系物蒸气吸附表明，与该样品在氮气吸附分析中得到的规律一致，在 $Zn^{2+}$ 与 $BDC^-$ 的摩尔比为 2 的条件下，晶化 7h 左右能够获得苯吸附性能较好的样品；用两种锌源制备的样品，在同一条件下，晶化 6h、10h 样品的吸附量明显优于晶化 8h 样品。其中，两种合成方法中，使用两种锌源制备的样品的苯吸附量相对较高。

为了进一步推动 MOF-5 材料在气体吸附方面的应用，根据本研究所得到的规律，建议未来在调控 MOF-5 材料的吸附性能时从以下 3 个方面着手：①继续研究使用混合锌的最佳晶化时间，建议缩短晶化时间（<6h），或者延长晶化时间（>10h），看是否存在两种锌都具有较好结晶、高吸附性能的晶化时间；②探究如何减小 MOF-5 结构的穿插程度；③进一步探究 MOF-5 对苯系物的吸附研究，找出苯吸附最佳的合成条件。

# 附 录

图表所列为第四篇中 M（M1\M2\M3）系列和 N（N1\N2\N3）系列样品的 XRD、TG、FT-IR 和氮气吸附测试的数据。

附图 1 和附图 2 展示的是 M2、M3、N2 和 N3 系列样品的 XRD 衍射图，其结构主要符合 MIL-53 lt 模式的特征，其中标注"＊"位置的衍射峰属于 MIL-53 ht 模式。

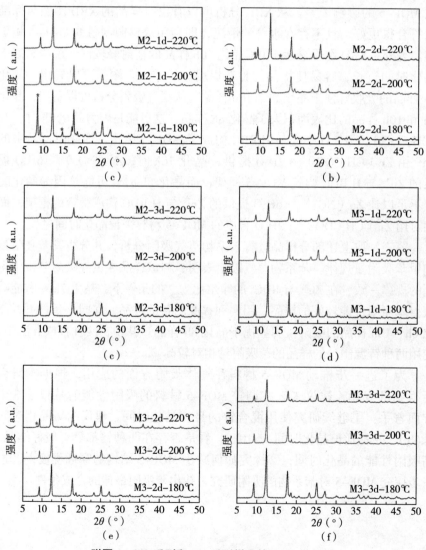

附图 1　M2 系列和 M3 系列样品的 XRD 衍射图

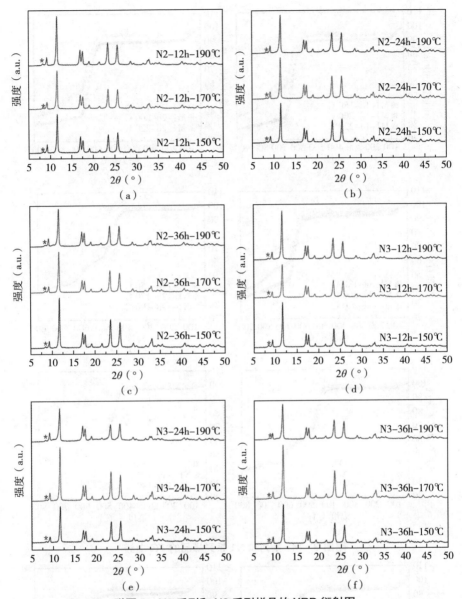

**附图2　N2系列和N3系列样品的XRD衍射图**

附图3、附图4和附图5展示的是M系列和N系列样品的TG曲线，通过观察发现，这些样品主要有两个失重阶段，第一个阶段发生在30~100℃，这是一个脱水的过程，除去的是存在于MIL-53孔道里的水分子。第二个阶段是一个分解过程，M系列样品分解的起始点约为592℃，N系列的为422℃。

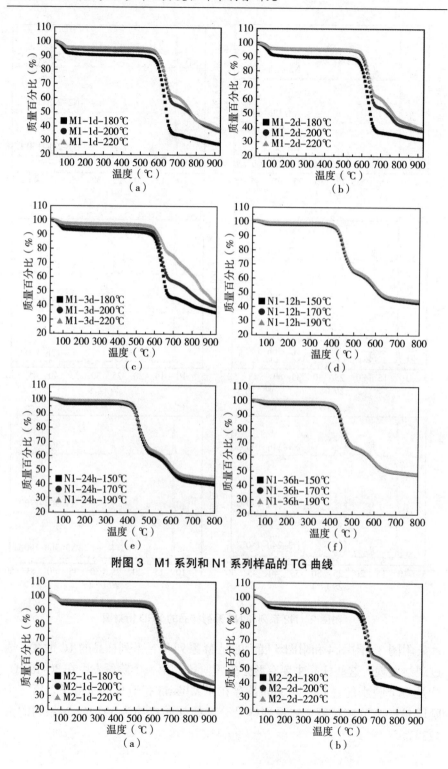

附图3 M1系列和N1系列样品的TG曲线

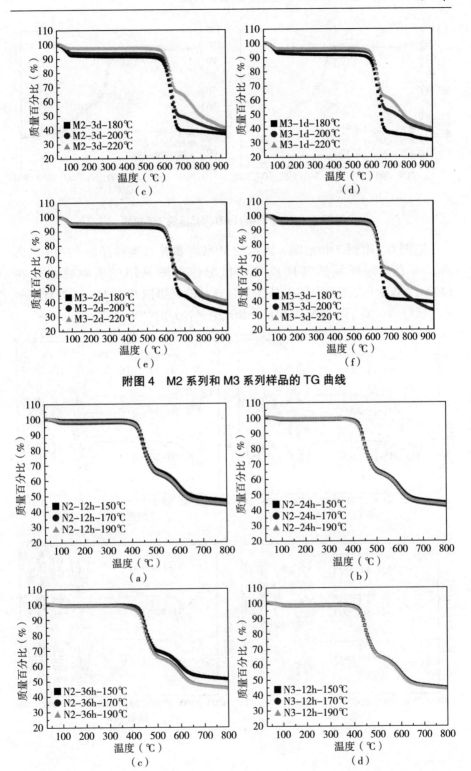

附图4 M2系列和M3系列样品的TG曲线

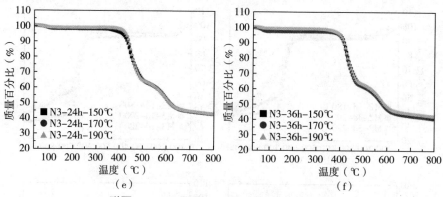

**附图 5　N2 系列和 N3 系列样品的 TG 曲线**

附图 6、附图 7 和附图 8 展示的 M 系列和 N 系列样品的 FT-IR 光谱图。两个系列样品的共同点是有机配体羧酸基团的吸收峰出现在 1400~1700cm$^{-1}$ 之间，不同点是 N 系列样品的光谱图在 1541cm$^{-1}$ 处有一个特有吸收峰，属于有机配体 BDC—NO$_2$ 中—NO$_2$ 的"N—O"。

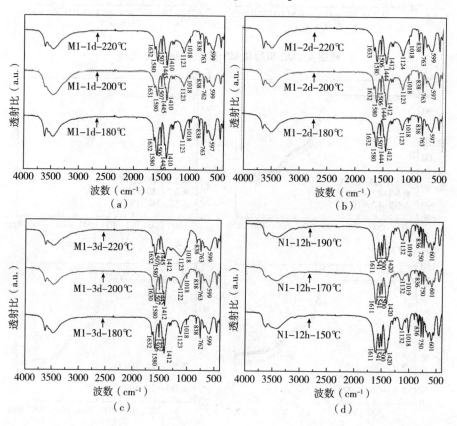

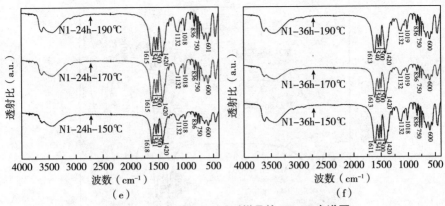

(e) (f)

附图6 M1系列和N1系列样品的FT-IR光谱图

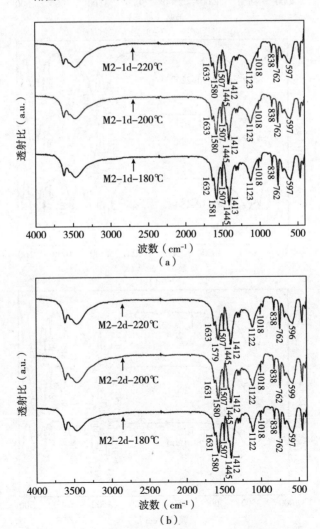

(a)

(b)

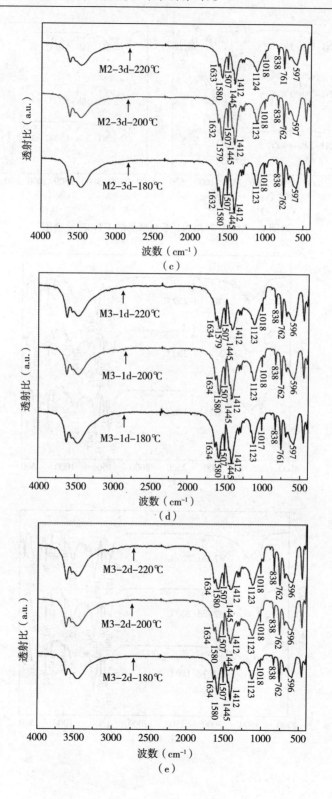

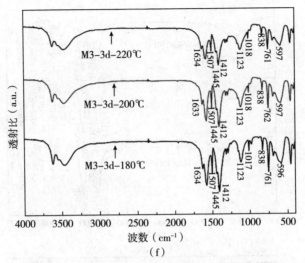

(f)

附图7　M2系列和M3系列样品的FT-IR光谱图

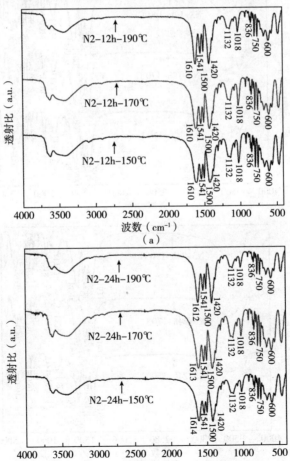

(a)

(b)

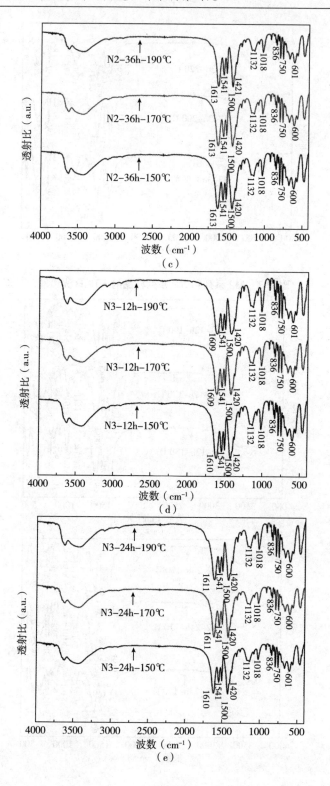

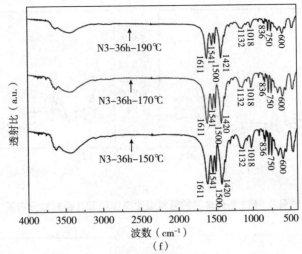

(f)

**附图 8　N2 系列和 N3 系列样品的 FT-IR 光谱图**

附图 9 和附图 10 展示的是 M2 系列和 M3 系列样品的氮气吸附等温线及孔径对数分布图。两个系列样品的等温线均符合 I 型等温线，孔径主要分布在 2nm 以下和 4nm 左右。

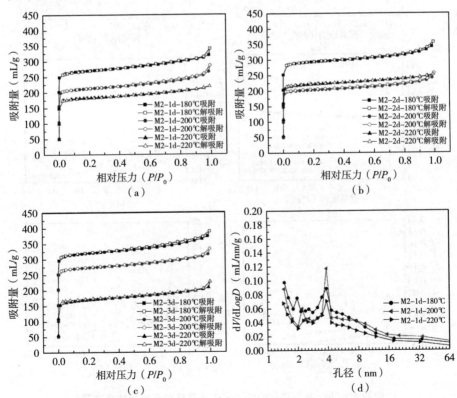

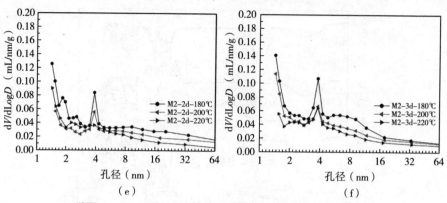

附图9　M2 系列样品的氮气吸附等温线和孔径对数分布图

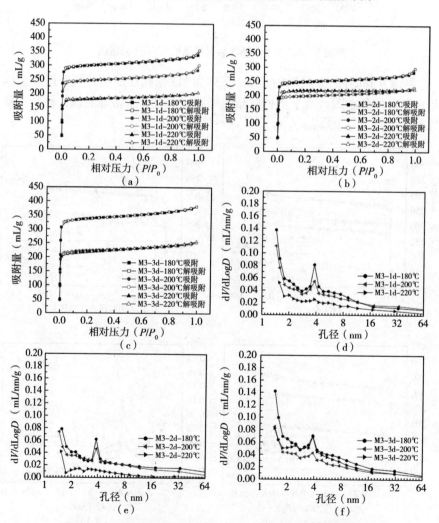

附图10　M3 系列样品的氮气吸附等温线和孔径对数分布图

附图11和附图12展示的是N2系列和N3系列样品的氮气吸附等温线及孔径对数分布图。其中，样品N2-12h-150℃的等温线分类为Ⅰ型等温线，其余样品得等温线均为Ⅰ型和Ⅳ型等温线的混合形式。孔径主要分布在2nm以下和4nm左右。

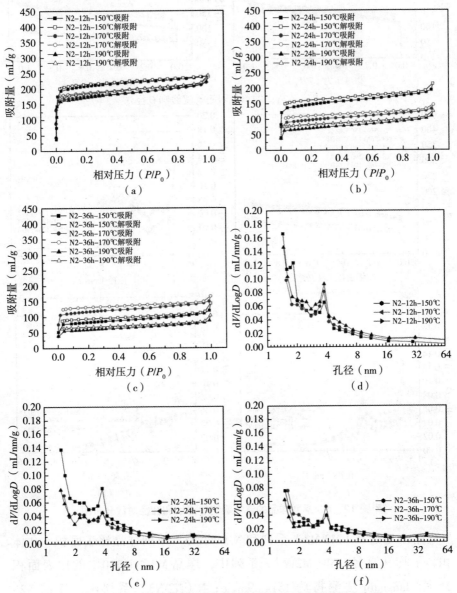

附图11　N2系列样品的氮气吸附等温线和孔径对数分布图

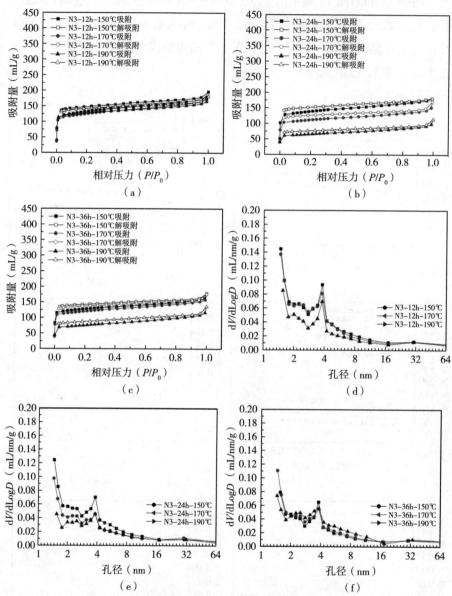

附图 12 N3 系列样品的氮气吸附等温线和孔径对数分布图

附表 1 是 M（M2\M3）系列和 N（N2\N3）系列样品比表面积、孔体积、平均孔直径。M（M2\M3）系列中，样品 M3-3d-180℃的比表面积最大，langmuir 法测得为 1514.09m²/g；N（N2\N3）系列中，样品 N2-12h-150℃的比表面积最大，langmuir 法测得为 957.31m²/g。

附表1 M（M2\M3）系列和N（N2\N3）系列样品比表面积、孔体积、平均孔直径

| 样品名称 | BET多点法比表面积/（m²/g） | Langmuir法比表面积/（m²/g） | H-K（Original）法微孔体积/（mL/g） | 平均孔直径（4V/A by BET）/nm |
|---|---|---|---|---|
| M2-1d-220℃ | 531.8027 | 819.90 | 0.2805 | 2.5536 |
| M2-1d-200℃ | 635.7782 | 960.37 | 0.3249 | 2.7834 |
| M2-1d-180℃ | 808.1695 | 1209.74 | 0.4130 | 2.6049 |
| M2-2d-220℃ | 658.1943 | 984.91 | 0.3379 | 2.3665 |
| M2-2d-200℃ | 605.1853 | 902.98 | 0.3111 | 2.6273 |
| M2-2d-180℃ | 850.5078 | 1307.91 | 0.4490 | 2.5956 |
| M2-3d-220℃ | 508.3056 | 763.26 | 0.2545 | 2.7495 |
| M2-3d-200℃ | 816.1317 | 1205.56 | 0.4156 | 2.5114 |
| M2-3d-180℃ | 956.6303 | 1418.17 | 0.4857 | 2.5084 |
| M3-1d-220℃ | 525.5436 | 802.85 | 0.3806 | 2.4675 |
| M3-1d-200℃ | 720.5271 | 1093.95 | 0.3754 | 2.5953 |
| M3-1d-180℃ | 898.9218 | 1341.63 | 0.4566 | 2.4354 |
| M3-2d-220℃ | 653.8054 | 963.99 | 0.3361 | 2.1144 |
| M3-2d-200℃ | 587.4031 | 881.59 | 0.3050 | 2.4235 |
| M3-2d-180℃ | 745.8462 | 1107.48 | 0.3806 | 2.4675 |
| M3-3d-220℃ | 655.5993 | 983.63 | 0.3343 | 2.4417 |
| M3-3d-200℃ | 651.8076 | 999.58 | 0.3441 | 2.4124 |
| M3-3d-180℃ | 1013.3867 | 1514.09 | 0.5175 | 2.3347 |
| N2-12h-190℃ | 516.0721 | 809.12 | 0.2563 | 2.9019 |
| N2-12h-170℃ | 534.9036 | 803.84 | 0.2631 | 2.7354 |
| N2-12h-150℃ | 619.7462 | 957.31 | 0.3128 | 2.3907 |
| N2-24h-190℃ | 225.9906 | 346.83 | 0.1064 | 3.4267 |
| N2-24h-170℃ | 299.6320 | 468.03 | 0.1463 | 3.0198 |
| N2-24h-150℃ | 458.3465 | 687.96 | 0.2201 | 2.8756 |
| N2-36h-190℃ | 179.7295 | 282.57 | 0.0879 | 3.5876 |
| N2-36h-170℃ | 356.9959 | 536.09 | 0.1747 | 2.8695 |

续表

| 样品名称 | BET 多点法比表面积 / ($m^2/g$) | Langmuir 法比表面积 / ($m^2/g$) | H-K (Original) 法微孔体积 / (mL/g) | 平均孔直径 (4V/A by BET) / nm |
|---|---|---|---|---|
| N2-36h-150℃ | 249.6624 | 390.60 | 0.1232 | 3.5296 |
| N3-12h-190℃ | 392.8827 | 590.49 | 0.1899 | 2.8467 |
| N3-12h-170℃ | 389.7719 | 587.99 | 0.1834 | 2.9771 |
| N3-12h-150℃ | 412.2277 | 622.46 | 0.1940 | 2.9469 |
| N3-24h-190℃ | 202.6919 | 316.53 | 0.0982 | 3.4930 |
| N3-24h-170℃ | 335.9143 | 562.74 | 0.1668 | 3.1591 |
| N3-24h-150℃ | 418.5661 | 653.26 | 0.2072 | 2.6854 |
| N3-36h-190℃ | 230.7523 | 363.89 | 0.1107 | 3.6299 |
| N3-36h-170℃ | 368.2423 | 559.52 | 0.1785 | 2.9535 |
| N3-36h-150℃ | 390.2241 | 588.81 | 0.1897 | 2.8240 |